Manfred Rost
Elektronik in der Elektrochemie

Weitere empfehlenswerte Titel

Elektronik für Informatiker
Von den Grundlagen bis zur Mikrocontroller-Applikation
Manfred Rost Sandro Wefel, 2. Auflage, 2021
ISBN 978-3-11-060882-3, e-ISBN 978-3-11-060906-6

Grundgebiete der Elektrotechnik
Ludwig Brabetz, Christian Koppe, Oliver Haas
Begründet von: Horst Clausert und Gunther Wiesemann
Band 1 Gleichstromnetze, Operationsverstärkerschaltungen, elektrische und magnetische Felder, 2022
ISBN 978-3-11-063154-8, e-ISBN 978-3-11-063158-6
Band 2 Wechselströme, Drehstrom, Leitungen, Anwendungen der Fourier-, der Laplace- und der Z-Transformation, 2023
ISBN 978-3-11-063160-9, e-ISBN 978-3-11-063164-7
Zu beiden Bänden ist jeweils ein passendes Arbeitsbuch erhältlich.

Physikalische Chemie Kapieren
Thermodynamik, Kinetik, Elektrochemie
Sebastian Seiffert, Wolfgang Schärtl, 2021
ISBN 978-3-11-069826-8, e-ISBN 978-3-11-071322-0

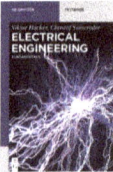

Electrical Engineering
Fundamentals
Viktor Hacker, Christof Sumereder, 2020
ISBN 978-3-11-052102-3, e-ISBN 978-3-11-052111-5

Electrochemical Methods for the Micro- and Nanoscale
Theoretical Essentials, Instrumentation and Methods for Applications in MEMS and Nanotechnology
Jochen Kieninger, 2022
ISBN 978-3-11-064974-1, e-ISBN 978-3-11-064975-8

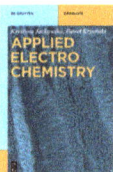

Applied Electrochemistry
Krystyna Jackowska, Paweł Krysiński, 2020
ISBN 978-3-11-060077-3, e-ISBN 978-3-11-060083-4

Manfred Rost

Elektronik in der Elektrochemie

Entwicklung und Beziehungen zweier Wissensgebiete

DE GRUYTER
OLDENBOURG

Authors

Dr. Manfred Rost
Am Fischerhaus 1
04159 Leipzig
labortechnik.rost@t-online.de

ISBN 978-3-11-076723-0
e-ISBN (PDF) 978-3-11-076725-4
e-ISBN (EPUB) 978-3-11-076727-8

Library of Congress Control Number: 2023945154

Bibliografische Information der Deutschen Nationalbibliothek
Die Deutsche Nationalbibliothek verzeichnet diese Publikation in der Deutschen National-
bibliografie; detaillierte bibliografische Daten sind im Internet über http://dnb.dnb.de abrufbar.

© 2023 Walter de Gruyter GmbH, Berlin/Boston
Coverabbildung: Gettyimages / BlackJack3D
Druck und Bindung: CPI books GmbH, Leck

www.degruyter.com

Vorwort

Gegenstand des vorliegenden Buches ist das Zusammenwirken elektronischer Schaltungen und elektrochemischer Systeme. Dabei werden die Wurzeln und die historische Entwicklung dieses Zusammenwirkens beleuchtet sowie aktuelle elektronische Lösungen für elektrochemische Aufgaben diskutiert. Dem Buch liegen langjährige Erfahrungen des Autors in der Elektronikentwicklung für elektrochemische Messsysteme und universitäre Lehrerfahrungen zugrunde.

Das Buch wendet sich gleichermaßen an Studenten der Elektronik und der Elektrochemie sowie an Wissenschaftler und Ingenieure, die auf diesem Gebiet tätig sind, aber auch an historisch Interessierte.

Für die Bereitstellung von Bildmaterial bzw. Sensormustern danke ich folgenden Institutionen und Personen

- Deutsches Museum für Galvanotechnik e.V., Leipzig
- elexon GmbH, Aachen
- Innovative Sensor Technology IST AG, Ebnat-Kappel (Schweiz)
- Nachrichtentechnische Sammlung am Institut für Nachrichtentechnik der RWTH Aachen
- Saralon GmbH, Chemnitz
- SensLab GmbH, Leipzig
- TU Dresden, Physikalische Gerätesammlung
- VDE-Bezirksverein Leipzig/Halle e.V., Markkleeberg
- Herrn Roland Hamburger, Hanau (Museum „Alte Messgeräte")
- Herrn Werner Neumann, München (Diabetesmuseum München)

Ich danke allen ehemaligen Kollegen, die mit eigenen Arbeiten, hilfreichen und kritischen Diskussionen oder auf andere Weise zum Gelingen des Buches beigetragen haben.
Einige Grafiken konnte ich mit Einverständnis von Herrn Dr. Sandro Wefel, Institut für Informatik an der MLU Halle, aus den gemeinsam verfassten Lehrbüchern verwenden.
Für das Korrekturlesen und viele Hinweise danke ich Herrn Hans-Thomas Schmidt, München.
Dem Verlag danke ich dafür, dass er das Erscheinen des Buches ermöglicht hat und meinen Wünschen weitgehend entgegen gekommen ist.

Ganz besonders danke ich meiner Ehefrau, die viel Verständnis aufgebracht und mich, solange sie konnte, nach Kräften unterstützt hat, aber die Fertigstellung des Buches leider nicht mehr erleben durfte.

Manfred Rost
Leipzig, im Sommer 2023

https://doi.org/10.1515/9783110767254-202

Inhaltsverzeichnis

1. Einleitung

Elektrochemie und Elektronik sind zwei verschiedene Gebiete von Wissenschaft und Technik mit gemeinsamen Wurzeln, einem Stück gemeinsamer Geschichte und mit hoher wirtschaftlicher Bedeutung.

Historisch betrachtet ist die Elektrochemie die ältere der beiden Wissenschaften und sie ist lange ohne Elektronik ausgekommen. Wesentliche elektrochemische Erkenntnisse und Ergebnisse wurden mit Mitteln der Elektrizitätslehre und der chemischen Thermodynamik gewonnen. Die Elektrochemie als Wissenschaftsgebiet grenzt an verschiedene naturwissenschaftliche, medizinische und technische Disziplinen. Sie stellt Werkzeuge und Methoden für die analytische Chemie und für chemisch-technologische Prozesse bereit und liefert die Grundlagen für Quellen und Speicher elektrischer Energie. Sie nutzt heute dafür unterschiedlichste, an die jeweilige Aufgabe angepasste elektronische Systeme und oft auch eine an das jeweilige Problem angepasste Software.

Die Elektronik ist ein technischer Ableger der Elektrizitätslehre und der Halbleiterphysik; sie hat sich in unterschiedlichsten Bereichen der Technik etabliert und unter dem Aspekt der Anwendung diverse Spezialrichtungen herausgebildet. Als Beispiele seien die Medizinelektronik, die KFZ-Elektronik und die Informationselektronik genannt. Eine Spezialrichtung *„Chemie-Elektronik"* ist nicht bekannt und *„Elektrochemie"* ist etwas ganz anderes und hat mit Elektronik zunächst nichts zu tun. Jedoch fußen einige Arten elektronischer Bauelemente auf elektrochemischen Effekten und Prozessen, wie z.B. der Elektrolytkondensator. Und natürlich sind elektrochemische Stromquellen für viele Elektronikanwendungen unverzichtbar.

Längst werden in zahllosen Gerätschaften, Anlagen und Systemen elektrochemische und elektronische Komponenten nebeneinander und miteinander genutzt. Als Folge dieses Zusammenwirkens entstehen Berührungspunkte und Nahtstellen zwischen elektrochemischen und elektronischen Komponenten. An diesen Schnittstellen sind Erfordernisse, Regeln und Gesetzmäßigkeiten aus beiden Bereichen zu bedenken und zu berücksichtigen. Das gilt sowohl für die Entwicklung wie auch für den Betrieb solcher Systeme.

Zielstellung, Abgrenzung und Inhalt des Buches

Dieses Buch beschäftigt sich mit den eben erwähnten Schnittstellen zwischen elektrochemischen System und Elektronik. Wir betrachten u.a.

- die Ankopplung elektrochemischer Messsysteme an eine Messelektronik,
- elektrochemische Stromquellen und Speicher sowie deren elektronische Peripherie,
- die Nutzung elektrochemischer Effekte in elektronischen Bauelementen und

https://doi.org/10.1515/9783110767254-001

• die Versorgung elektrochemischer Systeme und Prozesse mit elektrischer Energie.

Aus diesem Ansatz ergibt sich folgende Gliederung des Inhaltes:

Wir beginnen in Kapitel 2 mit einem Blick in die Geschichte beider Gebiete und betrachten die wechselseitige Nutzung von Erkenntnissen und Gerätschaften.

In Kapitel 3 sind einige Grundlagen aus der Physik (Elektrizitätslehre), aus der Elektronik und aus der Elektrochemie zusammengestellt, worauf die weitere Darstellung aufbaut.

Mit elektrochemischen Messverfahren können für ionenleitende Substanzen Fragestellungen der analytischen Chemie beantwortet werden. Solche Messverfahren und dazugehörige Messschaltungen betrachten wir in Kapitel 4.

Elektrochemische Sensoren erlauben es, mittels elektrischer Messungen Aussagen über Eigenschaften bzw. Zusammensetzung von Flüssigkeiten und Gasen zu gewinnen. In Kapitel 5 beschreiben wir solche Sensoren und ihre Funktion, beschränken uns aber auf Sensoren für Flüssigkeiten.

Batterien und Akkumulatoren als elektrochemische Quellen bzw. Speicher elektrischer Energie dienen der Energieversorgung zahlloser Geräte und Fahrzeuge; wir betrachten Batterien und Akkumulatoren und insbesondere notwendige elektronische Komponenten in Kapitel 6.

Einige Arten elektronischer Bauelemente fußen auf elektrochemischen Effekten und Prozessen; solche Effekte und Bauelemente sind Gegenstand von Kapitel 7.

Um den Text flüssig lesbar zu halten, wurden einige Verzeichnisse, Tabellen und ausgewählte Sachfragen in den Anhang verlagert. Ein umfangreiches Literaturverzeichnis und ein Sachregister runden die Darstellung ab.

Mit der Stoffauswahl aus Elektronik und Elektrochemie richtet sich das Buch sowohl an Studenten der Elektrotechnik/Elektronik als auch der physikalischen Chemie/Elektrochemie. Es wendet sich zugleich an Betreiber elektrochemischer Systeme und Entwickler, die mit der Auswahl oder Dimensionierung geeigneter Elektronikkomponenten befasst sind. Das Buch verdeutlicht wechselseitige Zusammenhänge, ersetzt aber kein Lehrbuch des jeweiligen Gebietes.
Vorausgesetzt werden physikalische, chemische und mathematische Kenntnisse, wie sie an Gymnasien gelehrt werden.

2. Ein Blick in die Geschichte

Den Anfängen von Elektrochemie und Elektrotechnik gingen zahlreiche physikalische Experimente und Erkenntnisse zur statischen Elektrizität voraus, während die jüngere Elektronik aus der Elektrotechnik sowie physikalischen Untersuchungen zur Stromleitung im Vakuum und deren technischer Nutzung Ende des 19. und Anfang des 20. Jahrhunderts hervorging. Diese zeitliche Ordnung ist Anlass, zuerst einige Erkenntnisse aus dem Bereich der statischen Elektrizität zu rekapitulieren, um dann die Anfänge von Elektrochemie und danach jene der Elektronik zu beleuchten.

Vorab ist zu vermerken, dass Begriffe und Symbole, mit denen wir heute die beobachteten elektrischen oder elektrochemischen Vorgänge beschreiben, zu Beginn der Entwicklung der jeweiligen Wissenschaft noch nicht existierten, denn das für eine Disziplin spezifische Begriffssystem bildet sich erst nach und nach im Laufe der Zeit heraus (siehe Kapitel 2.4).

2.1. Statische Elektrizität

Lange bevor an Elektrochemie oder Elektronik zu denken war, beginnt die Geschichte der Elektrizität mit der Beobachtung, dass an einem trockenen Tuch geriebener Bernstein bestimmte, sehr leichte Stoffe anzieht. Die erste Beschreibung dieses Phänomens an Bernstein, welches wir heute **Reibungselektrizität** nennen, wird Thales von Milet[1] zugeschrieben [Hop84]. Erst Jahrhunderte später, nämlich im 17. und 18. Jahrhundert, wird die Reibungselektrizität experimentell weiter untersucht. Diese Experimente sind mit den Namen Otto von Guericke[2], William Gilbert[3] und anderen Naturforschern verbunden. In dieser Zeit wurden für elektrische Experimente wichtige Gerätschaften erfunden. Solche Gerätschaften waren [Joh86]

- die Elektrisiermaschine, das ist ein Generator, der über Reibungselektrizität so hohe Gleichspannungen erzeugt, dass elektrische Funken überschlagen können,

- die Leidener Flasche, das ist eine Anordnung zur Ladungsspeicherung (Zylinderkondensator, erfunden 1745) und

- das Versorium, das ist ein Instrument mit einer frei beweglichen Nadel, welche auf elektrische Ladungen reagiert, also ein einfaches Elektrometer (um 1600 nach W. Gilbert).

---

[1] Thales von Milet, ionischer Philosoph, Mathematiker und Geometer, 624–548 v. Chr.
[2] Otto von Guericke, deutscher Naturphilosoph und Physiker, 1602–1686 [Ges21]
[3] William Gilbert, englischer Arzt und Physiker, 1544–1603

https://doi.org/10.1515/9783110767254-002

All diese Vorrichtungen entstanden aus wissenschaftlichem Interesse und zum Zwecke des Experimentierens, ohne dass handwerkliche oder gar industrielle Anwendungen dahinter standen; sie dienten vielfach auch öffentlichen Demonstrationen.

Die Reibungselektrizität bot keine Möglichkeit, dauerhaft einen konstanten Strom für weiterführende elektrische Experimente zu liefern.

2.2. Vorstufen und Anfänge der Elektrochemie

Die Chemie etablierte sich im Verlaufe des 17. und 18. Jahrhunderts als Wissenschaft; zu dieser Zeit kannte man bereits viele Metalle, beispielsweise Gold, Silber, Kupfer, Eisen und Zink. Auch etliche Nichtmetalle (z.B. Schwefel, Phosphor) und Gase („Luft", Sauerstoff) waren bekannt, ebenso verschiedene Säuren und Laugen und als Vorstufe wissenschaftlicher Experimentiertechniken hatte sich eine „Probierkunst" entwickelt [Wey18].
Eigentlicher Ausgangspunkt der Elektrochemie waren Experimente und zufällige Beobachtungen Galvanis[1], auf denen Volta[2] aufbaute.

2.2.1. Galvani und Volta

Galvani und die „Tierische Elektrizität"   Es war schon bekannt, dass die von einer Leidener Flasche und von einem Zitterrochen ausgehenden Schläge sehr ähnlich sind, als Galvani 1780 eher zufällig beobachtete, dass Froschschenkelpräparate in Zuckungen geraten, wenn an einer benachbart aufgestellten Elektrisiermaschine Funken überschlagen. Später fand Galvani auch, dass es der Elektrisiermaschine nicht bedurfte, sondern dass die Froschschenkelpräparate auch in Zuckungen geraten, wenn bestimmte Bereiche der Präparate, Nervenenden, mit zwei verschiedenen, aber verbundenen Metallen berührt werden. Galvani schrieb dies einer „tierischen Elektrizität" zu, die er glaubte, entdeckt zu haben.
Heute würde man Galvanis Experimente und Beobachtungen wohl der experimentellen Elektrophysiologie zuordnen.

Die Voltasche Säule   Die Erfindung und Herstellung der ersten chemischen Spannungsquellen verdanken wir Volta [Vol00]. Aufbauend auf Galvanis Beobachtungen entdeckte Volta, dass zwischen zwei verschiedenen Metallen, die in eine Elektrolytlösung tauchen, eine Spannung besteht. Volta verwendete Kupferplatten und Zinkplatten mit einer elektrolytgetränkten Zwischenlage als einzelne Zelle (Voltaelement). Er erkannte auch, dass man solche Zellen miteinander verbinden kann, um den Effekt zu vervielfachen, und fand so die Anordnung, die wir heute Reihenschaltung nennen. Er entwickelte 1799 aufbauend auf diesen Beobachtungen und Untersuchungen einen Vorläufer unserer heutigen Batterien, die nach ihm benannte Voltasche Säule, in der im Wechsel Kupfer- und Zinkplatten mit einer Zwischenlage aus elektrolytgetränktem Leder gestapelt waren. Ein Modell solch einer Anordnung zeigt die Abb. 2.1.

---

[1]   Luigi Galvani, italienischer Arzt und Physiker, 1737–1798
[2]   Alessandro Giuseppe Antonio Anastasio Graf von Volta, italienischer Physiker, 1745–1827

Abb. 2.1.: Modell einer voltaschen Säule
(Bildquelle: Museums für Galvanotechnik, Leipzig)

Mit weiterentwickelten elektrochemischen Stromquellen gelang es, zeitlich stabile Ströme flie-ßen zu lassen. Das war eine wesentliche Voraussetzung für die meisten Experimente und Un-tersuchungen im Zusammenhang mit der Elektrizität und dem Elektromagnetismus.
In Kapitel 6 gehen wir auf verschiedene Arten elektrochemischer Stromquellen ein.

2.2.2. Die Elektrolyse

Die Verfügbarkeit elektrochemischer Stromquellen war eine Voraussetzung für die Entdeckung der Zersetzung des Wassers bei Stromdurchgang, der Elektrolyse. Schon 1800, also kurz nach Bekanntwerden der voltaschen Säule, entdeckten Nicholson[1] und Carlisle[2] diesen Prozess.
Etwas später experimentierte W. Cruickshank[3] mit verschiedenen Kombinationen von Metallen und Salzlösungen und entdeckte dabei die Metallabscheidung auf einem der eintauchenden Metalle.
Davy[4] gelang es, mittels Elektrolyse geschmolzener Salze, u.a. erstmals die Elemente Natrium, Kalium, Barium, Strontium, Calcium und Magnesium darzustellen.

---

[1] William Nicholson, englicher Chemiker,1753–1815
[2] Sir Anthony Carlisle, englischer Chirurg, 1768–1840
[3] William Cruickshank, schottischer Arzt und Chemiker, 1740 oder 1750–1810 oder 1811 [wik21]
[4] Humphry Davy, englischer Chemiker, 1778–1829

Faraday[1] untersuchte die bei der Elektrolyse ablaufenden Prozesse quantitativ und fand die nach ihm benannten Gesetze (siehe dazu Kapitel 3.3.8).

2.2.3. Historische elektrochemische Vorrichtungen und Geräte

In diesem Kapitel betrachten wir im historischen Kontext einige Vorrichtungen und Geräte, deren Funktion auf elektrochemischen Prozessen beruhte. Die entsprechenden elektrochemischen Zusammenhänge erläutern wir später in den jeweils angegebenen Kapiteln.

Elektrochemischer Telegraph nach Soemmerring

Eine schnelle Nachrichtenübermittlung über größere Distanzen war von alters her für das Militär von Interesse. Während die ersten Telegraphen der Neuzeit eine mechanisch-optische Signalübertragung mit beweglichen Zeigern verwendeten, wurde auch über die Nutzung der Elektrizität zur Signalübertragung nachgedacht. Soemmerring[2] schlug 1809 ein elektrochemisches Konzept vor [Asc95].

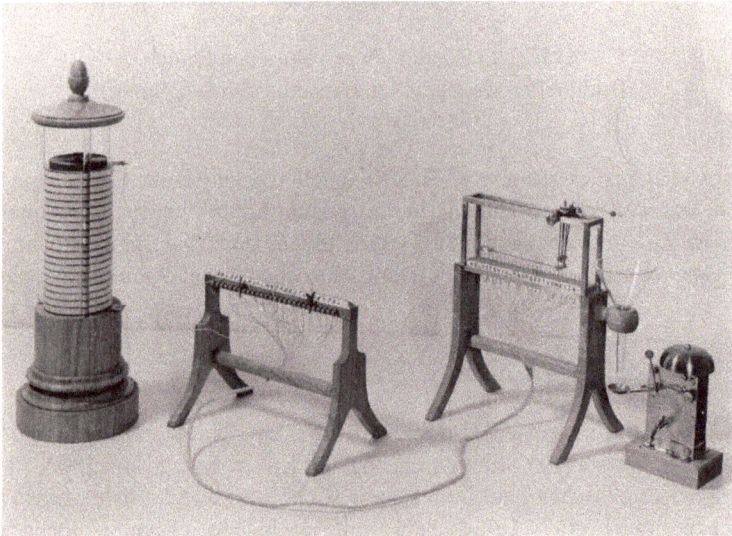

Abb. 2.2.: Modell eines elektrochemischen Telegraphen nach Soemmerring (1809), (Bildquelle: Nachrichtentechnische Sammlung am Institut für Nachrichtentechnik der RWTH Aachen)

---

[1] Michael Faraday 1791–1867, englischer Chemiker und Physiker, Mitglied der Royal Society
[2] Samuel Thomas Soemmerring, 1755–1830, deutscher Anatom, der auch auf Gebieten der Physik und Chemie arbeitete

Soemmerring erfand und entwickelte einen Telegraphen, der die Zersetzung von Wasser zur Anzeige elektrisch übertragener Signale nutzte (siehe Abb. 2.2). Er beschreibt die Einzelheiten seiner Entwicklung in [Soe09]. Danach verwendete er 35 goldene Spitzen oder Stifte (diese „Stifte" nennen wir heute Elektroden), die 25 deutsche Buchstaben und zehn Ziffern symbolisierten. Diese Goldelektroden waren nebeneinander in ein flächenhaftes, aufrecht stehendes Glasgefäß eingebaut, so dass bei Stromfluss lokal die Gasentwicklung beobachtet werden konnte. Die unterschiedlich starke Gasentwicklung an Plus- und Minuspol erlaubte es, zwei Zeichen gleichzeitig zu übertragen. Alle Goldelektroden waren mit isolierten Kupferdrähten verbunden und über die Distanz konnte eine „elektrische Säule", also eine Batterie, mit den Elektroden verbunden werden.
Aus heutiger Sicht könnte man die beschriebene empfängerseitige Anordnung als „elektrochemische Display-Zeile" bezeichnen.

Coulometer und ihre Anwendung

Coulometer sind Gerätschaften, die die durch eine elektrolytische Zelle fließende Ladungsmenge messen und es gestatten, über die Faradayschen Gesetze (Kapitel 3.3.8) umgesetzte Stoffmengen zu bestimmen. In den Anfängen dienten sie jedoch auch der Definition des Ampere.

Frühe Ampere-Definition   Erste Definitionen der physikalischen Grundgröße Ampere erfolgten auf coulometrischem, also elektrochemischem Wege. Zuerst wurden Knallgas- und später Silbercoulometer benutzt. Einzelheiten sind im Anhang A.4.2 dargestellt.

Elektrolytische Zähler   Elektrolytische Zähler waren Coulometer, die in Gleichstromnetzen der Messung der an Stromkunden gelieferten elektrischen Energie dienten. Dieser Zählertyp geht zurück auf eine Erfindung von T.A. Edison[1] aus dem Jahre 1881.
Eine spezielle Ausführung war der sog. Stiazähler (Abb. 2.3, Hersteller Schott & Gen., Jena). Ein Stiazähler besteht aus einem abgeschlossenen Elektrolysegefäß mit einer Quecksilberanode und einer Kohlekatode. Im Elektrolysegefäß trennt ein Diaphragma Katodenraum und Anodenraum. Der Elektrolyt enthält ein gelöstes Quecksilbersalz (Quecksilberjodid), welches bei Stromfluss an der Katode zu metallischem Quecksilber reduziert wird. Das Gefäß ist so gestaltet, dass sich das Quecksilber im Katodenraum in einem kalibrierten Messrohr sammelt. Am Messrohr ist eine Skala so angebracht, dass der Energieverbrauch direkt abgelesen werden kann. Nach Ablesen des Zählers kann durch Zurückkippen des Quecksilbers in den Anodenraum der Zähler wieder auf Null gestellt werden. Solche Zähler wurden mit einem Shunt betrieben, so dass nur ein Strom von 20 mA bei Nennlast direkt durch den Zähler floss [Kru30].

---

[1] Thomas Alva Edison, 1847–1931, US-amerikanischer Elektroingenieur und Erfinder

Abb. 2.3.: Elektrolytzähler (Bildquelle: Elektrotechnische Sammlung, VDE Bezirksverband
Halle/Leipzig)

Versuche zur elektrochemischen Schallaufzeichnung

Nachdem T.A.Edison 1877 das Prinzip der mechanischen Schallaufzeichnung, den Phonographen, erfunden hatte, und wenig später auch das Prinzip der magnetischen Schallaufzeichnung gefunden wurde (Idee: Smith , realisiert: Poulsen[1] 1898), schlussfolgerte Nernst[2]
„Offenbar kann man allgemein jeden Vorgang, der zu einer dauernden, der betreffenden Wirkung proportionalen oder annähernd proportionalen Veränderung Veranlassung gibt, als phonographisches Prinzip verwenden; ... "[NL01].

In diesem Sinne stellten Nernst und von Lieben[3] Versuche zu einer elektrochemischen Schallaufzeichnung an [NL01, Lie01]. Die Abb. 2.4 zeigt zwei Skizzen von Versuchsanordnungen für einen sogenannten „elektrochemischen Phonographen" aus den Originalarbeiten von 1901. Analog zur magnetischen Schallaufzeichnung bei ferromagnetischen Werkstoffen, beabsichtigten Nernst und von Lieben eine dauerhafte Veränderung der Oberfläche eines Trägermaterials (Aufzeichnung) auf elektrochemischem Wege herbeizuführen und in der gleichen Anordnung auch wieder auszulesen (Wiedergabe).
Sie verwendeten einen mit einem Elektrolyt getränkten Holzkeil, den sie über ein endloses Platinband (Abb. 2.4a) bzw. über eine Kupferscheibe (Abb. 2.4b) gleiten ließen, wobei Platinband bzw. Kupferscheibe und der mit Elektrolyt getränkte Holzkeil Teil eines Gleichstromkreises

---

[1] Valdemar Poulsen, 1869–1942, dänischer Physiker, Ingenieur und Erfinder
[2] Walther Hermann Nernst, deutscher Physiker und Chemiker, 1864–1941, Nobelpreis für Chemie 1920
[3] Robert von Lieben, österreichischer Physiker, 1878–1913

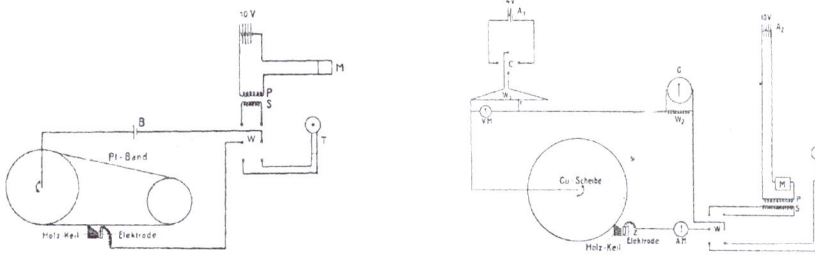

a) experimentelle Anordnung nach Nernst [NL01]   b) experimentelle Anordnung nach v. Lieben [Lie01]

Abb. 2.4.: Versuchsanordnungen zur elektrochemischen Schallaufzeichnung nach Nernst und von Lieben (1901)

waren. Als Elektrolyte wurden Kupfersulfatlösung sowie saure und alkalische Lösungen erprobt. Bei der Aufzeichnung wurde der Gleichstrom mit einem Mikrofonsignal moduliert. Zur Wiedergabe diente ein Kopfhörer, der direkt in den Gleichstromkreis mit einstellbarer Gleichspannung geschaltet war. Nernst und von Lieben berichten einerseits über gewisse Erfolge und auch über Schwierigkeiten. Schließlich wurde die Idee verworfen und nicht weiter verfolgt.

Elektrochemische Gleichrichter und Dioden

Nachdem im Jahre 1890 das erste Wechselstrom-Kraftwerk in Deutschland in Betrieb gegangen war [Sch84], setzten sich Wechselstromnetze im ersten Viertel des 20. Jahrhunderts durch. Damit ergab sich die Aufgabe, überall dort, wo Gleichstrom erforderlich war, diesen aus dem Wechselstromnetz bereitzustellen, beispielsweise für elektrochemische und elektronische Experimente sowie später auch für Radioempfänger.

Gleichrichter   Zunächst gab es keine elektronischen Gleichrichter wie Gleichrichterröhren oder Halbleitergleichrichter. Deshalb wurden andere Wege beschritten, nämlich die Gleichstrombereitstellung [GG21]

- mit Umformern (Wechselstrommotor-Gleichstromgenerator-Kopplung),
- mit Schaltern, welche mit der Netzfrequenz synchron schalteten (störanfällig) sowie
- auf elektrochemischem Weg mit Elektrolyt-Gleichrichtern.

Ein Elektrolyt-Gleichrichter bestand beispielsweise aus einer stabförmigen Aluminiumelektrode und einer Eisen- oder Stahlelektrode. Letztere konnte als Gefäß ausgebildet sein und enthielt dann den Elektrolyt. Als Elektrolyte werden wässrige Ammoniumkarbonatlösung, Schwefelsäure und auch kohlensaures Natron (Natriumkarbonat) genannt. Für eine Gleichrichterzelle in einer solchen Anordnungen betrug die zulässige Spannung $30\,\text{V}$ und wegen des geringeren Elektrolytwiderstandes wurde eine erhöhte Arbeitstemperatur ($40\,^\circ\text{C}$) empfohlen [Jus26].

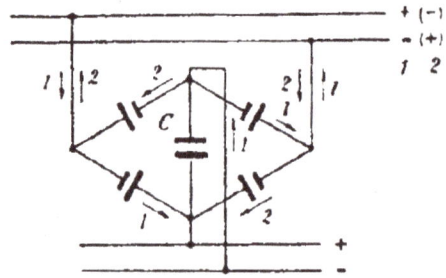

Abb. 2.5.: Phy-We-Gleichrichter aus [Jus26] (1926):
links: Transformator mit vier außenliegende elektrolytischen Gleichrichterzellen
rechts: Darstellung der Brückenschaltung mit vier elektrolytischen Zellen

Um beide Halbwellen des Wechselstromes zu nutzen, wurde eine Brückenschaltung verwendet (Abb. 2.5).
Die Funktion solch einer Elektrolyt-Gleichrichterzelle betrachten wir in Kapitel 7.2, denn es gibt einige Gemeinsamkeiten mit modernen elektronischen Bauelementen, deren Funktion auf Ventilmetallen beruht, wie z.B. bei Elektrolytkondensatoren (Kapitel 7.3.1).

Elektrolytische Diode als Signalgleichrichter   Als sich Ende des 19. Jahrhunderts die Funktechnik zu entwickeln begann, standen weder Röhren- noch Kristalldetektoren zur Demodulation modulierter Hochfrequenzsignale zur Verfügung. Zuerst setzte man sogenannte Kohärer[1] zur Demodulation hochfrequenter Funksignale ein, die jedoch störanfällig waren.

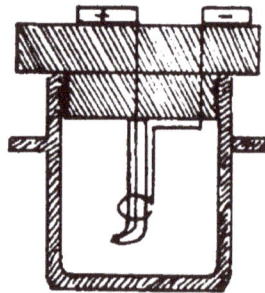

Abb. 2.6.: Schloemilch-Zelle, schematisch
(Abb. aus [ZH08])

Ein nächster Schritt war der Einsatz einer elektrolytischen Diode, des Schloemilch-Detektors. Der Schloemilch-Detektor, auch Elektrolytdetektor genannt, bestand aus einem Gefäß mit ver-

---

[1] Röhrchen mit Metallspänen und zwei Anschlüssen

dünnter Schwefelsäure, in welche ein dickerer Platindraht (Durchmesser 0,5 mm) und eine dünne Platinspitze (eingeschmolzener Pt-Draht, Durchmesser 0,001 mm) eintauchten. Das System wurde mit einer solchen Vorspannung betrieben, dass sich das Wasser zersetzte und Gasblasen an der Platinspitze aufstiegen (Pluspol der Batterie an der Platinspitze) [Die13]. Der optimale Arbeitspunkt des Signalgleichrichters wurde experimentell mit der Vorspannung eingestellt.

Wehnelt-Unterbrecher

Die früher übliche Hochspannungserzeugung mit Funkeninduktoren erforderte selbsttätig arbeitende Unterbrecher, wie den magnetisch arbeitenden Wagnerschen Hammer. Die Unterbrecherkontakte müssen den Strom durch eine Induktivität schalten und verschleißen dabei wegen des beim Abschalten entstehenden Lichtbogens.
Hier schuf Wehnelt[1] mit dem nach ihm benannten Unterbrecher Abhilfe. Der Wehnelt-Unterbrecher besteht aus einem Glasgefäß mit verdünnter Schwefelsäure, in die zwei Elektroden eintauchen, eine Bleiplatte und eine Platinspitze. Bei Anschluss an Gleichspannung und ausreichendem Strom entstehen an der Platinspitze Gasblasen, die periodisch den Strom unterbrechen („elektrolytischer Unterbrecher"). Der Wehnelt-Unterbrecher diente auch zur Erzeugung von HF-Schwingungen; dies wurde in [Nil17] ausführlich untersucht.

2.2.4. Elektrochemische Stromquellen

Batterien   Nach der Voltaschen Säule wurden diverse weitere Batterievarianten erfunden und zur technischen Reife entwickelt, die mit anderen Elektrodenmterialien und anderen Elektrolyten arbeiteten, so 1836 das Zink-Kupfer-Element nach Daniell[2] und 1841 das Zink-Kohle-Element nach Bunsen[3].
Batterien waren die ersten Quellen elektrischer Energie, die längere Zeit einen elektrischen Strom bei etwa konstanter Spannung liefern konnten. Damit waren sie eine Voraussetzung für zahlreiche physikalische, elektrochemische und technische Experimente, solange städtische Stromnetze noch nicht existierten bzw. kein Anschluss an ein solches Netz bestand.
Batterien wurden und werden oft direkt an bestimmte Versorgungsaufgaben angepasst hergestellt. Ein Beispiel dafür war die Entwicklung von Anodenbatterien für Reiseempfänger (Kofferradios) mit Elektronenröhren. Anodenbatterien hatten eine Nennspannung zwischen etwa 70–100 V und wurden bis in die 1960er Jahre hergestellt.
Entwicklungsziele für Anodenbatterien waren Anfang der 1950er Jahre leichtere, platzsparende und quaderförmige Bauformen. Die Abb. 2.7 zeigt solch eine Batterie, wie sie um 1951 gebaut wurden. Dieser Batterietyp bestand aus 76 gleichartigen in Reihe geschalteten Luftsauerstoff-Zellen mit Manganchlorid-Lösung als Elektrolyt [ano51]. Als Umhüllung diente leichter bedruckter Karton. Laut Aufdruck hatten diese Batterien eine Nennspannung von 100 V und lieferten einen Nennstrom von 15 mA. Die Abmessungen betrugen 100 mm x 100 mm x 40 mm und die Masse 520 g.

---

[1] nach Arthur Rudolph Berthold Wehnelt, 1871–1944, Deutscher Physiker
[2] John Frederic Daniell, britischer Physikochemiker, 1790–1845
[3] Robert Wilhelm Bunsen, deutscher Chemiker, 1811–1899

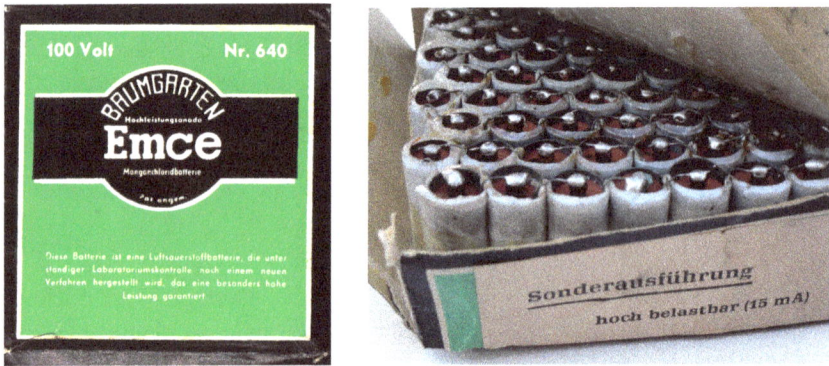

Abb. 2.7.: Anoden-Batterie, das rechte Teilbild zeigt die in Serie geschalteten Einzelzellen
(Bildquelle: Sammlung des Autors)

Akkumulatoren Die erste wiederaufladbare elektrochemische Zelle wurde von Ritter[1] erfunden und als „Rittersche Säule" bekannt. Sinsteden[2] baute 1854 den ersten Bleiakkumulator. Zur breiten Anwendung gelangten Akkumulatoren, nachdem Stromnetze und Ladevorrichtungen zur Wiederaufladung der Akkumulatoren verfügbar waren [JE94].

Abb. 2.8.: Bleiakkumulator (20 Zellen) und Motoren eines Elektrokarren (Baujahr 1960),
(Bildquelle: VDE Halle-Leipzig, Elektrotechnische Sammlung, Aufn. des Autors)

Akkumulatoren wurden bald auch als Energiequelle in elektrisch angetriebenen Booten, Straßenfahrzeugen (erstes Elektroauto mit einer Reichweite 20 km H.O.Tudor1887 [JE94]) und Schienenfahrzeugen, wie Akkumulatortriebwagen und Rangierlokomotiven, eingesetzt. Seit

---

[1] Johann Wilhelm Ritter, deutscher Physiker, 1776–1810
[2] Wilhelm Josef Sinsteden, deutscher Mediziner und Physiker, 1803–1891

dem I. Weltkrieg verfügten U-Boote (Atom-U-Boote ausgenommen) über einen dieselelektrischen Antrieb. Bei Tauchfahrt nutzen sie Akkumulatoren als Energiequelle für ihre elektrischen Antriebsmotoren, während bei Überwasser- oder Schnorchelfahrt die Akkumulatoren von einem Dieselmotor aufgeladen werden. Verbreitet waren auch sog. Elektrokarren als Transportfahrzeuge; die Abb.2.8 zeigt als Beispiel den Batteriesatz einer sog. „Eidechse".
Der Bedarf an Akkumulatoren schlug sich bald in der Gründung entsprechender Herstellerfirmen und Aktiengesellschaften nieder. Eine dieser Firmen war die Accumulatoren-Fabrik Aktiengesellschaft Berlin-Hagen[3] (Abb. 2.9), aus welcher später die Varta AG hervorging.

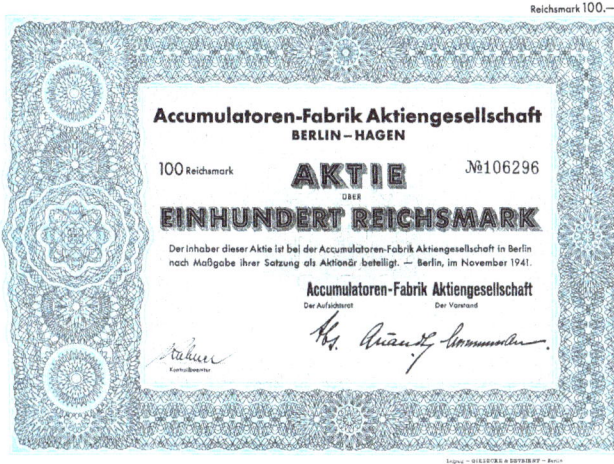

Abb. 2.9.: Aktie der Accumulatoren-Fabrik Berlin-Hagen (1941)
              (Bildquelle: Sammlung des Autors)

Normalelemente Eine besondere Art von Batterien waren die Normalelemente, wie das Clark-Element oder das jüngere Weston-Element. Normalelemente dienten nicht der Lieferung elektrischer Energie, sondern ihre Aufgabe war die Bereitstellung einer konstanten Spannung von etwa 1 V über sehr lange Zeit bei geringstem Temperaturkoeffizienten [Fro78]. Sie dienten der Bewahrung der Spannungseinheit und als Referenz für Messungen mit der Kompensationsmethode (siehe Kapitel A.4.4). Dementsprechend wurden diese Elemente sorgfältig in ein Holzgehäuse eingebaut und mit Korrekturtabellen versehen, wie die Abb. 2.10 zeigt.

---

[3] Randnotiz: In [Rol14] findet man Angaben zum durchschnittlichen Lohn, der in der Accumulatoren-Fabrik Aktiengesellschaft Berlin-Hagen (Vorläufer der Varta AG) gezahlt wurde. Danach betrug 1912 der Tageslohn 5,46 Mark und der Jahreslohn 1665 Mark.

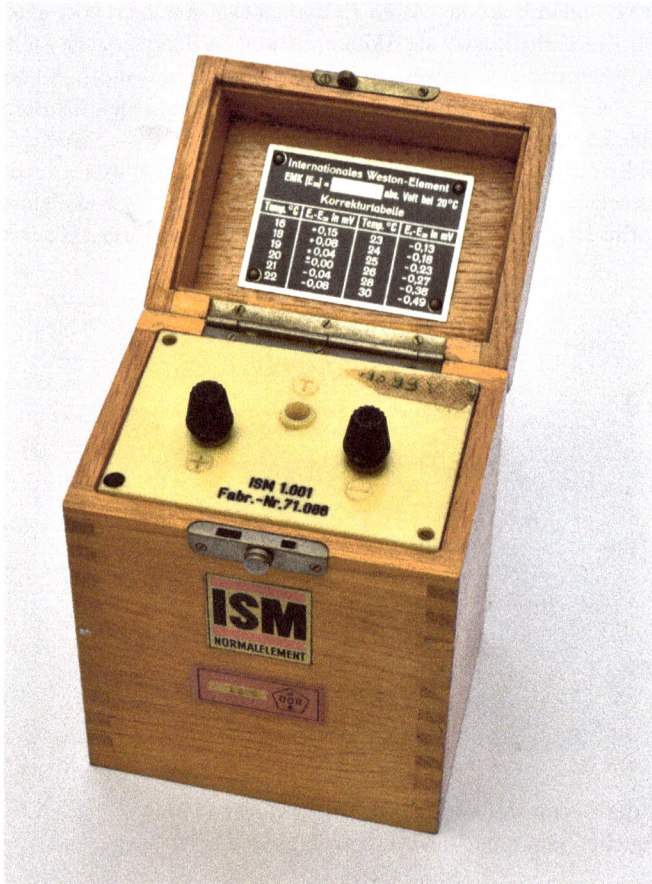

Abb. 2.10.: Internationales Weston-Element im Holzgehäuse mit Korrekturtabelle im Deckel
(Bildquelle: TU Dresden, Physikalische Gerätesammlung)

2.3. Elektrotechnik und Beginn der Elektronikentwicklung

2.3.1. Elektrotechnische Lösungen

Der Elektronik vorausgegangen waren zahlreiche Erfindungen und Entwicklungen, die man der Elektrotechnik zurechnet, wie z.B. elektrische Generatoren und Motoren, Relais und Schalter, Steckverbinder sowie feste und veränderliche Widerstände und Kondensatoren verschiedener Bauart.

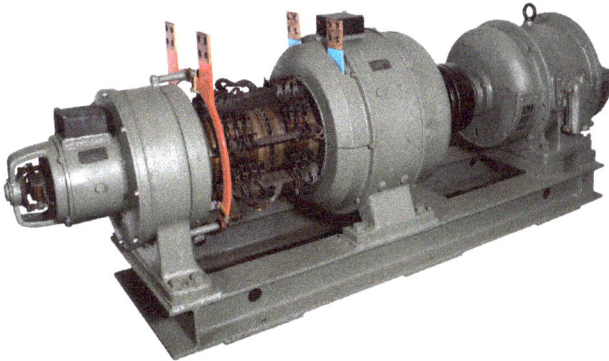

Abb. 2.11.: Historischer Gleichspannungsgenerator zur Versorgung einer Galvanik-Anlage
(Bildquelle: Deutsches Museum für Galvanotechnik, Leipzig)

Für die sich entwickelnde Galvanotechnik war die Bereitstellung hoher Gleichströme bei kleiner Spannung notwendig. Dafür standen zuerst Gleichspannungsgeneratoren zur Verfügung, die durch Wasserkraft, Dampf oder einen Wechselstrommotor angetrieben wurden und mechanische in elektrische Energie umsetzten. Die Abb. 2.11 zeigt einen solchen Generator.

Für elektrochemische Messungen waren die Erfindung von elektrischen Messgeräten, wie Drehspulinstrument und Spiegelgalvanometer (Abb. 2.12), sowie bestimmte Messanordnungen, wie die Brückenschaltung, von essentieller Bedeutung. Bei der technischen Ausführung der Brückenschaltung nach Kohlrausch[1] wurde ein veränderlicher Abgleichwiderstand durch einen ausgespannten Draht und einen Schleifer realisiert (Abb. 2.13).

Den Beginn des Elektronikzeitalters markiert die Erfindung des ersten Verstärkerbauelementes, der Elektronenröhre, Anfang des 20. Jahrhunderts. Jeweils neue Etappen in der Elektronik wurden durch die Entdeckung des Transistoreffektes und später durch die Entwicklung integrierter Schaltkreise sowie durch den Mikroprozessor eingeleitet.

2.3.2. Elektronenröhren – die ersten Verstärker-Bauelemente

Für die Erfindung der Elektronenröhre waren die Entwicklung der Glühlampe, Experimente mit Niederdruckgasentladungen und die Entdeckung des Elektrons von Bedeutung. Diese Arbeiten wiederum setzten die Verfügbarkeit von Mitteln zur Erzeugung eines Vakuums, die Möglichkeit zur Herstellung von Vakuumgefäßen mit metallischen Durchführungen sowie das Vorhandensein geeigneter elektrischer Spannungsquellen und elektrischer Messgeräte voraus.

---

[1] Friedrich Wilhelm Georg Kohlrausch, 1840–1910, deutscher Physiker und Physikochemiker

Abb. 2.12.: Spiegelgalvanometer, Hersteller Hartmann & Braun, Typ 155, um 1920
(Bildquelle: Sammlung des Autors)

Erfindung und Verwendung der Elektronenröhren Elektronenröhren waren die ersten elektronischen Verstärkerbauelemente überhaupt. De Forest[1] hatte als erstes verstärkendes Bauelement eine Triode beschrieben und sich patentieren lassen [DF07]. Wenige Jahre vorher hatte Fleming[2] eine Hochvakuumdiode als erste Elektronenröhre überhaupt beschrieben [Fle05]. Elektronenröhren wurden zunächst hauptsächlich in der Hochfrequenz-Nachrichtentechnik und in Niederfrequenzverstärkern eingesetzt. Erst im Laufe der Zeit kamen sie auch in Messgeräten zum Einsatz. Anfang der 1920er Jahre wurde über die ersten Röhrenvoltmeter berichtet und so der Anwendung in der Messtechnik der Weg geebnet [Hip24]. Eine erste elektrochemische Anwendung der Röhrenvoltmeter war die Messung des pH-Wertes [Sch43]. Das Beispiel solch eines Gerätes zeigt die Abb. 2.14 einen Auszug aus der Patentschrift [BF36], in der wohl des erste elektronische pH-Meter geschützt wurde Einige Röhrenhersteller entwickelten speziell für Strahlungs- und pH-Messgeräte sogenannte Elektrometerröhren mit extrem geringen Eingangsströmen wie die YG1000 ($I_G \leq 6 \cdot 10^{-14}$ A).

---

[1] Lee De Forest, US-amerikanischer Erfinder und Radiopionier, 1873–1961
[2] John Ambrose Fleming, britischer Physiker und Elektrotechniker, 1849–-1945

Abb. 2.13.: Schleifendraht – Messbrücke nach Kohlrausch, sog. Kohlrausch-Brücke,
Hersteller: Hartmann & Braun Frankfurt a/M, vor 1890
Bildquelle: Museum „Alte Messgeraete", R. Hamburger, Hanau

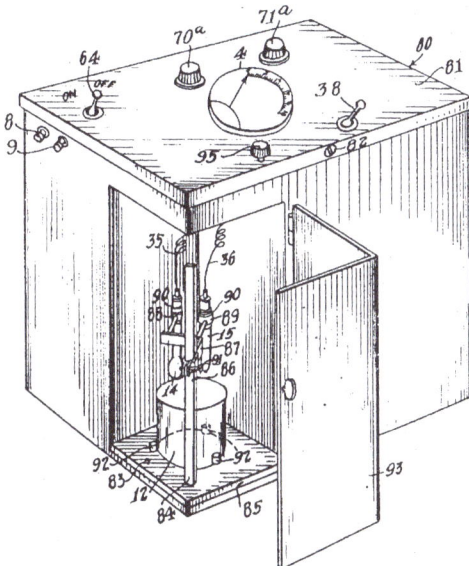

Abb. 2.14.: Fig. 3 aus der 1. Patentschrift zu einem elektronischen pH-Meter [BF36]

Batterieröhren und Batterien   Die ersten Röhrenkofferradios wurden in den 1920er und 30er
Jahren entwickelt und hergestellt. Diese Geräte arbeiteten mit speziellen Röhren, den Batte-

Abb. 2.15.: Batterieröhren
links: Oktode KK2 und Doppeldiode/Triode KBC1 aus der älteren K-Reihe,
rechts: Endpentode DL196 und Oktode DK192 aus der jüngeren D-Reihe
(Bildquelle: Sammlung des Autors)

rieröhren. Bei der Konstruktion von Batterieröhren wurden die Eigenschaften von Batterien in zweierlei Weise berücksichtigt. Diese Röhren wurden so konstruiert, dass

- sie bei niedriger Anodenspannung ($\leq 100\,\text{V}$) arbeiteten und die Anodenspannung einer Anodenbatterien (siehe Seite 12) entnommen werden konnte und dass
- für die Heizspannung eine Batteriezelle reichte.

So entstanden angepasst an die Nennspannung einzelner Batteriezellen Röhren für eine Heizspannung von $2\,\text{V}$ (K-Röhren) und von $1,4\,\text{V}$ (D-Röhren). Für K-Röhren konnte der Heizstrom direkt einer Bleiakkuzelle entnommen werden und für D-Röhren eignete sich eine Zink-Kohle-Primärzelle.

2.3.3. Halbleiterbauelemente

Transistoren Die Erfindung des Transistors durch die Herren J. Bardeen, W. Shockley und W. Brattain[1] im Jahre 1947 leitete eine Wende in der Elektronikentwicklung ein. Der Transistor als neues Verstärkerbauelement hatte gegenüber der Elektronenröhre entscheidende Vorteile. Er benötigt keinen Heizstrom, erfordert nur eine geringe Arbeitsspannung im Bereich einiger Volt und ist außerdem für die Massenfertigung geeignet.
Die ersten Transistoren waren Bipolartransistoren und stromgesteuert. Sie wurden bald durch verschiedene Arten von Feldeffekt-Transistoren, die sämtlich spannungsgesteuert sind, ergänzt.

---

[1] Alle drei erhielten den Nobelpreis für Physik im Jahre 1956 [Fou]

Bipolartransistoren und Feldeffekttransistoren verdrängten die Elektronenröhren in wenigen Jahren aus fast allen ihren Einsatzgebieten.

Während die ersten Transistorradios schon 1954 in den USA auf den Markt kamen, dauerte es bis in die 1960er Jahre ehe Transistoren in pH-Metern eingesetzt wurden.

2.3.4. Integrierte Schaltkreise

Die Erfindung integrierter Halbleiterstrukturen durch Kilby[1] (1958) und Noyce leitete eine weitere Wende in der Elektronik ein und beschleunigte deren Entwicklung rasant. Längst dominieren integrierte Schaltkreise, die viele tausende oder Millionen Transistorfunktionen beinhalten, die moderne Elektronik. Die neuen Möglichkeiten veränderten und erweiterten die gesamte Elektronik und revolutionierten die analoge Schaltungstechnik, die Digitalelektronik und die Rechentechnik. Für die uns hier insbesondere interessierende Analogelektronik wurde der Operationsverstärker, dessen Eigenschaften und Schaltungstechnik wir in Kapitel 3.2.9 betrachten, zum dominierenden Bauelement.

Eine höhere Komplexität als Operationsverstärker weisen digitale Schaltungen auf, insbesondere Prozessoren und Mikrocontroller. Diese hochkomplexen Schaltkreise übergehen wir hier, denn sie besitzen keine direkte Schnittstelle zu den elektrochemischen Prozessen. Die Kopplung zwischen einem elektrochemischen Prozess und irgendeiner Elektronik erfolgt immer mittels analoger Schaltungen. Wir beschränken uns deshalb hier weitgehend auf analoge Schaltungen.

Für Anwendungen in der Messtechnik wurden Mixed-Signal-Schaltkreise entwickelt, die analoge und digitale Funktionsgruppen enthalten. Spezialisierte Mixed-Signal-Schaltkreise, sog. Analog-Front-End-Schaltkreise (AFE), sind so ausgelegt, dass sie auf ein Aufgabengebiet zugeschnitten, alle relevanten analogen und digitalen Funktionen als kompakte Lösung in einem Schaltkreis umfassen. Solche Schaltkreise können einen kompletten Mikrocontroller enthalten. In Kapitel 5.5 betrachten wir einige speziell für elektrochemisch-messtechnische Anwendungen geschaffene AFE.

2.4. Zur Entwicklung der Begriffssysteme und Fachsprachen

Ausgangszustand   Zu Beginn der Entwicklung Voltascher Säulen und der Beobachtungen von Effekten in stromdurchflossenen Elektrolyten, also um 1800 und einige Jahre danach, existierten weder ein elektrochemisches noch ein elektrotechnisches Begriffssystem, wie wir es heute kennen. Messgeräte für elektrische Größen, für Strom bzw. Spannung, standen noch nicht zur Verfügung, deren Entwicklung begann gerade.

---

[1]   Nobelpreis für Physik im Jahre 2000

Die Entwicklung auf chemischer Seite   Eine internationale chemische Symbolik und elektrochemische Begriffe gab es um 1800 noch nicht, diese entwickelten sich erst im Verlaufe des 19. Jahrhunderts und danach. Diese Entwicklungen wurden initiiert durch bekannte Forscherpersönlichkeiten und befördert von großen internationalen Kongressen sowie neu gebildeten Institutionen.

Die heute international gebräuchlichen Symbole für chemische Elemente wurden 1814 von Berzelius[1] eingeführt. Weitere Schritte zur Vorbereitung einer Vereinheitlichung der Nomenklatur chemischer Verbindungen und der chemischen Formelsprache waren der Karlsruher Kongress 1860 [Sto33] sowie 1919 die Gründung der IUPAC (International Union of Pure and Applied Chemistry). Diese auf solche Weise durch Personen und Institutionen entwickelten Regeln und Regelwerke wurden in Zeitabständen publiziert und schließlich festgeschrieben [ano75].

Wichtige und grundlegende Begriffe der Elektrochemie, wie Elektrolyse, Elektrode, Anode und Katode, gehen auf Faraday zurück [Ost10]. Er führte diese Begriffe im Jahr 1834 ein [vde16]. Die Bemühungen und die Probleme, eine einheitliche chemische Fachsprache zu finden, lassen sich an den umfangreichen „Regeln für die chemische Nomenklatur und Terminologie" [Che75] oder an den Festlegungen zur „Klassifizierung und Nomenklatur elektroanalytischer Methoden"[DDR81] namhafter Gremien erkennen.

Elektrische Messgeräte   Eine Voraussetzung für exakte Messungen und die experimentell gestützte Entwicklung eines elektrotechnischen Begriffssystems war die Verfügbarkeit elektrischer Messgeräte für Spannung und Strom. Die frühen elektrischen Messgeräte nutzten elektrische oder magnetische Kraftwirkungen zur Abbildung der Messgrößen auf eine mechanische Größe, einen Zeigerausschlag. Zuerst entwickelte und baute man Elektroskope bzw. Elektrometer. Um 1808 wurde das Nadelgalvanometer von Schweigger[2] erfunden und um 1890 standen empfindliche, industriell gefertigte Galvanometer in verschiedenen Bauformen und von mehreren Herstellern zur Verfügung [DK14].

Parallel zu den Messgeräten und Messmöglichkeiten entwickelte sich das System der elektrischen Masseinheiten, wobei in einzelnen Ländern zunächst verschiedene Systeme entstanden, so waren z.B. ein englisches und ein deutsches System in Gebrauch.

Entwicklung des elektrotechnischen Begriffssystems   Der Festlegung heute international gebräuchlicher elektrischer Größen gingen mehrere Kongresse voraus, auf denen Empfehlungen erarbeitet oder Beschlüsse vorbereitet wurden, welche später auch in Gesetzestexten ihren Niederschlag fanden.

Auf dem 1. Internationalen Elektrizitätskongress 1881 in Paris begann man, ein einheitliches System elektrischer Einheiten zu schaffen und legte das Ohm als Einheit für den Widerstand fest. Man diskutierte auch Einheiten für die elektrische Spannung und für den elektrischen Strom. Jedoch wurden die Einheiten Volt für die Spannung und Ampere für den Strom erst auf dem internationalen Delegiertenkongress 1893 in Chicago beschlossen. In Deutschland wurde die Definition der Einheiten Ohm, Volt und Ampere 1898 zum Gesetz erhoben. Die damalige Physikalisch-Technische Reichsanstalt wurde beauftragt, entsprechende Normale zu schaffen

---

[1] Jöns Jakob Berzelius, schwedischer Chemiker, 1779–1848
[2] Johann Salomo Christoph Schweigger, deutscher Physiker, 1779--1857

und vorzuhalten [ano98]. Schritte dieser Entwicklung sind ausführlich in [Tei74] erörtert.
Die Definitionen der Einheiten und die Normale erfuhren im Laufe der Zeit mehrfach, dem jeweiligen technischen Stand entsprechend, Verbesserungen und Verfeinerungen. Das heute gültige SI-System wurde 1960 eingeführt und kontinuierlich verbessert [PTB07]; seit 2018 sind die Normale auf Naturkonstanten zurückgeführt [SM16].

Darstellung und Dokumentation   Parallel zur Entwicklung von aktiven und passiven Bauelementen und von Schaltungen mit diesen Bauelementen entstanden Hilfsmittel zur Darstellung, Dokumentation und Weitergabe dieser Schaltungen. Die grafischen Darstellungen der Komponenten eines Stromkreises bzw. einer Schaltung erfolgte in der Anfangszeit der Elektrotechnik und der Elektronik bildhaft oder in einer Art Verdrahtungsplan (siehe Abb. 2.4). Später wurden abstrakte, symbolische Darstellungen für Leitungen, Bauelemente und Komponenten eingeführt und in Normen verankert. Die Entwicklung der Symbolik wird deutlich, wenn man die frühe Darstellung einer Gleichrichterzelle in Abb. 2.5 mit aktuellen Darstellungen von Dioden in Abb. 3.22 vergleicht. Auch die Normen verändern sich und werden von Zeit zu Zeit an neue Anforderungen angepasst, beispielsweise indem Symbole für neue Bauelemente eingeführt werden.

Modelle   Um Vorhersagen zum Verhalten realer Systeme unter verschiedenen Bedingungen zu ermöglichen oder Messungen an realen Systemen interpretieren zu können oder um Schaltungen zu berechnen, nutzt man physikalisch-mathematische Modelle (Kapitel 3.2.2). Ein Modell kann mit den Messwerten für einen untersuchten Vorgang geprüft, verfeinert oder auch erst erstellt werden. Wenn jedoch ein Prozess neu und noch nicht vollständig verstanden ist, kann es zu Fehlschlüssen führen.
Die Problematik wird am Beispiel der Entdeckung des ohmschen Gesetzes im Jahre 1826 sehr deutlich. Ohm[1] fand das nach ihm benannte Gesetz unter Verwendung niederohmiger thermoelektrischer Spannungsquellen. In vorangegangenen Experimenten hatte Ohm mit galvanischen Elementen als Spannungsquelle gearbeitet. Mit den als Widerstand verwendeten niederohmigen Drähten wurden die galvanischen Elemente praktisch im Kurzschluss betrieben, wodurch sich scheinbar ein logarithmischer Zusammenhang zu ergeben schien [DK14].

2.5. Zusammenfassung und Einordnung

Der kurze Exkurs in die Geschichte zeigt, wie eng verflochten die Entwicklung von Elektrochemie und Elektrotechnik in der Anfangszeit und bis in die ersten Jahre des 20. Jahrhunderts war und wie beide Gebiete voneinander partizipierten.
In der Anfangszeit wurde die Entwicklung von einzelnen Personen geprägt, die zuweilen in mehreren Berufsfeldern tätig waren, z.B. als Arzt und Chemiker oder als Chemiker und Physiker. Manche dieser Persönlichkeiten wurden geehrt, indem aus ihrem Namen der Name einer Einheit abgeleitet wurde (z.B. Volt, Ampere, Farad); manchmal wurde bei der Benennung

---

[1]   Georg Simon Ohm, 1789–1854, deutscher Physiker

eines Verfahrens oder eines Gerätes auf den Namen der Erfinder zurück gegriffen (z.B. Galvanisieren, Weston-Element, Wheatstonesche Brückenschaltung) und manchmal wurde eine Gleichung nach dem Entdecker benannt (z.B. Ohmsches Gesetz, Nernstsche Gleichung, Ficksche Gesetze).

Es wurde auch deutlich, dass sich aus manchen Entdeckungen und Erfindungen ganze Wissenschaftsdisziplinen entwickeln können oder dass bestimmte Erfindungen, wie die der elektrochemischen Stromquellen, ganze Industriezweige ins Leben rufen.

Mit dem Einzug der Elektronik und danach der Rechentechnik/Informatik in elektrochemische Bereiche haben sich neue Aufgaben- und Arbeitsbereiche mit interdisziplinärem Charakter herausgebildet und Spezialisten der verschiedenen Gebiete müssen einander verstehen. Dazu möchte das Buch einen Beitrag leisten.

3. Grundlagen

Elektrochemie und Elektronik haben einige gemeinsame physikalische Grundlagen. Dies sind Teile der Elektrodynamik und einige elektrische Phänomene der Festkörperphysik. Aus diesem Grunde rekapitulieren wir zuerst in Kapitel 3.1 Sachverhalte aus diesen physikalischen Bereichen. Zur Vertiefung verweisen wir auf einschlägige Lehrbücher, wie [Rai06, Ner20].

In Kapitel 3.2 wenden wir uns einigen wichtigen Prinzipien der Elektronik zu, die im Zusammenhang mit später betrachteten elektrochemischen Anwendungen, insbesondere mit der Messtechnik, benötigt werden. Dieser Teil stützt sich u.a. auf ein Standardwerk der Halbleiterschaltungstechnik [TSG19] und auf Lehrbücher, wie [SZ18, RW21].

Schließlich betrachten wir in Kapitel 3.3 ausgewählte Fragen der Elektrochemie, soweit sie für das Verständnis des Zusammenwirkens zwischen elektrochemischer Anordnung und elektronischen Komponenten erforderlich sind. Auch hier verweisen wir zur Vertiefung auf bekannte Lehrbücher der Elektrochemie, wie z.B. [Sch86b, HHV07, Unr13]).

3.1. Elektrizitätslehre und elektrotechnische Grundlagen

Die Elektrizitätslehre ist ein Teilgebiet der klassischen Physik. Gegenstand der Elektrizitätslehre sind ruhende und bewegte elektrische Ladungen, Mechanismen der elektrischen Leitung in verschiedenen Stoffen, elektrische Ströme und deren Wirkungen sowie Stromkreise mit Strom- und Spannungsquellen, ohmschen Widerständen, Kapazitäten und Induktivitäten. Magnetfelder und Kräfte in Magnetfeldern, die ebenfalls in der Elektrizitätslehre behandelt werden, betrachten wir hier nicht[1].

3.1.1. Elektrische Ladung

Alle elektrischen Erscheinungen sind an das Vorhandensein oder die Bewegung einer elektrischen Menge, der elektrischen Ladung, geknüpft. Die elektrische Ladung ist eine grundlegende Erscheinung der Materie. Bestimmte Elementarteilchen besitzen neben ihrer Masse auch eine positive oder eine negative elektrische Ladung und unterliegen damit der elektromagnetischen Wechselwirkung. Für die elektrische Ladung gilt der **Ladungserhaltungssatz**:

In jedem abgeschlossenen System ist die Summe aller Ladungen konstant.

---

[1] In [RW21] haben wir Grundlagen der Elektrizitätslehre ausführlicher behandelt.

https://doi.org/10.1515/9783110767254-003

Für die Ladung verwenden wir das Symbol Q oder q und ein hochgestelltes „+" oder „-", wenn auch die Art (Polarität) der Ladung angeben wird. Die Ladungsmenge wird in **Coulomb**[1] C oder **Amperesekunden** A s gemessen. Dabei gilt:

$$1\,C = 1\,A\,s\,.$$

Elementarladung   Die Ladung ist quantisiert. Die kleinste vorkommende elektrische Ladung ist die Elementarladung[2]. Die Elementarladung ist eine Naturkonstante; ihr Wert beträgt

$$e = 1{,}602\,176\,634 \cdot 10^{-19}\,C\,. \tag{3.1}$$

Die Elementarladung ist so klein, dass Ladungsmengen, wie sie in technischen Anwendungen vorkommen, praktisch als Kontinuum erscheinen.

Kräfte zwischen Ladungen   Elektrische Ladungen üben elektrische Kräfte aufeinander aus. Für die Berechnung dieser Kräfte geht man zunächst von der vereinfachenden Annahme aus, dass die betrachtete Ladung in einem Punkt konzentriert ist (Modell der **Punktladung**). Für die Kraft zwischen zwei Punktladungen gilt das **Coulombsche Gesetz**, dieses lautet:

$$\vec{F} = \frac{1}{4\pi \cdot \epsilon_0} \cdot \frac{q_1 \cdot q_2}{r^2} \cdot \frac{\vec{r}}{r}\,. \tag{3.2}$$

Dabei ist:

- q_1, q_2 jeweils die Ladung einer Punktladung,
- r der Abstand zwischen den beiden Punktladungen,
- ϵ_0 die elektrische Feldkonstante (Dielektrizitätskonstante),
- $\vec{F}$ der Kraftvektor und
- $\frac{\vec{r}}{r}$ der Einheitsvektor.

Tragen beide Ladungen das gleiche Vorzeichen, so ist $\vec{F}$ eine abstoßende Kraft, bei ungleichen Vorzeichen ist es eine anziehende Kraft.

3.1.2. Das elektrische Feld

Die durch Gleichung 3.2 beschriebene Kraftwirkung zwischen den beiden Ladungen wird in der Physik **Fernwirkung** genannt, weil die Ladungen stets einen Abstand r voneinander haben. Es hat sich als zweckmäßig erwiesen, diese Fernwirkung der elektrischen Ladungen durch die **Nahwirkung** eines Kraftfeldes, hier des **elektrischen Feldes**, zu ersetzen.
Zur Definition des elektrischen Feldes wird die Kraftwirkung der felderzeugenden Ladung auf

---

[1] Nach Charles Augustin de Coulomb, französicher Physiker (1736–1806)
[2] Robert Andrews Millikan, 1868–1953, US-amerikanischer Physiker, erhielt für die Bestimmung der Elementarladung 1923 den Nobelpreis für Physik.

eine sehr kleine Probeladung q, die das Feld nicht beeinflusst, genutzt. Das elektrische Feld wird durch den Feldstärkevektor $\vec{E}$ charakterisiert:

$$\vec{E} = \frac{\vec{F}}{q} .$$
(3.3)

Dabei sind q die Probeladung und $\vec{F}$ die Kraft, die auf die Probeladung im Feld wirkt.

Die Richtung des elektrischen Feldes ist per Definition festgelegt und zeigt von der positiven zur negativen Ladung. Positive Probeladungen bewegen sich in Feldrichtung und negative Ladungen der Feldrichtung entgegen.

Das elektrische Feld kann man durch Feldlinien oder Kraftlinien symbolisch darstellen. Die Feldlinien entsprechen Bahnen, auf denen sich eine frei bewegliche Probeladung im Feld bewegen kann. Als Beispiel ist in Abb. 3.5 (siehe Seite 37) das Feldlinienbild eines geladenen Plattenkondensators dargestellt.

3.1.3. Elektrisches Potential und elektrische Spannung

Das elektrische Feld ist wie das Schwerefeld ein Potentialfeld, d.h., der Energiegewinn oder Verlust, den eine Probeladung q erfährt, wenn sie im Feld verschoben wird, ist nur vom Anfangs- und Endpunkt, nicht aber vom Weg abhängig. Wenn eine Probeladung q von einem Anfangspunkt A zu dem Endpunkt B verschoben wird, entspricht der Energiegewinn W_{AB} dem Wegintegral

$$W_{AB} = q \int_{A}^{B} \vec{E} d\vec{s}.$$
(3.4)

Den beiden Punkten A und B ordnet man je ein elektrisches Potential ϕ_A und ϕ_B zu. Aus praktischen Gründen gibt man in der Regel eine Potentialdifferenz $\phi_B - \phi_A$ an; diese Potentialdifferenz heißt **elektrische Spannung**. Die elektrische Spannung ergibt sich analog zu Gleichung 3.4 als Wegintegral von einem Punkt A zu einem Punkt B über die Feldstärke:

$$U_{AB} = \frac{W_{AB}}{q} = \int_{A}^{B} \vec{E} d\vec{s}.$$
(3.5)

Die Maßeinheit für die elektrische Spannung U ist das Volt[1]: $[U] = \text{V}$.

---

[1] Nach dem italienischen Physiker Alessandro Volta (1745–1827)

Die Änderung der Energie eines Ladungsträgers ist gleich dem Produkt aus Ladung und durchlaufener Spannung:

$$W = q \cdot U \, .$$

3.1.4. Elektrizität und Atombau

Für die Erklärung elektrischer Phänomene benötigt man einige Erkenntnisse über den Aufbau der Materie. Wir skizzieren dazu das Bohrsche Atommodell[1] [Rai03].
Danach besteht jedes Atom aus einem Atomkern und einer Elektronenhülle. Der Atomkern enthält Protonen und Neutronen (außer bei Wasserstoff) und beinhaltet fast die gesamte Masse des Atoms. Die Protonen tragen eine positive Elementarladung und haben eine vergleichsweise große Ruhemasse (siehe Tabelle 3.1). Die Anzahl der Protonen im Kern entspricht der Ordnungszahl oder Kernladungszahl des Atoms, also der Stellung des Elements im Periodensystem. Neutronen sind ungeladen und damit elektrisch neutral. Sie spielen für elektronische Fragen keine Rolle.
Die Hülle des Atoms besteht aus Elektronen und hat eine viel geringere Masse als der Kern. Jedes Elektron trägt eine negative Elementarladung. Die Ruhemasse eines Elektrons ist viel geringer als die Masse des Protons (siehe Tabelle 3.1). Die Anzahl der Hüllenelektronen ist gleich der Anzahl der Protonen im Kern. Damit ist das Atom nach außen elektrisch neutral. Für das Elektron und auch für seine Ladung benutzen wir das Symbol e^-.

Tabelle 3.1.: Bausteine der Atome

Teilchen		Ruhemasse	Ladung
Elektron	$m_e =$	$9{,}109\,383\,701\,5 \cdot 10^{-31}\,\text{kg}$	$-1{,}602 \cdot 10^{-19}\,\text{A s}$
Proton	$m_p =$	$1{,}672\,621\,923\,69 \cdot 10^{-27}\,\text{kg}$	$+1{,}602 \cdot 10^{-19}\,\text{A s}$
Neutron	$m_n =$	$1{,}674\,927\,498\,04 \cdot 10^{-27}\,\text{kg}$	0

Die Hüllenelektronen bewegen sich auf bestimmten diskreten Energieniveaus stabil um den Kern. Auf diesen sog. stationären Zuständen emittieren die Elektronen keine elektromagnetische Strahlung (1. Bohrsches Postulat). Unter bestimmten Umständen finden Übergänge von einem diskreten Energieniveau zu einem anderen statt. Solch ein Übergang ist immer mit der Aufnahme oder mit der Abgabe einer bestimmten Energiemenge verbunden. Durch Energieaufnahme können Elektronen auf höherenergetische Niveaus gelangen oder sogar das Atom verlassen. Umgekehrt können Elektronen durch Abgabe diskreter Energien in Form von Strahlung auf freie, niedrigere Energieniveaus wechseln.

Wenn Atome durch Zufuhr äußerer Energie ein oder mehrere Elektronen aus ihrer Hülle verlieren, ergibt sich infolge der unveränderten Kernladung ein Überschuss an positiven Ladungen

---

[1] Niels Bohr, dänischer Physiker (1885–1962), 1922 Nobelpreis für Physik

und es entstehen ein- oder mehrfach positiv geladene Ionen (Kationen) sowie freie Elektronen.
Positive Ionen können durch Einfang von Elektronen wieder neutrale Atome werden.
Viele Atome und Atomgruppen können auch zusätzlich ein oder mehrere Elektronen an sich
binden. Sie werden dann zu negativen Ionen (Anionen). Nach Abgabe der überschüssigen Elektronen werden negative Ionen wieder zu neutralen Atomen.

Ladungsträger   Wir bezeichnen Teilchen, die eine oder mehrere Elementarladungen tragen,
zusammenfassend als Ladungsträger. Protonen, Elektronen sowie Ionen sind also Ladungsträger. Atome und Moleküle sind nach außen elektrisch neutral und damit keine Ladungsträger.
Ladungsträger können sowohl in Atomen gebunden als auch frei beweglich sein. Frei bewegliche Ladungsträger sind für die elektrische Leitung und den elektrischen Strom eine notwendige
Voraussetzung.

Elektrische Dipole   Ein elektrischer Dipol ist eine Anordnung von zwei gleich großen elektrische Ladungen entgegengesetzten Vorzeichens Q^- und Q^+, wobei die Ladungen einen kleinen
Abstand $\vec{d}$ voneinander besitzen (Abb. 3.1a). Der elektrische Dipol ist als Ganzes elektrisch
neutral und wird durch sein Dipolmoment $\vec{p}$ charakterisiert, für welches

$$\vec{p} = \vec{d} \cdot Q$$

gilt. Der Vektor $\vec{p}$ zeigt von der negativen Ladung Q^- zur positiven Ladung Q^+.

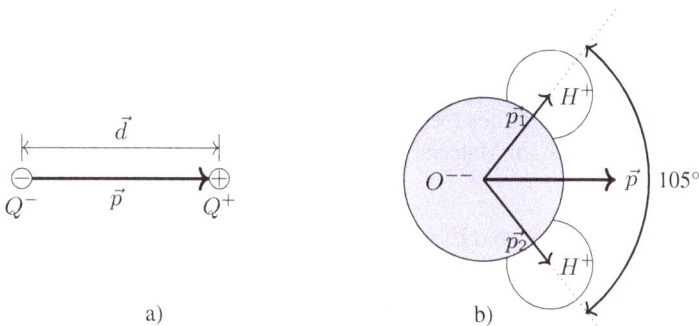

Abb. 3.1.: Elektrischer Dipol a) zur Definition, b) Wassermolekül als Dipol

In vielen Molekülen fallen die Schwerpunkte der positiven und der negativen Ladungen nicht
zusammen. Das gilt insbesondere für Moleküle mit Ionenbindung, wie z.B. NaCl und auch für
das Wassermolekül (Abb. 3.1b). Solche Moleküle sind molekulare elektrische Dipole, sie treten
über ihr elektrisches Dipolfeld mit ihrer Umgebung in elektrische Wechselwirkung.

3.1.5. Elektrische Ladung und elektrischer Strom

Freie Ladungsträger unterliegen in jedem Medium einer ständigen Wärmebewegung. Wenn sich Ladungsträger jedoch im Mittel mit einer Vorzugsrichtung bewegen, nennen wir das einen **elektrischen Strom** I. Der elektrische Strom hat die SI-Einheit Ampere[1] und stellt eine Verschiebung von Ladung pro Zeiteinheit dar:

$$I = \frac{dQ}{dt} \qquad [I] = \mathrm{A} \,. \tag{3.6}$$

Das Ampere ist eine physikalische Grundgröße (zur Definition siehe Anhang A.4.2).

3.1.6. Klassifikation der Stoffe nach ihrer Leitfähigkeit

Es ist eine Erfahrungstatsache, dass bestimmte Stoffe den elektrischen Strom nicht leiten und andere Materialien ihn mehr oder weniger gut leiten. Nach ihrer elektrischen Leitfähigkeit klassifiziert, unterscheiden wir (siehe Tabelle 3.2):

- elektrische Leiter,
- Halbleiter und
- Nichtleiter oder Isolatoren.

In die Klasse der elektrischen Leiter, die den Strom gut leiten, gehören alle Metalle und Legierungen. Nichtleiter sind alle Gase und Verbindungen, wie Quarz und viele Werkstoffe, wie Glas, Keramik und die meisten Kunststoffe. Halbleiter können je nach Reinheit bzw. Dotierung und Umgebungsbedingungen eher gut oder eher schlecht leitend sein.
Damit ein elektrischer Strom in einem bestimmten Material fließen kann, muss das Material eine elektrische Leitfähigkeit besitzen. Voraussetzung dafür ist das Vorhandensein von frei beweglichen Ladungsträgern im Material bzw. im Volumen.

Metallische Leitung   Metalle sind Elektronenleiter. Um die hohe Leitfähigkeit von Metallen zu erklären, schuf Drude[2] Anfang des 20. Jahrhunderts das Modell des Elektronengases. Dieses Modell[3] geht davon aus, dass in einem Metall pro Metallatom ein quasi-freies Elektron existiert. Das entspricht je nach Metall einer Ladungsträgerdichte n im Bereich von

$$n = 0{,}85...8{,}5 \cdot \frac{10^{22}}{\mathrm{cm}^3} \,.$$

Die quasi-freien Elektronen können sich innerhalb des Metalls frei bewegen, das Metall aber normalerweise nicht verlassen. Nur, wenn z.B. durch Wärmezufuhr (Glühemission) oder durch Einstrahlen von Licht (Fotoemission) einzelne Elektronen eine Energie erhalten, die größer ist

---

[1] Nach dem französischen Physiker André-Marie Ampère, 1775–1836
[2] Paul Karl Ludwig Drude, deutscher Physiker, 1863–1906
[3] Anmerkung: Das Modell des Elektronengases nach Drude wurde durch Verwendung der Fermi-Statistik von A. Sommerfeld (deutscher Physiker, 1868–1951) und Einführung periodischer Kristallpotentiale weiterentwickelt.

Tabelle 3.2.: Spezifischer Widerstand einiger Metalle, Halbleiter und Isolatoren

Stoffgruppe	Material	spezifischer Widerstand ρ in $\Omega\,\mathrm{m}$
Leiter	Silber	$1.59 \cdot 10^{-8}$
	Kupfer	$1.68 \cdot 10^{-8}$
	Aluminium	$2.65 \cdot 10^{-8}$
Halbleiter	Germanium, rein	$600 \cdot 10^{-3}$
	Germanium, dotiert	$(1 \cdots 600) \cdot 10^{-3}$
	Silizium, rein	2300
	Silizium, dotiert	$0.1 \cdots 2300$
Isolatoren	Glas	$10^{9} \cdots 10^{12}$
	Teflon	$> 10^{13}$

als eine Grenzenergie, die sog. Austrittsarbeit, können diese Elektronen das Metall verlassen [Sch74a]. Eine Konsequenz der freien Elektronen ist, dass das Kristallgitter aus positiv geladenen Atomrümpfen, also Metallionen, besteht.

Stromleitung in Flüssigkeiten und in Gasen Die Leitfähigkeit von Flüssigkeiten betrachten wir in Kapitel 3.3. Die Stromleitung in Gasen und im Hochvakuum wird in unserem Zusammenhang nicht benötigt, sie wird u.a. in [Ros19] behandelt.

3.1.7. Bewegung freier Ladungsträger

Ein Metalldraht habe die Länge l und es liege eine Spannung U an den Enden an. Dann besteht im Draht ein elektrisches Feld $E = \frac{U}{l}$. In diesem elektrischen Feld werden freie Elektronen beschleunigt, bis sie ein Gitterbaustein bremst. Als Folge des Wechselspiels von Beschleunigung und Bremsung bewegen sich die Elektronen mit einer mittleren Driftgeschwindigkeit $\vec{v}_D$, die sich über die materialspezifische Größe Beweglichkeit μ und die elektrische Feldstärke $E = \frac{U}{l}$ ausdrücken lässt

$$v_D = \mu \cdot \frac{U}{l} \; .$$

Mit den zusätzlichen Größen Elektronenladung e, Trägerdichte n und Querschnittsfläche A findet man schließlich für den fließenden Strom

$$I = \frac{\Delta Q}{\Delta t} = e \cdot n \cdot \mu \cdot A \cdot \frac{U}{l} \; . \tag{3.7}$$

Nach einer einfachen Umordnung erkennt man, dass der Strom I und die Spannung U zueinander proportional sind, und dass die Proportionalitätsfaktoren einmal das Material ($e \cdot n \cdot \mu$) und zum anderen die Geometrie ($\frac{A}{l}$) des Leiters kennzeichnen:

$$I = \frac{\Delta Q}{\Delta t} = \underbrace{e \cdot n \cdot \mu}_{Material} \quad \cdot \quad \underbrace{\frac{A}{l}}_{Geometrie} \quad \cdot \quad U \, . \tag{3.8}$$

Der Term $e \cdot n \cdot \mu$ ist die spezifische elektrische Leitfähigkeit σ und sein reziproker Wert der spezifische Widerstand ρ. In Kapitel 3.3.3 dehnen wir diese Überlegungen auf die Ionenleitung aus.

3.1.8. Elektronenemission und Kontaktspannung

Elektronen können das Metall verlassen, wenn ihre Energie größer ist als die Austrittsarbeit W_A. Die notwendige Energie kann den Elektronen z.B. durch Erwärmung des Metalls zugeführt werden. Es kommt dann zur thermischen Elektronenemission. Für die thermische Elektronenemission berechnet man die Stromdichte durch die Metalloberfläche mit der Richardson-Gleichung[1]

$$j = A_R \cdot T^2 e^{-\frac{W_A}{kT}} \, . \tag{3.9}$$

Dabei bedeuten

- A_R die Richardson-Konstante
- T die absolute Temperatur
- W_A die Austrittsarbeit
- k die Boltzmann-Konstante[2]

Beim Kontakt zweier verschiedener Metalle fließen Emissionsströme von einem Metall in das jeweils andere, bis charakteristische Energien beider Metalle (die sog. Fermigrenzen) auf dem gleichen Energieniveau liegen. Im Ergebnis dieser Ausgleichsvorgänge entsteht an der Kontaktstelle die Kontaktspannung oder Voltaspannung. Die Kontaktspannungen heben sich in einem geschlossenen Stromkreis auf, wenn alle Kontaktstellen die gleiche Temperatur haben. Liegen Kontaktstellen auf verschiedenen Temperaturen, treten thermoelektrische Effekte auf [Sch74a]. Die Kontaktspannung zählt zu den Grenzflächenphänomenen, auf die wir in Kapitel 3.3.4 zurückkommen.

---

[1] Owen Willans Richardson, 1879–1959, englischer Physiker, 1928 Nobelpreis für Physik für seine Arbeiten zum glühelektrischen Effekt und eben diese Gleichung
[2] nach Ludwig Eduard Boltzmann, 1844–1906, österreichischer Physiker

3.1.9. Influenz und Polarisation

Ein elektrisches Feld in einem Leiter führt zu einem Stromfluss. Im Gleichgewicht, d.h., ohne angelegte Spannung, kann es daher im Leiter kein inneres elektrisches Feld geben. Jedes elektrische Feld im Leiter würde sich sofort durch entsprechende Verschiebung der Ladungsträger selbst abbauen.

Wenn nun ein elektrisch geladener Körper in die Nähe eines elektrischen Leiters gebracht wird, ohne diesen zu berühren, baut sich zwischen dem geladenen Körper und dem Leiter ein elektrisches Feld auf. Dieses elektrische Feld übt natürlich eine Kraft auf die frei beweglichen Ladungsträger im Leiter aus, ohne dass es zu einem Stromfluss kommen kann, da die Ladungsträger den Leiter nicht verlassen können. Das äußere elektrische Feld führt stattdessen zu einer Verschiebung der Ladungen an der Oberfläche des Leiters. Dieser Vorgang heißt **Influenz**.

Von außen auf einen Leiter einwirkende elektrische Felder finden wir z.B. beim Plattenkondensator (siehe Abb. 3.5) und wir nutzen sie zur Steuerung des Stromes bei bestimmten Halbleiterbauelementen, den MOS-Feldeffekttransistoren und bei den ionensensitiven Feldeffekttransistoren (siehe Abschnitt 5.2.1).

An Nichtleitern wird Influenz nicht beobachtet, weil frei bewegliche Ladungsträger fehlen. Der Einfluss eines äußeren elektrischen Feldes kann jedoch eine Verschiebung der Ladungsschwerpunkte innerhalb der Moleküle bewirken. Diesen Vorgang nennt man **Polarisation**.

3.1.10. Darstellung von Stromkreisen

Die Darstellung von Stromkreisen erfolgt mit genormten graphischen Symbolen für Bauelemente, den Schaltzeichen. In diesem Buch benutzte Schaltzeichen entsprechen weitgehend der europäischen Darstellung nach [DIN95]. In Abb. 3.2 sind einige grundlegende Schaltzeichen für passive Bauelemente zusammengestellt, die wir nachfolgend erläutern.

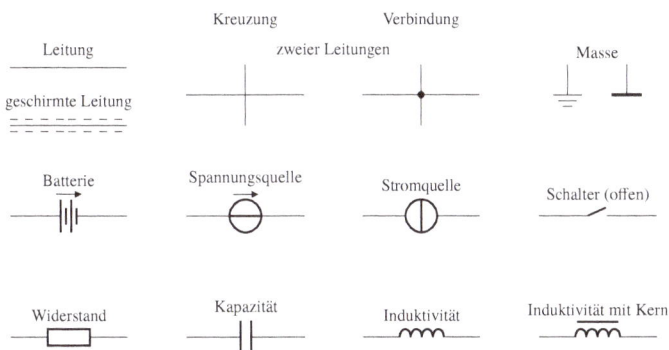

Abb. 3.2.: Schaltzeichen

Leitungen Eine einfache Leitung wird durch eine Linie dargestellt, sich kreuzende Leitungen durch Kreuzung der Leitungslinien; ein dicker Punkt markiert Leitungsverbindungen. Eine geschirmte Leitung ist durch gestrichelte Linien neben der Leitung gekennzeichnet.

„Masse"-Symbol Das „Masse"-Symbol steht für ein Bezugspotential innerhalb einer Schaltung, gegen welches Betriebs- und Signalspannungen gemessen werden. Dieser Massebegriff ist streng von der physikalischen Basisgröße Masse zu unterscheiden.

Zweipol Die meisten der in Abb. 3.2 dargestellten Symbole haben zwei Anschlüsse. Bauelemente mit zwei Anschlüssen nennt man einen **Zweipol**. Spannungsquellen oder Stromquellen, die Energie liefern können, sind aktive Zweipole; Widerstände, Kondensatoren und Induktivitäten sind passive Zweipole. Einen Zweipol kann man durch Strom- und Spannungsmessungen bei verschiedenen Frequenzen vollständig charakterisieren. Die weitere Nutzung des Zweipolkonzeptes erläutern wir in Kapitel 3.2.2.

Diese Schaltzeichen reichen aus, um einfache Gleich- und Wechselstromkreise symbolisch darzustellen. Weitere Schaltzeichen für aktive Bauelemente werden nach Bedarf eingeführt.

Stromkreise und Zählpfeile

Damit ein elektrischer Strom fließen kann, muss ein Stromkreis immer geschlossen sein. Ein einfacher Stromkreis umfasst entsprechend Abb. 3.3a eine Quelle, hier eine Spannungsquelle, eine Last (Verbraucher, hier der Widerstand R) und Leiterstücke zur Verbindung von Quelle und Last. In diesem Stromkreis sind an der Quelle und am Verbraucher **Zählpfeile** für Strom und Spannung eingetragen.

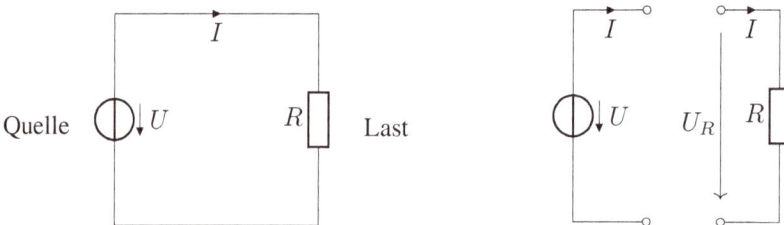

Abb. 3.3.: Einfacher Stromkreis (a) und Zählpfeile (b)

Am Verbraucher zeigen die Zählpfeile für Strom und Spannung stets in die gleiche Richtung, an der Quelle hingegen stets in die entgegengesetzte Richtung (Abb. 3.3b).

3.1.11. Das Ohmsche Gesetz und ohmsche Widerstände

Für eine große Klasse von Verbrauchern ist der Zusammenhang zwischen anliegender Spannung U und fließendem Strom I linear. Mit der Proportionalitätskonstante R ergibt sich das **Ohmsche Gesetz**[1]

$$U = R \cdot I \qquad [R] = \frac{\text{V}}{\text{A}} = \Omega \,.$$ (3.10)

Die Proportionalitätskonstante R heißt **ohmscher Widerstand** und hat die Einheit Ohm (Ω).

Anstatt des ohmschen Widerstandes R wird auch dessen reziproke Wert, der **Leitwert** G mit der Einheit Siemens[2](S), benutzt

$$G = \frac{I}{U} = \frac{1}{R} \qquad [G] = \frac{\text{A}}{\text{V}} = \text{S} \,.$$ (3.11)

Der Widerstand R eines homogenen elektrischen Leiters mit konstantem Querschnitt A und der Länge l lässt sich aus der Geometrie des Leiters und dem spezifischen Widerstand ρ, einer Materialgröße, mit der Widerstandsbemessungsgleichung wie folgt berechnen:

$$R = \rho \cdot \frac{l}{A} \,.$$ (3.12)

Unter gleichen Voraussetzungen gilt für den Leitwert mit der spezifischen Leitfähigkeit $\sigma = \frac{1}{\rho}$:

$$G = \sigma \cdot \frac{A}{l} \,.$$ (3.13)

Ein Vergleich mit Gleichung 3.8 zeigt den Zusammenhang mit mikroskopischen Materialeigenschaften:

$$\rho = \frac{1}{e \cdot n \cdot \mu} \qquad \text{bzw.} \qquad \sigma = e \cdot n \cdot \mu \,.$$

---

[1] Nach Georg Simon Ohm, deutscher Physiker (1789–1854)
[2] Werner von Siemens, deutscher Erfinder und Elektrotechniker (1816–1892)

Elektrische Leistung und Arbeit   Bei Stromfluss geben Elektronen ihre im elektrischen Feld aufgenommene Energie partiell an das Kristallgitter des Leiters ab und der von einem Strom I durchflossene Widerstand R erwärmt sich. Zugleich fällt am Widerstand die Spannung U ab. Die an einem Widerstand R in Wärme umgesetzte elektrische Leistung P_{el} bzw. die Energie W_{el} berechnen sich nach folgenden Beziehungen

$$P_{el} = U \cdot I \tag{3.14}$$

und

$$W_{el} = U \cdot I \cdot t \,. \tag{3.15}$$

Die entsprechenden SI-Einheiten sind das Watt[1] $[P_{el}] = \text{W}$ für die elektrische Leistung ist und die Wattsekunde $[W_{el}] = \text{W s}$ für die Energie.

Temperaturabhängigkeit des ohmschen Widerstandes   Widerstände sind temperaturabhängig. Bei Metallen erhöht sich der Widerstandswert mit zunehmender Temperatur. Diese Temperaturabhängigkeit des Widerstandes beschreibt man mit einer Taylorreihe:

$$R_\vartheta = R(\vartheta) = R_{20}(1 + \alpha \cdot \delta\vartheta + \beta \cdot \delta\vartheta^2 + \cdots) \,. \tag{3.16}$$

Dabei sind R_{20} der Widerstandswert bei $20\,°\text{C}$, $\delta\vartheta$ die Temperaturänderung sowie α und β ein linearer bzw. quadratischer Temperaturkoeffizient.

Technische Widerstände und Widerstandsbauformen   Man unterscheidet Festwiderstände und mechanisch einstellbare Widerstände, die Potentiometer. Festwiderstände und Potentiometer können als Schichtwiderstand oder Drahtwiderstand ausgeführt sein. Potentiometer haben drei Anschlüsse. Den dritten Anschluss bildet ein Schleifer, welcher auf der Widerstandsschicht bzw. über die Drahtwicklung gleitet. Dies gestattet, zwischen dem Schleifer und einem der beiden anderen Kontakte einen Widerstandswert einzustellen, der zwischen $0\,\Omega$ und einem Endwert liegt.

3.1.12. Kirchhoffsche Regeln

Die **Kirchhoffschen Regeln**[2] erlauben in Verbindung mit dem Ohmschen Gesetz Analysen und Berechnungen von komplexen Schaltungen, sogenannten elektrischen Netzen oder Netzwerken, mit einer Vielzahl von Widerständen, Spannungsquellen und anderen Bauelementen.

---

[1]   Nach James Watt, schottischer Erfinder, 1736–1819
[2]   Gustav Robert Kirchhoff, deutscher Physiker (1824–1887)

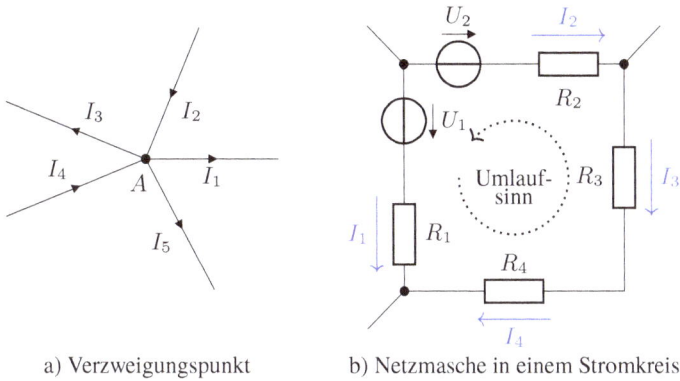

a) Verzweigungspunkt   b) Netzmasche in einem Stromkreis

Abb. 3.4.: Zu den Kirchhoffschen Regeln

1. Kirchhoffsche Regel oder Knotensatz An einem Verzweigungspunkt oder Knoten (Abb. 3.4a) fließen Ströme aus mehreren Zweigen zu und in verschiedene andere Zweige ab. Auf Grund des Satzes von der Erhaltung der elektrischen Ladung ist in einem Verzweigungspunkt (Knoten) die Summe aller dem Knoten zufließenden Ströme $\sum I_{zu}$ gleich der Summe aller vom Knoten abfließenden Ströme $\sum I_{ab}$ oder anders formuliert, in einem Verzweigungspunkt ist die Summe aller Ströme Null

$$\sum I_{zu} = \sum I_{ab} \qquad \text{bez.} \qquad \sum I = 0 \,. \tag{3.17}$$

2. Kirchhoffsche Regel oder Maschensatz Der Maschensatz gilt für geschlossene Strompfade (Maschen) mit beliebig vielen Widerständen und Spannungsquellen. Die Abb. 3.4 zeigt einen geschlossenen Strompfad mit willkürlich eingetragenem Umlaufsinn. Spannungen und Ströme, deren Richtungspfeile in Richtung des Umlaufsinnes weisen, werden positiv gezählt; alle anderen negativ. Mit dieser Vereinbarung gilt, in jedem geschlossenen Strompfad ist die Summe aller Spannungsabfälle ($R_n \cdot I_n$) gleich der Summe aller Quellenspannungen U_m (Leerlaufspannungen). Anders formuliert heißt das, die Summe aller Teilspannungen in einer Netzmasche ist Null

$$\sum U_m + \sum (R_n \cdot I_n) = 0 \,. \tag{3.18}$$

Zur Anwendung von Ohmschen Gesetz und Kirchhoffschen Regeln

Die Kirchhoffschen Regeln erlauben in Verbindung mit dem Ohmschen Gesetz für die Reihenschaltung und die Parallelschaltung von Widerständen einen resultierenden Gesamtwiderstand R_{ges} oder **Ersatzwiderstand** sowie Regeln für die Spannungsteilung bei der Reihenschaltung bzw. für die Stromteilung bei der Parallelschaltung zu berechnen.

Reihenschaltung von Widerständen   In einer Reihenschaltung fließt durch alle Widerstände der gleiche Strom und über jeden Widerstand fällt eine Teilspannung ab. Aus Sicht der Spannungsquelle erscheint die Widerstandsanordnung wie ein einziger Widerstand R_{ges}. Für n in Reihe geschaltete Widerstände errechnet sich der Gesamtwiderstand durch Addition der einzelnen Widerstände R_i

$$R_{ges} = \sum_{i=1}^{n} R_i \, . \tag{3.19}$$

Spannungsteilung und Spannungsteilerregel   Wenn zwei Widerstände R_1 und R_2 in Reihe geschaltet sind und von einem Strom I durchflossen werden, verhält sich die anliegende Gesamtspannung U zum Gesamtwiderstand $R_{ges} = R_1 + R_2$, wie die Teilspannungen U_{R_1} und U_{R_2} zu den Teilwiderständen R_1 und R_2. Diese Regel heißt **Spannungsteilerregel**

$$I = \frac{U}{R_1 + R_2} = \frac{U_{R_1}}{R_1} = \frac{U_{R_2}}{R_2} \, . \tag{3.20}$$

Parallelschaltung von Widerständen   In einer Parallelschaltung liegt an allen Widerständen die gleiche Spannung und der Strom teilt sich auf die einzelnen Widerstände auf. Aus Sicht der Spannungsquelle erscheint die Widerstandsanordnung ebenfalls wie ein einziger Widerstand R_{ges}. In der Parallelschaltung addieren sich die Leitwerte $G_i = \frac{1}{R_i}$

$$G_{ges} = \sum_{i=1}^{n} G_i \, . \tag{3.21}$$

Stromteilung und Stromteilerregel   Analog zur Spannungsteilung findet man eine Regel zur Aufteilung des Stromes auf zwei parallel geschaltete Widerstände R_1 und R_2, die Stromteilerregel:

$$\frac{I_1}{I_2} = \frac{R_2}{R_1}, \quad \frac{I_1}{I_{ges}} = \frac{R_{ges}}{R_1}, \quad \text{und} \quad \frac{I_2}{I_{ges}} = \frac{R_{ges}}{R_2} \, . \tag{3.22}$$

3.1.13. Kondensatoren – Energiespeicher im Gleichstromkreis

Wenn man auf einen isolierten elektrischen Leiter eine elektrische Ladung bringt, dann verteilt sich diese Ladung so, dass der Leiter selbst feldfrei ist. Gegenüber seiner Umgebung verändert der Leiter sein Potential und es baut sich eine von der Ladung abhängige Spannung zu anderen

Leitern in seiner Umgebung auf. Der Quotient aus aufgebrachter Ladung Q und der sich dadurch ausbildenden Spannung U ist konstant und heißt **Kapazität**. Die Kapazität

$$C = \frac{Q}{U} \qquad (3.23)$$

beschreibt die Fähigkeit einer Leiteranordnung, elektrische Ladung zu speichern. Die Einheit der Kapazität ist das Farad[1] F, es gilt:

$$[C] = \frac{[Q]}{[U]} = \frac{1\,\mathrm{C}}{1\,\mathrm{V}} = \frac{1\,\mathrm{A\,s}}{1\,\mathrm{V}} = 1\,\mathrm{F}.$$

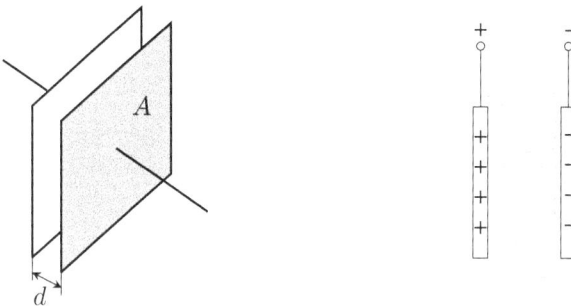

Abb. 3.5.: Plattenkondensator, Aufbau und Feldlinien, schematisch (Abb. aus [RW21])

Kondensatoren sind Bauelemente mit der Fähigkeit, elektrische Ladung zu speichern. Den einfachsten Aufbau eines Kondensators findet man beim Plattenkondensator. Hier sind zwei leitfähige Platten, jeweils mit der Fläche A, im Abstand d einander gegenüber angeordnet (siehe Abb. 3.5). Zwischen den Platten befindet sich ein Isolator (Dielektrikum). Wenn der Plattenabstand d klein gegen die laterale Ausdehnung der Platten ist, dann ist das elektrische Feld im Plattenkondensator homogen und man kann die Kapazität nach folgender Gleichung berechnen:

$$C = \epsilon_0 \cdot \epsilon_r \cdot \frac{A}{d}. \qquad (3.24)$$

ϵ_0 ist die absolute Dielektrizitätskonstante; sie gilt für das Vakuum. Die relative Dielektrizitätskonstante ϵ_r ist eine Materialkennzahl des Dielektrikums (Isolators) zwischen den Platten. Die Kapazität eines Kondensators hängt nur von der Geometrie der Leiteranordnung und der Dielektrizitätskonstanten des Dielektrikums ab.

Wenn man einen Kondensator mit einer Spannungsquelle verbindet, fließt kurzzeitig ein Strom und der Kondensator wird geladen. Der Ladevorgang dauert solange an, bis die Spannung am Kondensator den gleichen Wert hat, wie die Spannungsquelle. Wenn der geladene Kondensator von der Spannungsquelle getrennt wird, behält er seine Ladung, bis er z.B. durch Kurzschluss

---

[1] nach Michael Faraday

der Anschlüsse entladen wird. Beim Laden eines Kondensators wird im Kondensator Energie in Form elektrischer Feldenergie gespeichert, die man folgendermaßen berechnet:

$$W_C = \frac{1}{2}\frac{Q^2}{C} = \frac{1}{2}Q \cdot U = \frac{1}{2}C \cdot U^2. \tag{3.25}$$

Reihen- und Parallelschaltung von Kondensatoren

Bei einer **Reihenschaltung** fließt auf alle in Reihe geschalteten Kondensatoren die gleiche Ladung; für die Gesamtkapazität erhält man

$$\frac{1}{C_{ges}} = \sum_{i=1}^{n}\frac{1}{C_i}. \tag{3.26}$$

Bei einer **Parallelschaltung** liegt an allen Kapazitäten die gleiche Spannung und für die Gesamtkapazität von n parallel geschalteten Kondensatoren erhält man:

$$C_{ges} = \sum_{i=1}^{n}C_i. \tag{3.27}$$

Laden und Entladen eines Kondensators – Zeitverhalten
Um den zeitlichen Verlauf der Spannung an einem Kondensator beim Laden (Abb. 3.6) bzw. Entladen (Abb. 3.7) zu beschreiben, ist ein in Reihe geschalteter Widerstand R zu berücksichtigen, der gewollt als Bauelement oder unvermeidbar in Form der Zuleitung immer vorhanden ist. Als Zeitverlauf ergibt sich jeweils als Lösung einer Differentialgleichung eine Exponentialfunktion[1].

Für das Laden gilt die Gleichung

$$U_C(t) = U_0 \cdot (1 - e^{-\frac{t}{R \cdot C}}). \tag{3.28}$$

Ein geladener Kondensator stellt selbst eine Spannungsquelle dar. Wenn er beim Beginn der Entladung die Spannung U_{C_0} hat, gilt für die Entladung:

$$U_C(t) = U_{C_0} \cdot e^{-\frac{t}{R \cdot C}}. \tag{3.29}$$

In den Gleichungen 3.28 und 3.29 tritt jeweils der Term $R \cdot C$ auf. Er hat die Dimension einer Zeit und heißt **Zeitkonstante** τ.

---

[1] zur Ableitung siehe z.B. [RW21]

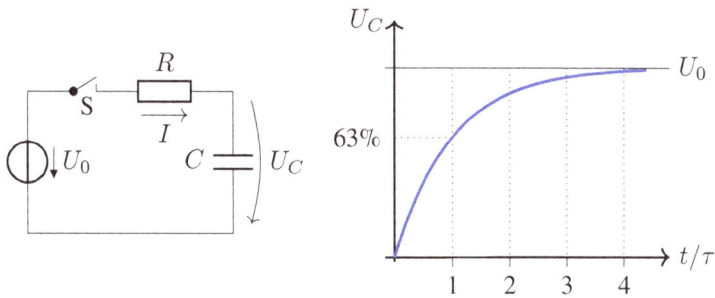

Abb. 3.6.: Ladung eines Kondensators über einen Widerstand, Schaltung und Ladekurve

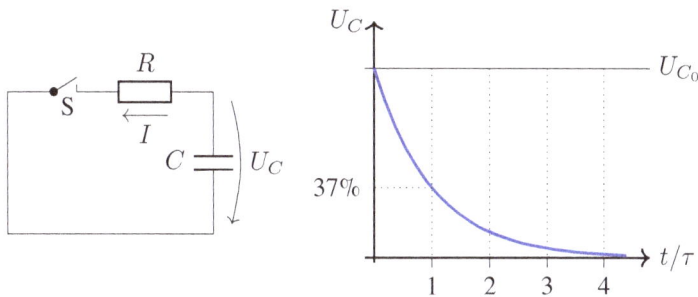

Abb. 3.7.: Entladung eines Kondensators über einen Widerstand, Schaltung und Entladekurve

Dielektrika in Kondensatoren   Kondensatoren unterscheidet man u.a. nach dem verwendeten Dielektrikum und nach ihrer Spannungsfestigkeit. Wichtige Dielektrika sind:

- **Luft** ($\varepsilon_r \sim 1$) - Plattenkondensator:
  Urform der Kondensatoren, nicht für große Kapazitäten, dafür hohe Spannungen (kV-Bereich).

- **dielektrische Folien** ($\varepsilon_r \sim 10^3 \ldots 10^5$) – Folienkondensator:
  Folien aus hochwertigen Dielektrika mit dünnen leitfähigen Schichten, aufgewickelt, um Platz zu sparen, Kapazitätsbereich von pF bis μF.

- **dielektrische Funktionskeramik** ($\varepsilon_r \sim 10^2 \cdots \sim 10^5$) – Keramikkondensator:
  hohe relative Dielektrizitätskonstanten erreicht man mit dielektrischen Funktionskeramiken, wie Bariumtitanat ($BaTiO_3$).

- **dünne Oxidschichten** in Elektrolytkondensatoren:
  siehe Kapitel 7.3.1.

- **elektrochemische Doppelschicht** in Doppelschicht-Kondensatoren:
  siehe Kapitel 7.3.2.

3.1.14. Induktivitäten

Auch Induktivitäten (Spulen) sind Energiespeicher, sie speichern die Energie in einem Magnet-feld. Innerhalb einer elektrochemischen Zelle spielen Induktivitäten keine Rolle. Wir betrachten deshalb ihre Speicherfunktion hier nicht (siehe z.B. [Rai06]).
Spulen oder Transformatoren werden in unserem Zusammenhang als Bauelemente in Strom-versorgungen verwendet (siehe Kapitel 6.4 und A.5).

3.1.15. Wechselstromkreis

Beim Wechselstrom sind Spannung und Strom eine periodische Funktion der Zeit t und wech-seln periodisch ihre Richtung. Der einfachste Fall sind harmonische Wechselgrößen im einge-schwungenen Zustand, d.h., Schaltvorgänge werden nicht berücksichtigt. Für diesen Fall lassen sich Spannung und Strom wie folgt darstellen

$$u(t) = \widehat{U} \cdot \cos(\omega \cdot t + \varphi_u), \qquad i(t) = \widehat{I} \cdot \cos(\omega \cdot t + \varphi_i). \tag{3.30}$$

Die einzelnen Terme haben folgende Bedeutung (siehe auch Abb. 3.8):

- $u(t)$ und $i(t)$ sind die Momentanwerte der Spannung bzw. des Stromes
- $\widehat{U}$, $\widehat{I}$ heißen **Amplitude**, es sind die größten Momentanwerte von Spannung bzw. Strom
- ω ist die **Kreisfrequenz**, sie ergibt sich aus der Periodendauer $T : \omega = \frac{2\pi}{T}$
- φ_u und φ_i sind die Nullphasenwinkel der Spannung bzw. des Stromes und
- t ist die Zeit

Anstelle der Periodendauer T wird häufig deren reziproker Wert, die **Frequenz** f verwendet

$$f = \frac{1}{T} = \frac{\omega}{2\pi} \, .$$

Die Einheit der Frequenz ist das Hertz[1] $[f] = \frac{1}{s} = \text{Hz}$.

Komplexe oder symbolische Darstellung   Kapazitäten und Induktivitäten verursachen im Wech-selstromkreis eine Phasenverschiebung zwischen Strom und Spannung (siehe Abb. 3.8). Als Folge dieser Phasenverschiebung schwankt der Quotient der Momentanwerte von Spannung und Strom $\frac{u(t)}{i(t)}$ zwischen $-\infty$ und $+\infty$. Das spiegelt weder die zeitlich konstanten Eigenschaf-ten der Bauelemente noch ein stationäres Verhalten eines Stromkreises wider und ist für die Analyse von Schaltungen nicht verwendbar.

Dieses Problem wird mit der **komplexen Darstellung**, auch **symbolische Methode** genannt, gelöst, indem man sowohl den Spannungsterm als auch den Stromterm um einen imaginären Anteil ergänzt:

---

[1]   nach Heinrich Rudolf Hertz, deutscher Physiker, 1857–1894

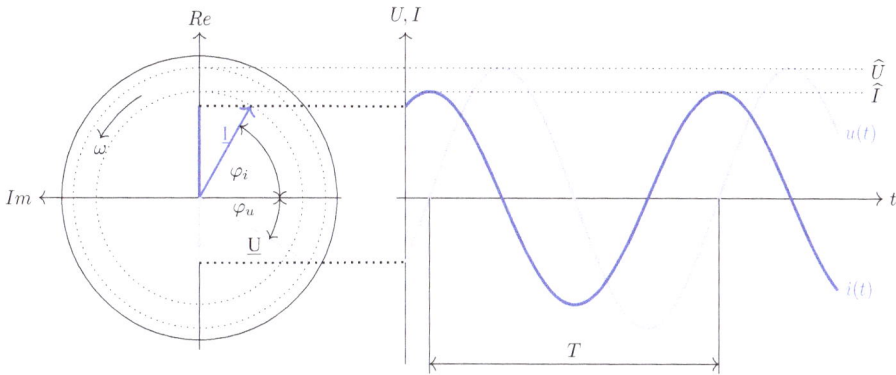

Abb. 3.8.: Rotierende Zeiger und Zeitfunktion von Strom und Spannung,
der Strom eilt der Spannung um 90° voraus

$$\underline{u}(t) = \widehat{U} \cdot [\cos(\omega \cdot t + \varphi_u) + j \cdot \sin(\omega \cdot t + \varphi_u)]$$
$$\underline{i}(t) = \widehat{I} \cdot [\cos(\omega \cdot t + \varphi_i) + j \cdot \sin(\omega \cdot t + \varphi_i)] \,.$$

Bevorzugt nutzt man die Eulersche Form der komplexen Ausdrücke:

$$\underline{u}(t) = \widehat{U} \cdot e^{j(\omega \cdot t + \varphi_u)} = \underline{U} \cdot e^{j \cdot \omega \cdot t} \tag{3.31}$$
$$\underline{i}(t) = \widehat{I} \cdot e^{j(\omega \cdot t + \varphi_i)} = \underline{I} \cdot e^{j \cdot \omega \cdot t} \,. \tag{3.32}$$

Die komplexen Größen werden durch einen Unterstrich gekennzeichnet und beinhalten den
jeweiligen Phasenwinkel, also φ_u bzw. φ_i:

- $\underline{u}(t)$ bzw. $\underline{i}(t)$ komplexer Momentanwert von Spannung bzw. Strom und

- $\underline{U}$ sowie $\underline{I}$ komplexe Amplitude von Spannung bzw. Strom.

Mit den komplexen Größen kann man den Quotienten $\frac{\underline{u}(t)}{\underline{i}(t)}$ bilden, den zeitabhängigen Teil
abspalten und kürzen. Man erhält einen zeitunabhängigen Quotienten $\frac{\underline{U}}{\underline{I}}$, dies ist die **Impedanz**
oder der **komplexe Widerstand** $\underline{Z}$:

$$\underline{Z} = \frac{\widehat{U} \cdot e^{j \cdot \varphi_u}}{\widehat{I} \cdot e^{j \cdot \varphi_i}} = \frac{\underline{U}}{\underline{I}} \,. \tag{3.33}$$

Der Realteil der Impedanz heißt **Wirkwiderstand** und der Imaginärteil **Blindwiderstand** oder
Reaktanz.
Für die Behandlung von Parallelschaltungen wird bevorzugt der Kehrwert der Impedanz be-
nutzt, das ist die **Admittanz** $\underline{Y}$.
Impedanz und Admittanz ergeben sich eindeutig aus den Eigenschaften der Bauelemente im
Stromkreis; sie sind frequenzabhängig und beinhalten den Phasenwinkel.

Die Ausdrücke für die Momentanwerte der Wechselspannung bzw. des Wechselstromes (Gleichung 3.31 und 3.32) können als rotierender Spannungszeiger bzw. Stromzeiger in der komplexen Ebene aufgefasst werden, die mit der Winkelgeschwindigkeit ω rotieren; der Winkel zwischen den Zeigern bleibt konstant, wenn die Winkelgeschwindigkeit konstant bleibt. Die Länge der Zeiger entspricht den reellen Amplituden $\widehat{U}$ bzw. $\widehat{I}$. Durch Projektion der Zeiger auf die reelle Achse ergeben sich die Momentanwerte (siehe Abb. 3.8).

Bei einer festen Frequenz kann man mit ruhenden Zeigern arbeiten, denn der Phasenwinkel

$$\varphi = \varphi_u - \varphi_i$$

zwischen Spannungszeiger und Stromzeiger bleibt konstant und der Nullphasenwinkel, der vom zufälligen Beginn der Beobachtung abhängt, ist für den eingeschwungenen Zustand irrelevant.

Zeiger werden benutzt, um die Phasenbeziehungen und die Amplituden von Spannung und Strom darzustellen. Sie werden auch verwendet, um die Größe und Phasenbeziehungen von komplexen Widerständen in der komplexen Widerstandsebene oder von komplexen Leitwerten in der komplexen Leitwertebene darzustellen (siehe unten).

Die Phasenbeziehungen und die Beträge der Zeiger gelten jeweils nur für eine Frequenz. Um Impedanz, Admittanz oder andere Größen für einen Frequenzbereich darzustellen, nutzt man sog. Ortskurven. Eine **Ortskurve** ist der geometrische Ort, den die Spitze eines Zeigers als Funktion der Frequenz in einer komplexen Ebene beschreibt.

3.1.16. Widerstände im Wechselstromkreis

Das Verhalten der passiven Zweipole Widerstand, Kapazität und Induktivität im Wechselstromkreis ist in Abb. 3.9 überblicksmäßig dargestellt. Man kann die genannten Zweipole charakterisieren durch

- die Phasenverschiebung zwischen Strom und Spannung (linke Bildspalte),
- die Darstellung in der komplexen Ebene (mittlere Bildspalte) und
- den Betrag als Funktion der Kreisfrequenz (rechte Bildspalte).

Am idealen ohmschen Widerstand sind Strom und Spannung phasengleich. Sobald ein Strom fließt, wird elektrische Energie in Wärme umgesetzt. Der Widerstandswert ist frequenzunabhängig und wird in der komplexen Widerstandsebene durch einen Punkt auf der reellen Achse repräsentiert (siehe Abb. 3.9 Zeile „Widerstand").

Die Kapazität speichert Energie als elektrische Feldenergie und wird im Wechselstromkreis periodisch umgeladen; im Mittel über eine ganze Periode verschwindet die Ladungsänderung. Für den kapazitiven Widerstand $\underline{Z}_C$ erhält man den frequenzabhängigen Ausdruck:

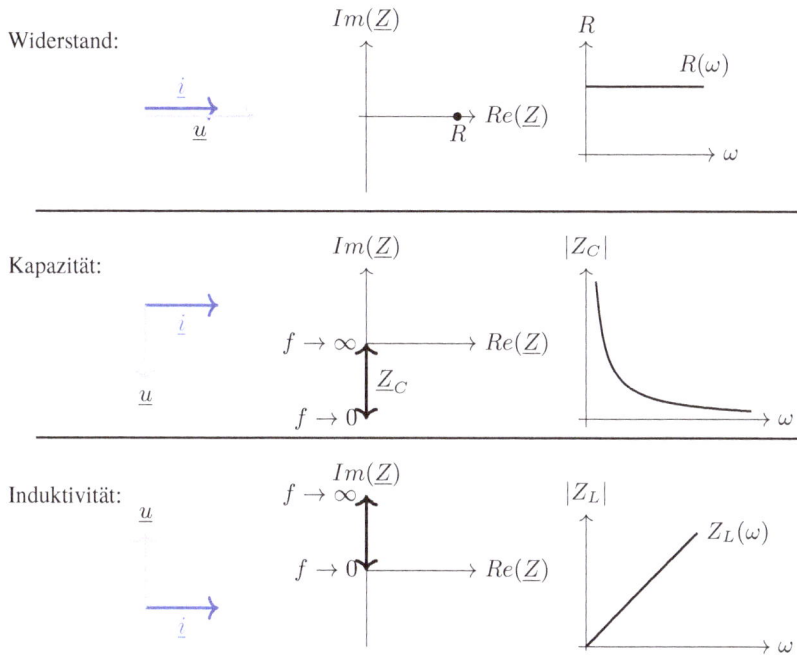

Abb. 3.9.: Widerstände im Wechselstromkreis (Abb. aus [RW21])

- oben: ohmscher Widerstand, Strom und Spannung sind phasengleich
- Mitte: Kapazität, der Strom eilt der Spannung um 90° voraus
- unten: Induktivität, der Strom eilt der Spannung um 90° nach

$$\underline{Z}_C = \frac{\underline{U}}{\underline{I}} = \frac{1}{j\omega C} = -\frac{j}{\omega C}\,, \tag{3.34}$$

den man nach den Regeln der komplexen Rechnung in Betrag und Phase aufspalten kann:

$$|\underline{Z}_C| = Z_C = \frac{1}{\omega \cdot C} \qquad arg(\underline{Z}_C) = \varphi = \frac{1}{j} = -j\,. \tag{3.35}$$

Der Phasenwinkel $\varphi = \varphi_u - \varphi_i$ beträgt $-90°$, d.h., die Spannung eilt dem Strom um 90° nach. In der komplexen Widerstandsebene entspricht die Ortskurve des kapazitiven Widerstandes dem negativen Ast der imaginären Achse, wobei mit wachsender Frequenz der Blindwiderstand immer kleiner wird. Der Betrag des kapazitiven Blindwiderstandes über der Frequenz aufgetragen, ergibt einen Hyperbelast (siehe Abb. 3.9, Zeile „Kapazität").

Induktivität und induktiver Blindwiderstand Eine Induktivität speichert Energie als magnetische Feldenergie. Für den induktiven Widerstand gilt

$$\underline{Z}_L = \frac{\underline{U}}{\underline{I}} = j \cdot \omega L \,. \tag{3.36}$$

Auch die Impedanz der idealen Induktivität besteht nur aus einem Imaginärteil $Im(\underline{Z})$, ist also ein reiner Blindwiderstand. Für Betrag und Phase erhält man

$$|\underline{Z}_L| = Z_L = \omega \cdot L \qquad arg(\underline{Z}_L) = j \,. \tag{3.37}$$

Hier beträgt $\varphi = \varphi_u - \varphi_i = +90°$, das heißt, die Spannung eilt dem Strom um 90° voraus. In der komplexen Widerstandsebene deckt sich die Ortskurve des induktiven Widerstandes mit dem positiven Ast der imaginären Achse, wobei mit wachsender Frequenz der Blindwiderstand wächst. Trägt man den Betrag des induktiven Blindwiderstandes über der Frequenz auf, so erhält man eine Gerade, die durch den Ursprung geht (siehe Zeile „Induktivität" in Abb. 3.9).

Reihen- und Parallelschaltungen von passiven Zweipolen können beliebig gemischt auftreten. Dabei gelten auch im Wechselstromkreis die Kirchhoffschen Regeln, wobei die Berücksichtigung von Betrag und Phasenwinkel durch komplexe Rechnung erfolgt.
Wir beschränken uns hier auf die Reihen- und Parallelschaltung von nur zwei Elementen, Widerstand und Kapazität. Bei Vorhandensein mehrerer Widerstände bzw. Kapazitäten werden diese zuerst zu einem Ersatzbauelement zusammengefasst, wie oben beschrieben.

Reihenschaltung von einem Wirk- und einem Blindwiderstand

Wie im Gleichspannungskreis werden beide Bauelemente vom gleichen Strom durchflossen und die komplexen Teilspannungen addieren sich zur komplexen Gesamtspannung; es gilt der Maschensatz. Ebenso addieren sich die komplexen Widerstände.

Im Zeigerdiagramm dient der Stromzeiger als Bezugszeiger. Die Zeiger sind ruhend, da $\underline{Z}$ zeitunabhängig ist. Sie werden geometrisch addiert.

Spannungszeiger und Widerstandszeiger unterscheiden sich nur um einen Skalierungsfaktor; der Phasenwinkel ist für Spannungen und Impedanzen gleich. Man kann deshalb ein Zeigerdiagramm sowohl für die Spannungen als auch für die Impedanzen nutzen und muss nur den Skalierungsfaktor berücksichtigen. Das Zeigerdiagramm gilt natürlich nur für eine feste Frequenz. Bei variabler Frequenz erfolgt die Darstellung als Ortskurve.

Reihenschaltung von ohmschem Widerstand und Kapazität   Für die Impedanz gilt:

$$\underline{Z} = R + \underline{Z}_C = R + \frac{1}{j\omega C} \,. \tag{3.38}$$

Für den Betrag und den Phasenwinkel erhält man:

$$|\underline{Z}| = \sqrt{R^2 + \left(\frac{1}{\omega C}\right)^2} \, ; \qquad \varphi = -\arctan\left(\frac{1}{\omega R C}\right) . \qquad (3.39)$$

Die Größen $\underline{Z}$, $|\underline{Z}|$ und φ sind frequenzabhängig; der Phasenwinkel ist immer negativ; er liegt zwischen 0 und $-90°$, wie die Abb. 3.10 zeigt.

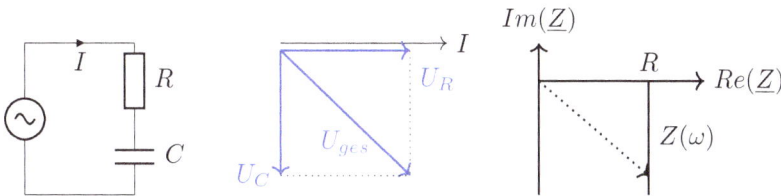

Abb. 3.10.: RC-Reihenschaltung mit Zeigerdiagramm und Ortskurve

Parallelschaltung von einem ohmschen Widerstand und einem Blindwiderstand

An den parallel geschalteten Bauelementen liegt die gleiche Spannung an. Es findet eine Stromteilung statt und der komplexe Gesamtstrom ergibt sich durch Addition der komplexen Teilströme. Es gilt der Knotensatz. Anstelle mit der Impedanz, rechnen wir mit deren Reziprokwert, der Admittanz $\underline{Y}$. Die komplexen Teilleitwerte addieren sich zum komplexen Gesamtleitwert.

Im Zeigerdiagramm dient jetzt der Spannungszeiger als Bezugszeiger und die Stromzeiger werden geometrisch addiert.

Die fließenden Ströme und die entsprechenden Leitwerte unterscheiden sich nur um einen Skalierungsfaktor; der Phasenwinkel ist für Ströme und Leitwerte bei einer festen Frequenz gleich. Man kann deshalb das Zeigerdiagramm für die Ströme und für die Leitwerte nutzen und muss nur den Skalierungsfaktor berücksichtigen. Bei variabler Frequenz erfolgt die Darstellung als Ortskurve.

Parallelschaltung von Widerstand und Kapazität   Der Blindleitwert der Kapazität ist

$$\underline{Y}_C = \frac{1}{\underline{Z}_C} = j\omega C.$$

Damit ergibt sich für die Parallelschaltung eines ohmschen Widerstandes mit einer Kapazität:

$$\underline{Y} = G + \underline{Y}_C = \frac{1}{R} + j\omega C . \qquad (3.40)$$

Die Admittanz wird wieder in Betrag und Phasenwinkel aufgespalten und wir erhalten:

$$|\underline{Y}| = \sqrt{\left(\frac{1}{R}\right)^2 + (\omega C)^2}, \qquad \varphi = \arctan \omega RC \,. \tag{3.41}$$

Die Abb. 3.11 zeigt die Schaltung, das Zeigerdiagramm und die Ortskurve.

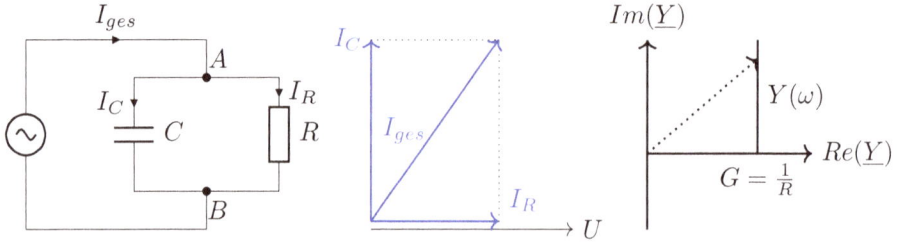

Abb. 3.11.: RC-Parallelschaltung mit Zeigerdiagramm und Ortskurve

3.1.17. Leistung im Wechselstromkreis

Im Wechselstromkreis schwankt der Momentanwert der Leistung während einer Periode zwischen Null und einem Spitzenwert. Für die Berechnung der Leistung nutzt man deshalb die Effektivwerte von Spannung und Strom. Effektivwerte sind Mittelwerte über eine Periodendauer T, die so berechnet werden, dass im Mittel über eine Periode die gleiche Wirkleistung an einem ohmschen Widerstand erzeugt wird, wie sie ein Gleichstrom mit dem gleichen Spannungswert in der gleichen Zeit erzeugen würde. Den Effektivwert erhält man, indem man den zeitlichen Mittelwert der entsprechenden Größe über eine Periode bildet. So gilt allgemein für die Spannung

$$\overline{U}^T = U_{eff} = \sqrt{\frac{1}{T}\int_0^T U^2(t)dt} \,.$$

Speziell für harmonische Spannungen bzw. Ströme betragen die Effektivwerte:

$$U_{eff} = \frac{\widehat{U}}{\sqrt{2}} \quad \text{bzw.} \quad I_{eff} = \frac{\widehat{I}}{\sqrt{2}} \,. \tag{3.42}$$

Mit den zeitunabhängigen Effektivwerten von Strom I_{eff} bzw. Spannung U_{eff} kann man Gleichung 3.14 verwenden und unter Einbeziehung des Ohmsche Gesetzes für die Leistung, die an einem ohmschen Widerstand im Wechselstromkreis umgesetzt wird, schreiben

$$P_{eff} = U_{eff} \cdot I_{eff} = R \cdot I_{eff}^2 = \frac{U_{eff}^2}{R} \,. \tag{3.43}$$

3.1.18. Konzept der Ersatzschaltung

Eine Ersatzschaltung[1] ist ein Modell einer realen Schaltung, eines realen Bauelementes oder einer elektrochemischen Zelle, welches sich elektrisch genau so verhält, wie das reale Bauelement bzw. die modellierte reale elektrische Schaltung. Zur Modellierung stehen ideale passive Zweipole, das sind der ohmsche Widerstand, die Kapazität und die Induktivität sowie aktive Zweipole, also die ideale Spannungs- oder Stromquelle, zur Verfügung. Mit einer Ersatzschaltung wird das Ziel verfolgt das physikalisch-elektronische Verhalten des modellierten Objektes elektrisch berechenbar darzustellen. Einfache Beispiele sind die Zusammenfassung von in Reihe oder parallel geschalteten Widerständen, Kapazitäten oder Induktivitäten durch nur ein Ersatzbauelement (siehe z.B. Gleichung 3.19 oder 3.27).

Die Abb. 3.12 zeigt die Zusammenschaltung eines aktiven und eines passiven Zweipols, ohne deren innere Beschaffenheit zu kennen. Der aktive Zweipol (Quelle) liefert die Spannung U_{Kl} und den Strom I_Q an den passiven Zweipol, den Verbraucher, der beispielsweise für ein Netzwerk aus parallel oder in Reihe geschalteter Widerstände oder deren Ersatzschaltung steht. Am passiven Zweipol liegt die gleiche Spannung U_{Kl}, und in ihn hinein fließt der betragsmäßig gleiche Strom I_L, den die Quelle als I_Q liefert.

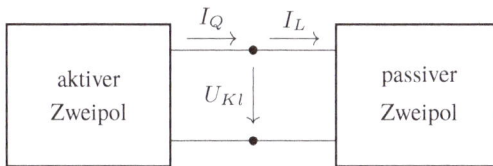

Abb. 3.12.: Zusammenschaltung eines aktiven und eines passiven Zweipols

Aktiver und passiver Zweipol sind hier jeweils eine Black Box, deren realen inneren Aufbau man nicht kennt. Jedoch kann man die Zweipole durch Strom- und Spannungsmessungen an den Klemmen charakterisieren und das Verhalten bzw. die Zusammenhänge zwischen interessierenden Größen in Form von Kennlinien darstellen. Bei diesem Verfahren gehen innere physikalische oder elektrochemische Zusammenhänge verloren; trotzdem genügt das Vorgehen vielen Fragestellungen.

Ersatzspannungsquelle und Ersatzstromquelle – Satz von Helmholtz

Viele Netzwerke kann man mittels Ersatzschaltungen so darstellen, dass nur ein äußerer Widerstand R_a veränderlich ist. Dann ist es vorteilhaft, das Netzwerk als Zusammenschaltung einer elektrischen Quelle mit dem Innenwiderstand R_i und dem veränderlichen äußeren Widerstand R_a darzustellen (Abb. 3.13). Für solch ein Netzwerk gilt der **Satz von Helmholtz**[2]:

Ein Netzwerk mit einem veränderlichen äußerem Widerstand R_a kann ersatzweise dargestellt werden entweder durch

---

[1] Das Konzept der Ersatzschaltung wurde schon von Barkhausen in [Bar23] im Zusammenhang mit Röhrenschaltungen benutzt.

[2] Hermann von Helmholtz, deutscher Physiker und Physiologe (1821–1894)

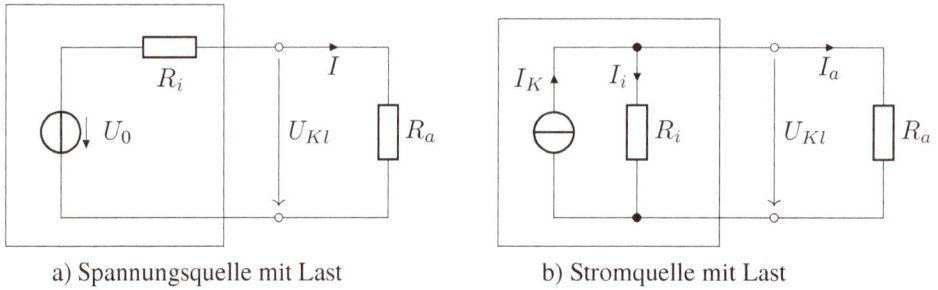

a) Spannungsquelle mit Last   b) Stromquelle mit Last

Abb. 3.13.: Ersatzschaltung einer realen Spannungsquelle und einer realen Stromquelle

- eine **Ersatzspannungsquelle** mit der **Leerlaufspannung** U_0, dem inneren Widerstand R_i als **Serienwiderstand** sowie dem veränderlichen äußeren Widerstand R_a (Abb.3.13a) oder

- eine **Ersatzstromquelle** mit dem **Kurzschlussstrom** I_K, dem gleichen Innenwiderstand R_i als **Parallelwiderstand** sowie dem veränderlichen äußeren Widerstand R_a (Abb. 3.13b).

3.1.19. Strom- und Spannungsmessungen

Jedes Amperemeter und jedes Voltmeter besitzt einen Innenwiderstand R_i. Aus den Ersatzschaltungen für die Stromquelle bzw. die Spannungsquelle ergeben sich Forderungen für die Strommessung und die Spannungsmessung bezüglich des Innenwiderstandes der Messgeräte.

Strommessung   Damit bei einer Strommessung die Stromteilung über den Innenwiderstand der Stromquelle R_i^{Qi} und den Innenwiderstand des Amperemeters R_i^A nicht stört muss gelten

$$R_i^A \longrightarrow 0 \qquad \text{mindestens aber} \qquad R_i^A \lll R_i^{Qi} \, . \tag{3.44}$$

Spannungsmessung   Bei einer Spannungsmessung soll über den Innenwiderstand der Spannungsquelle $R_i^{Q_U}$ kein Spannungsabfall entstehen. Deshalb muss für den Innenwiderstand des Voltmeters R_i^V gelten

$$R_i^V \longrightarrow \infty \qquad \text{mindestens aber} \qquad R_i^V \ggg R_i^{Q_V} \, . \tag{3.45}$$

3.1.20. Leitungen

Wir sind bisher stillschweigend von zwei Voraussetzungen ausgegangen, die wir jetzt hinterfragen müssen. Diese Voraussetzungen sind

- das Modell konzentrierter Bauelemente, d.h. die geometrische Ausdehnung der Bauelemente und Ortskoordinaten wurden nicht berücksichtigt;

- die Annahme der Gleichzeitigkeit der Signale am Eingang und Ausgang der Schaltung, d.h. Signallaufzeiten wurden nicht berücksichtigt.

Mit diesen Voraussetzungen konnten wir überall im Netzwerk die Ströme aus der Kenntnis der Widerstände und der Spannungen berechnen. Diese Voraussetzungen gelten dann nicht mehr, wenn das Netzwerk räumlich sehr ausgedehnt ist, oder wenn die Arbeitsfrequenzen sehr hoch sind. Wegen der endlichen Ausbreitungsgeschwindigkeit von Strom und Spannung muss man dann zusätzlich deren Ortsabhängigkeit beachten.

Wir betrachten nun eine lange Zweidrahtleitung entsprechend Abb. 3.14, bestehend aus Hin- und Rückleitung. An einem Ende der Leitung ist ein Generator angeschlossen und es werde ein Signal eingespeist; am anderen Ende sei ein Lastwiderstand (Abschlusswiderstand) angeschlossen.

Nach der Widerstandsbemessungsgleichung (Gleichung 3.12) ist klar, dass der ohmsche Widerstand mit der Länge des betrachteten Leitungsstückes linear wächst. Entsprechend verhält es sich mit den anderen Größen. Man benutzt deshalb zur Charakterisierung der Leitung folgende, jeweils auf die Längeneinheit bezogenen Größen (vgl. Abb. 3.14):

- R': Widerstandsbelag, gibt den pro Längeneinheit wirksamen ohmschen Widerstand an;
- L': Induktivitätsbelag, gibt die pro Längeneinheit wirksame Induktivität an;
- C': Kapazitätsbelag, gibt die pro Längeneinheit wirksame Kapazität zwischen den Leitern an;
- G': Ableitungsbelag, gibt den pro Längeneinheit wirksamen Leitwert zwischen den Leitern an.

In Abb. 3.14 sind die Beläge für die Hin- und Rückleitung zusammengefasst.

In der Ersatzschaltung des Leitungsstückes δx erkennt man, dass es über die Elemente G' und C' einen Nebenschluss[1] zwischen Hin- und Rückleiter gibt. Deshalb wird die an einem Ende eingespeiste Energie in einer unendlich langen Leitung komplett aufgezehrt. In einer Leitung mit endlicher Länge wird ein Teil der eingespeisten Energie aufgezehrt.

Die Analyse und mathematische Beschreibung der Vorgänge auf der Leitung führt auf die sog. Telegrafengleichung [MGL92, Heu18], die wir hier nicht benötigen. Wir belassen es bei dem Ersatzschaltbild und erinnern in Kapitel 4.2.4 und 6.1.3 an dieses Konzept.

---

[1] Mit Nebenschluss bezeichnet man einen Zweig in einer Parallelschaltung, über den ein Teil des Gesamtstromes fließt.

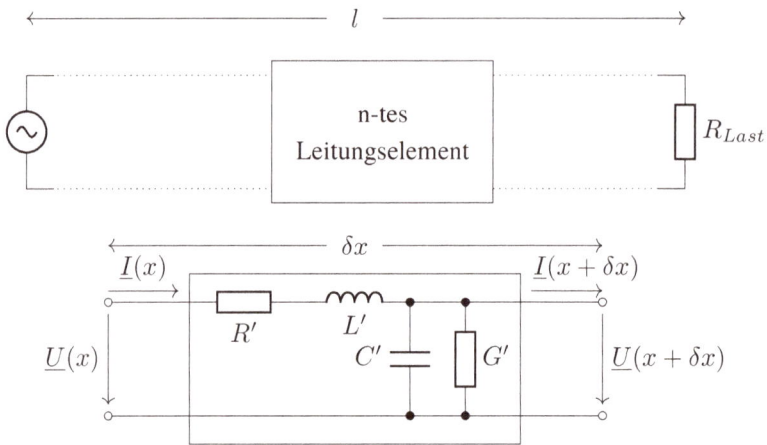

Abb. 3.14.: Leitung mit Leitungselement (oben) und
          Ersatzschaltung eines Leitungselementes der Länge δx (unten)

3.2. Ausgewählte Aspekte und Prinzipien der Elektronik

In diesem Kapitel betrachten wir in knapper Form ausgewählte elektronische Konzepte und Grundschaltungen, die im Zusammenhang mit elektrochemischen Aufgabenstellungen Anwendung finden. Die entsprechenden Schaltungen lassen sich teils der Messelektronik/Sensorik und teils der Leistungselektronik zuordnen. Wir legen hier den Schwerpunkt auf messtechnische Fragen und Sensorik.

Spezielle Fragen zur Behandlung der von Batterien oder Akkus gelieferten Spannungen und zum Laden bzw. zur Sicherheit von Akkus betrachten wir in Kapitel 6.

3.2.1. Begriffe, Anforderungen und Abgrenzung

Art der Spannungen und Ströme Zur Versorgung einer elektrochemischen Zelle benötigt man Gleichspannung im Kleinspannungsbereich, wobei die Ströme beträchtlich sein können. Elektrisch ausgekoppelte Messsignale sind ebenfalls Gleichspannungen oder Gleichströme, es sei denn, zur Durchführung des Messprozesses wird extern eine Wechselspannung oder eine veränderliche Spannung als Anregungssignal in die elektrochemische Messanordnung eingespeist. In letzterem Fall sind auch die entsprechenden Messsignale veränderliche Größen bzw. Wechselgrößen.

In allen Fällen finden wir an der „Nahtstelle" zwischen elektrochemischem Prozess und Elektronik analoge elektrische Größen, das heißt, Spannung und Strom sind kontinuierliche Funktionen der Zeit, deren Amplitude innerhalb eines gegebenen Bereiches jeden Wert annehmen kann.

Signal und Signalverarbeitung Für den Signalbegriff verwenden wir die folgende Definitionen aus [RW21]:

„Ein Signal ist eine von einem ersten (physikalischen) System sich ausbreitende Wirkung, die geeignet ist, einem zweiten (physikalischen) System Informationen über Veränderungen im ersten System zu übermitteln".

In diesem Sinne sind der kontinuierliche Amplituden-Zeit-Verlauf einer Spannung $U(t)$ oder eines Stromes $I(t)$ ein analoges Signal. Solch ein Signal kann verarbeitet werden, indem man es verstärkt, filtert, integriert, wandelt usw. Ein Signal ist Träger von Information und soll während der Verarbeitung keine unerwünschten Veränderungen (nichtlineare Verzerrungen) erfahren.

Leistungselektronik In der Leistungselektronik geht es nicht um Signale, sondern um Stromversorgung, um die Wandlung elektrischer Energie und die Umsetzung einer Stromart in eine andere mittels sog. Stromrichter. Zu den Stromrichtern zählen gesteuerte Gleichrichter, Wechselrichter und Frequenzumrichter. In diesen Geräten werden Leistungshalbleiter im Schalterbetrieb eingesetzt, um ohne bewegte Teile eine Stromart in eine andere zu überführen.

Analoge elektronische Funktionsgruppen und Schaltungen Für die Bereitstellung analoger Spannungen und Ströme bzw. zur Verarbeitung analoger Messsignale dienen analoge elektronische Schaltungen. Zu analogen elektronischen Funktionsgruppen, die in unserem Zusammenhang wichtig sind, zählen

- Verstärker,
- Signalwandler (I/U-Wandler, A/D- und D/A-Wandler),
- Filter,
- Signalgeneratoren,
- Präzisions- und Leistungsgleichrichter,
- Regelschaltungen sowie
- DC/dDC-Wandler.

Wir beschränken uns nachfolgend weitgehend auf solche analoge Komponenten, die direkt mit einem elektrochemischen Prozess oder einer elektrochemischen Zelle zusammen wirken. Auf digitale Schaltungen oder Mikrocontroller, die für die Gerätesteuerung, für Anzeige- und Bedienkomponenten eingesetzt werden, gehen wir nicht ein. Dies haben wir in [RW21] behandelt.

Technische Darstellung und Symbolik Unabhängig von der Art der verwendeten Verstärkerbauelemente oder Gleichrichter ist eine technische Darstellung der jeweiligen Funktionsgruppen und Schaltungen sowie eine Beschreibung mit Modellen notwendig. Je nach Ziel und Zweck eignen sich dafür verschiedene Konzepte, die wir im folgenden Abschnitt skizzieren.

3.2.2. Darstellung und Abstraktionen elektronischer Schaltungen

Zur Darstellung elektronischer Schaltungen benötigen wir zusätzlich zu den passiven Bauelementen (siehe Kapitel 3.1.10) Symbole für Dioden und aktive, d.h. verstärkende Bauelemente. In den Abbildungen 3.22 auf Seite 58 und 3.25 auf Seite 60 ist eine kleine Auswahl der Symbole von Dioden bzw. verstärkenden Bauelementen dargestellt.

Um unterschiedlichen Zwecken gerecht werden zu können, wurden verschiedene Darstellungsformen für Schaltungen entwickelt; solche Darstellungsformen sind

- Detailschaltung (Schaltplan) und
- Blockschaltung.

Des weiteren wurden abstrakte Modelle geschaffen, die einer genaueren bzw. einer allgemeineren Beschreibung des Verhaltens einer realen Schaltung dienen und die bei Berechnungen hilfreich sind. Solche Modelle sind

- Ersatzschaltung,
- Zweipol und
- Vierpol.

Schaltplan und Blockschaltbild

Schaltplan   Ein Schaltplan umfasst alle Bauelemente, deren Verbindungen untereinander sowie die elektrischen Werte bzw. im Falle von aktiven Bauelementen deren Typenbezeichnung. Der Schaltplan wird durch einen Bestückungsplan ergänzt, auf dem die Anordnung der Bauelemente z.B. auf einer Leiterplatte dargestellt ist.

Blockschaltbild   Bei umfangreicheren Schaltungen kann der Schaltplan leicht einige Dutzend oder einige hundert Bauelemente umfassen. Um die Übersicht zu erleichtern, entstand das Konzept des Blockschaltbildes. Dazu wird die Funktion der Gesamtschaltung gedanklich in Funktionsblöcke aufgeteilt, also z.B. in Stromversorgung, Verstärker, Anzeige usw. Jede Funktionsgruppe wird als rechteckige Box dargestellt und die einzelnen gleichartigen oder verschiedenen Funktionsblöcke einer Schaltung werden zum Blockschaltbild zusammengefügt.
Auf der Ebene eines Blockschaltbildes spielt der innere Aufbau einer Funktionsgruppe zunächst keine Rolle, denn anders als in einem Schaltplan werden nicht die Bauelemente und ihre Verbindungen dargestellt, sondern nur die Verbindung zwischen den Funktionsgruppen. Jeder Funktionsblock ist durch seine Eingangs- und Ausgangssignale bzw. -größen charakterisiert. Wichtig ist, dass die Ausgangs- und Eingangsgrößen einander folgender Stufen aufeinander abgestimmt sind und zueinander passen. Die Funktion selbst wird durch ein Symbol oder eine Beschriftung dargestellt. Der Signalfluss und der Energiefluss zwischen den Funktionsgruppen wird durch Pfeile repräsentiert. Derart separierte Funktionsblöcke können nun unabhängig voneinander beschrieben, berechnet oder analysiert werden, wie das auch von anderen technischen Systemen geläufig ist.
Als Beispiel geben wir in Abb. 3.15 ein Blockschaltbild für ein pH-Meter an. In diesem Gerät

ist nur der Verstärker am Eingang eine komplett analoge Baugruppe, die weitere Signalverarbeitung und die Anzeige erfolgen digital.

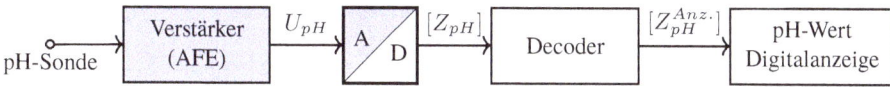

Abb. 3.15.: Blockschaltbild eines digital anzeigenden pH-Meters

Zweipol, Vierpol und Ersatzschaltbild

Komplexere elektronische Bauelemente oder Baugruppen haben eine Vielzahl von Anschlussklemmen, die man auch Pole nennt. Allgemein ist eine Baugruppe n-polig. Minimal hat ein Bauelement bzw. eine Baugruppe zwei Pole. Grundlegendes zu Zweipolen hatten wir schon in Kapitel 3.1.18 dargestellt.
Eine weitere, häufig vorkommende Klasse sind Baugruppen, die neben Anschlüssen zur Stromversorgung über zwei Pole für den Signaleingang und zwei Pole für den Signalausgang verfügen, die Vierpole.

Vierpole   Ein Netzwerk mit vier Anschlussklemmen, bei denen je zwei Klemmen als Eingang und zwei Klemmen als Ausgang zusammen gehören, nennt man einen Vierpol. Die zusammengehörigen Eingangs- bzw. Ausgangsklemmen bilden je ein Tor; ein Vierpol wird deshalb auch Zweitor genannt. Vierpole (Zweitore) sind grundlegende Strukturen elektrischer Netze, die ausführlich in der einschlägigen Literatur dargestellt sind, beispielsweise in [Fre90].

Ein Vierpol wird durch vier von außen messbare Größen eindeutig beschrieben, nämlich am Eingang durch den Strom I_1 und die Spannung U_1 und am Ausgang durch den Strom I_2 und die Spannung U_2 (Abb. 3.16). Messtechnisch ermittelte Abhängigkeiten und Zusammenhänge werden unter Beachtung der festgelegten Richtungen von Strom und Spannung in Kennlinienfeldern oder mittels zweier unabhängiger Gleichungen dargestellt. Dazu ist es nicht erforderlich, den inneren Aufbau zu kennen. Man kann den Vierpol analog zum Zweipol als Black Box betrachten. Obwohl dabei innere physikalische oder elektrochemische Zusammenhänge nicht berücksichtigt werden, genügt diese Form der Beschreibung schaltungstechnischen Erfordernissen.

Abb. 3.16 zeigt die Zusammenschaltung eines Vierpols mit zwei Zweipolen, einer Quelle am Eingang und einer Last am Ausgang.

Abb. 3.16.: Zusammenschaltung eines Vierpols mit einem aktiven und einem passiven Zweipol

Für die Beschreibung des Vierpols sind den Spannungen und Strömen jeweils Richtungen zugeordnet. Wir verfahren entsprechend der Abb. 3.16, so dass gilt

- die Ausgangsspannung der Quelle U_{Kl} ist gleich der Eingangsspannung des Vierpols U_1 und
- die Ausgangsspannung des Vierpols U_2 ist gleich der Spannung an der Last U_L.

Bezüglich der Stromrichtung vereinbaren wir, dass die Ströme jeweils zum Vierpol hin fließen. Damit gilt:

- der Ausgangsstrom der Quelle I_Q ist bezüglich Betrag und Richtung gleich dem Eingangsstrom des Vierpols I_1,
- der Ausgangsstrom des Vierpols I_2 ist betragsmäßig gleich dem Strom I_L, der in die Last fließt; aber die Zählrichtungen beider Ströme sind entgegengesetzt gerichtet, d.h., $I_2 = -I_L$.

Diese Ströme und Spannungen können sowohl Gleich- als auch Wechselgrößen sein. Es ist deshalb zweckmäßig, die komplexe Schreibweise, wie in Abb. 3.24, zu verwenden.

Ergänzung zur Ersatzschaltung   Das Konzept der Ersatzschaltung wurde bereits in Kapitel 3.1.18 dargestellt. Hier ist zu ergänzen, dass ein Schaltplan, wie oben skizziert, nicht ausreichend ist, um alle Eigenschaften einer Schaltung zu beschreiben. Gründe dafür sind, dass im Schaltplan weder die inneren Eigenschaften der realen Bauelemente noch Eigenschaften des Schaltungsaufbaues berücksichtigt sind. Aus dem Aufbau der Schaltung, also aus Leitungsführung und Verdrahtung, resultieren verteilte Kapazitäten (Streukapazitäten), Induktivitäten und Widerstände, die unbeabsichtigt in die Schaltung eingebracht werden. Um das reale Verhalten einer Schaltung zu modellieren, können in der Ersatzschaltung auch die verteilten Widerstände, Kapazitäten und Induktivitäten berücksichtigt werden.

3.2.3. Filter

Die Aufgabe von Filtern ist es, ein Signalgemisch nach bestimmten Kriterien zu bearbeiten. So kann man mit entsprechenden Filtern ausgewählte Signalanteile unverändert behalten oder sie auch weitgehend aussondern. Je nach Zielstellung kann man Signale filtern bezüglich

- ihrer Frequenz,
- ihrer Amplitude oder
- ihres zeitlichen Auftretens.

Frequenzfilter verändern ein Signalgemisch, indem sie bestimmte Frequenzanteile passieren lassen und andere unterdrücken. So ergeben sich die Filtercharakteristiken von Tiefpass, Hochpass, Bandpass und Bandsperre (Abb. 3.17).

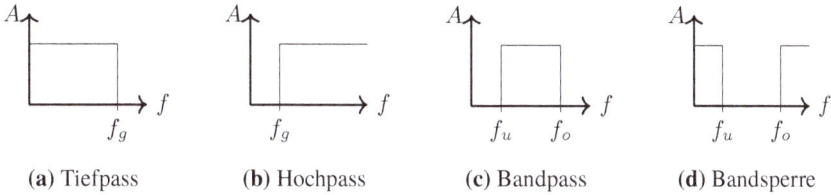

(a) Tiefpass   (b) Hochpass   (c) Bandpass   (d) Bandsperre

Abb. 3.17.: Filtercharakteristiken idealer Frequenzfilter

Die einfachsten Frequenzfilterschaltungen sind passive Filter in Gestalt komplexer Spannungsteiler (Abb. 3.18). Für komplexe Spannungsteiler kann man die Übertragungsfunktion $\underline{g}(\omega)$
folgendermaßen bestimmen

$$\underline{g}(\omega) = \frac{U_2}{U_1} = \frac{Z_2}{Z_1 + Z_z} \ . \tag{3.46}$$

Wir betrachten nachfolgend den RC-Tiefpass näher.

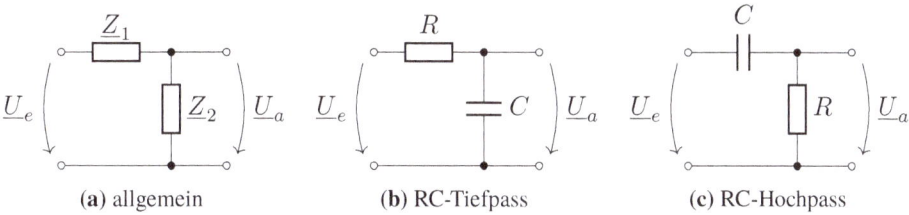

(a) allgemein   (b) RC-Tiefpass   (c) RC-Hochpass

Abb. 3.18.: Komplexe Spannungsteiler

RC-Tiefpass   Der RC-Tiefpass ist ein passiver Vierpol und besteht entsprechend Abb. 3.18b
aus einem Widerstand R und einem Kondensator C, wobei die Eingangsspannung U_e über die
Reihenschaltung beider Bauelemente eingespeist und die Ausgangsspannung über dem Kondensator C abgegriffen wird.

Für harmonische Eingangsspannungen setzt man die konkreten Beziehungen für R und C in
Gleichung 3.46 ein und erhält die komplexe Übertragungsfunktion $\underline{g}(\omega)$

$$\underline{g}(\omega) = \frac{U_a}{U_e} = \frac{\frac{1}{j\omega C}}{R + \frac{1}{j\omega C}} = \frac{1}{j\omega RC + 1} \ . \tag{3.47}$$

Nach den Regeln der komplexen Rechnung findet man für den Betrag der Übertragungsfunktion $|g(\omega)|$

$$|g(\omega)| = \sqrt{\frac{1}{1 + (\omega RC)^2}} \qquad (3.48)$$

und für den Phasengang von $g(\omega)$

$$\varphi = -\arctan(\omega RC) \ .$$

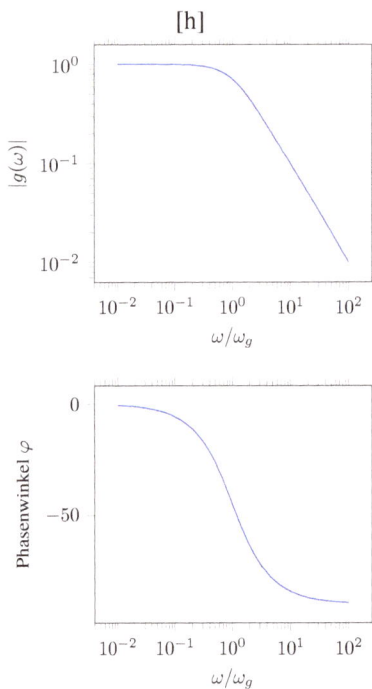

Abb. 3.19.: Tiefpass, Amplitudengang (oben) und Phasengang (unten)

Unabhängig von den Werten des Widerstandes und der Kapazität ergibt sich bei Variation der Frequenz stets eine ausgezeichnete Frequenz, bei welcher der Betrag des kapazitiven Widerstandes gleich dem Wert des ohmschen Widerstandes ist. Diese Frequenz ist die Grenzfrequenz f_g.

Aus $R = \left| \frac{1}{2\pi f_g C} \right|$ ergibt sich die entsprechende die Grenzfrequenz f_g zu

$$f_g = \frac{1}{2\pi RC} \ .$$

Bei der Grenzfrequenz sind die Spannungsabfälle über den Widerstand und den Kondensator betragsmäßig gleich groß und der Phasenwinkel beträgt

$$\varphi(f_g) = -45° \ .$$

Die Grenzfrequenz f_g erlaubt es, Amplitudengang und Phasengang zu normieren, so dass die normierte Darstellung für alle RC-Tiefpässe gilt. Dazu werden die Abszissenwerte durch die Grenzfrequenz dividiert und die Abszisse in Teilen bzw. Vielfachen von f_g skaliert. Die Abb. 3.19 zeigt das Bode-Diagramm eines RC-Tiefpasses in normierter Form.

Sprungantwort des RC-Tiefpasses Ein anderes Testverfahren nutzt Sprungfunktionen oder Impulse, die auf den Eingang des Tiefpasses gelegt werden. In Abb. 3.20 werden Rechteckimpulse der Frequenz $f_{Rechteck}$ erzeugt, indem der Schalter S im Wechsel auf Stellung „0" und „1" geschaltet wird.

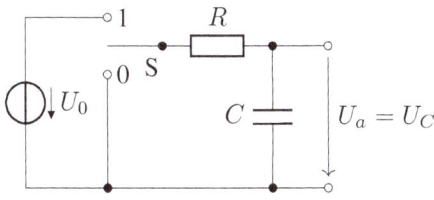

Abb. 3.20.: RC-Tiefpass, geschaltet

Zu Beginn stehe der Schalter S auf „0" und der Kondensator sei vollständig entladen ($U_C = 0\,$V). Beim Zuschalten der Spannung U_0 (steigende Flanke) wird der Kondensator geladen und die Spannung U_C steigt entsprechend Gleichung 3.28 und Abb. 3.6. Bei erneutem Umschalten auf Stellung „0" wird der Kondensator entladen, die Spannung fällt entsprechend Gleichung 3.29 und Abb. 3.7. Die Rechteckspannung am Eingang des Tiefpasses wird dabei verformt, wobei das Verhältnis $\frac{f_{Rechteck}}{f_g}$ die Intensität der Verformung bestimmt.

3.2.4. Brückenschaltungen zur Widerstands- bzw. Impedanzmessung

Brückenschaltungen nutzen das Kompensationsprinzip. Für ohmsche Widerstände verwendet man eine Gleichstrombrücke, für Impedanzen eine Wechselstrombrücke.

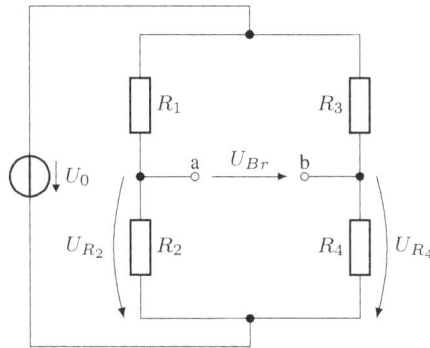

Abb. 3.21.: Wheatstonesche Brückenschaltung

Wir betrachten die unbelastete Wheatstone[1]-Brücke (Abb. 3.21). Die Widerstände R_1 und R_2 sowie die Widerstände R_3 und R_4 bilden jeweils einen Spannungsteiler. Zwischen den Punkten a und b wird die Brückenspannung U_{Br} gemessen. Die Brücke ist abgeglichen, wenn die Brückenspannung U_{Br} Null ist. Dann gilt auch

$$U_{R_2} = U_{R_4} \qquad \text{und} \qquad \frac{R_1}{R_2} = \frac{R_3}{R_4} \,. \qquad (3.49)$$

Die Überlegungen gelten sinngemäß für Wechselspannungsbrücken, jedoch müssen dabei Betrag und Phase abgeglichen werden.

---

[1] Sir Charles Wheatstone, englischer Physiker, 1802 – 1875

Eine Übersicht, wie die klassische Brückenschaltung durch Einsatz von Operationsverstärkern verbessert werden kann, gibt Williams [Wil90].

3.2.5. Dioden und Gleichrichter

Nachfolger der in Kapitel 2.2.3 beschriebenen elektrochemischen Dioden und Gleichrichter waren zunächst Hochvakuumdioden und Quecksilberdampfgleichrichter; heute sind es Halbleiterdioden und Halbleitergleichrichter. In Abb. 3.22 sind einige Schaltzeichen sowohl der älteren Hochvakuumdioden wie auch von Halbleiterdioden zusammengestellt (man beachte den Unterschied zu früheren Darstellungen in Abb. 2.5).

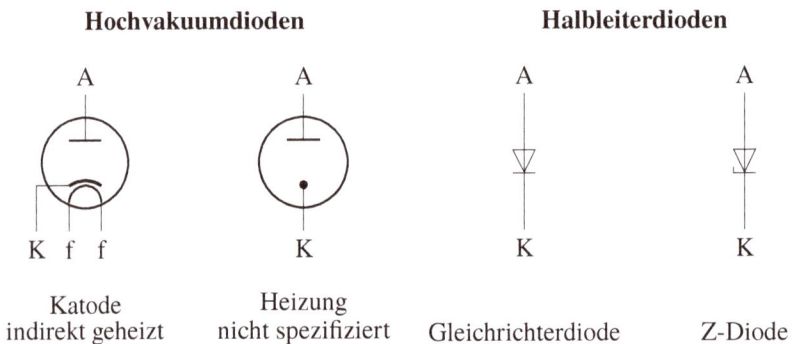

Abb. 3.22.: Hochvakuumdioden und Halbleiterdioden, Schaltzeichen (Auswahl)
A: Anode, K: Katode, f: Heizung

Damit auf elektronischem Weg ein Gleichrichtereffekt, also eine Vorzugsrichtung für den Strom entstehen kann, muss die Strom-Spannungs-Kennlinie nichtlinear sein. Bei Hochvakuumdioden ergibt sich dies dadurch, dass sich Elektronen nur von der Katode zur Anode bewegen können, aber nicht in die umgekehrte Richtung. Bei Halbleiterdioden resultiert das aus den Vorgängen am pn-Übergang, die wir in [RW21] beschrieben haben.

Die Abb. 3.23 zeigt schematisch die Kennlinie einer Halbleiterdiode (pn-Übergang) sowie eine Einweg-Gleichrichterschaltung mit Lastwiderstand, aber ohne Ladekondensator und Siebmittel. Näherungsweise kann man den pn-Übergang als einen von der Spannungsrichtung gesteuerten Schalter betrachten.

3.2.6. Verstärker

Allgemein und unabhängig von seinem konkreten Aufbau wird ein Verstärker als Vierpol durch ein Symbol dargestellt, wie es die Abb. 3.24 zeigt. Diese Darstellung beschreibt nur den Signalweg, die natürlich notwendige Stromversorgung wird nicht dargestellt.

(a) Diodenkennlinie (pn-Übergang)

(b) Schaltung und Ausgangssignal ohne Ladekondensator

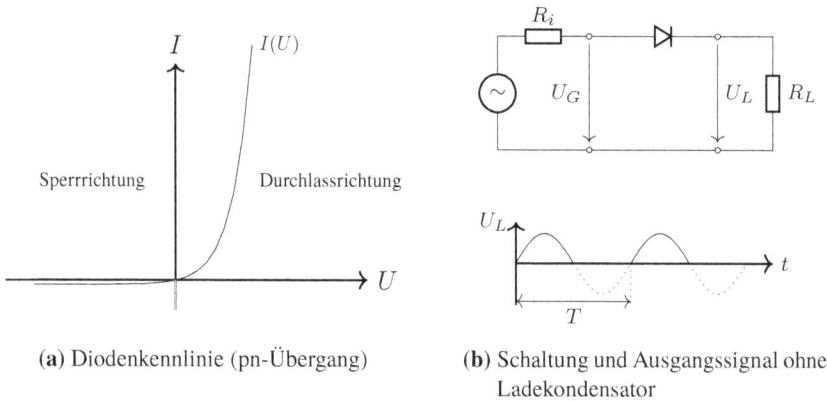

Abb. 3.23.: Diode: Kennlinie (schematisch) und Schaltung mit Ausgangssignal

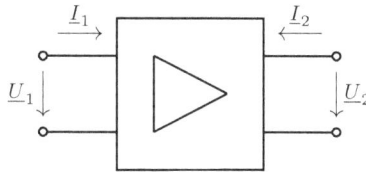

Abb. 3.24.: Verstärker als Vierpol

Aus den Eingangsgrößen $\underline{U}_1$ und $\underline{I}_1$ sowie den Ausgangsgrößen $\underline{U}_2$ und $\underline{I}_2$ werden Kenngrößen des Verstärkers abgeleitet. Die Kenngrößen sind, wie die Eingangs- und Ausgangsgrößen, im allgemeinen komplex:

$$\text{Spannungsverstärkung:} \quad \underline{V}_u \;=\; \frac{\underline{U}_2}{\underline{U}_1} \tag{3.50}$$

$$\text{Stromverstärkung:} \quad \underline{V}_i \;=\; \frac{\underline{I}_2}{\underline{I}_1} \tag{3.51}$$

$$\text{Leistungsverstärkung:} \quad \underline{V}_P \;=\; \underline{V}_u \cdot \underline{V}_i \tag{3.52}$$

$$\text{Eingangsimpedanz:} \quad \underline{Z}_1 \;=\; \frac{\underline{U}_1}{\underline{I}_1} \tag{3.53}$$

$$\text{Ausgangsimpedanz:} \quad \underline{Z}_2 \;=\; \frac{\underline{U}_2}{\underline{I}_2} \; . \tag{3.54}$$

Jeder Verstärker benötigt mindestens ein aktives Verstärkerbauelement; eine Auswahl davon betrachten wir im nächsten Abschnitt. Zuvor stellen wir einige wichtige Anforderungen zusammen, die ein Verstärker unter dem Aspekt elektrochemischer Messungen erfüllen muss. Dies sind neben Zuverlässigkeit, Robustheit und geringer Leistungsaufnahme, die folgenden:

- der Verstärker muss direkt-gekoppelt, also ein Gleichspannungsverstärker, sein,

- die Eingangsimpedanz $\underline{Z}_1$ soll

  - für Spannungsmessungen sehr groß bzw.
  - für Strommessungen sehr klein

  gegen den Innenwiderstand der Signalquelle sein,

- die Ausgangsimpedanz $\underline{Z}_2$ soll

  - für Spannungsspeisung sehr klein bzw.
  - für Stromspeisung sehr groß

  bezogen auf den Widerstand einer zu speisenden Last sein,

- der Verstärker soll linear und verzerrungsfrei arbeiten und

- das Ausgangssignal soll unverzögert dem Messwert folgen.

Diese Bedingungen können mit Operationsverstärkern gut erfüllt werden (Kapitel 3.2.9)

3.2.7. Aktive Verstärkerbauelemente

Die ersten aktiven elektronischen Bauelemente waren Elektronenröhren; sie dienten bis in die 1960er Jahre als Verstärkerbauelemente, auch in der elektrochemischen Messtechnik. Beginnend in den 1950er Jahren und verstärkt in den 1960er Jahren verdrängten zunächst Bipolartransistoren und danach Feldeffekttransistoren die Röhren.

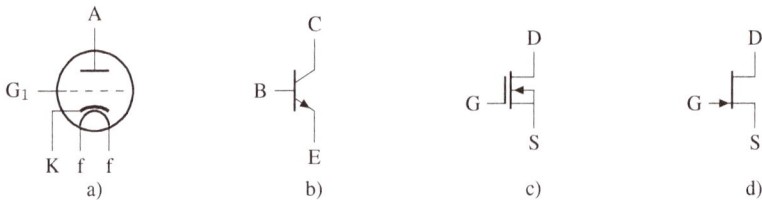

Abb. 3.25.: Auswahl von Schaltzeichen für Bauelemente mit Verstärkerwirkung:
a) Hochvakuumtriode (A: Anode, K: Katode, G_1: Steuergitter, f: Heizung)
b) npn-Bipolartansistor (E: Emitter, B: Basis, C: Kollektor)
c) n-Kanal MOSFET (MOS-Feldeffekt-Transistor., S: Source, G: Gate, D: Drain)
d) n-Kanal JFET (Sperrschicht-Feldeffekt-Transistor, S: Source, G: Gate, D: Drain)

Schaltzeichen einiger dieser diskreten Verstärkerbauelemente zeigt die Abb.3.25. Anstelle einzelner Transistoren wurden schließlich integrierte Schaltkreise eingesetzt, die tausende Transistoren verschiedener Art als aktive Bauelemente enthalten. Integrierte Schaltkreise sind längst die dominierenden aktiven Bauelemente, die wir in der analogen Elektronik als Operationsverstärker (siehe Kapitel 3.2.9) oder als dc/dc-Wandler (Kapitel 6.4.1) antreffen.

Die physikalische Funktion der aktiven Bauelemente können wir aus Gründen des Umfangs hier nicht darstellen; wir verweisen den interessierten Leser dazu auf die entsprechende Literatur, für die Halbleiterbauelemente z.B. auf [MM95, KB05] oder für die älteren Elektronenröhren auf [RK51]. Mit dem Vierpol-Konzept gelingt es, aktive Bauelemente, die auf ganz unterschiedlichen physikalischen Prinzipien beruhen, formal in gleicher Weise zu charakterisieren. So kann man Elektronenröhre und die verschiedenen Arten von Feldeffekttransistoren als spannungsgesteuerte und Bipolartransistoren als stromgesteuerte Verstärkerbauelemente beschreiben.

Spannungsgesteuerte Verstärkerbauelemente – Feldeffekttransistoren

Bei spannungsgesteuerten Verstärkerbauelementen ist eine Eingangsspannung die steuernde Größe und idealerweise fließt kein Steuerstrom; solche Bauelemente besitzen einen sehr hohen Eingangswiderstand. Bei allen Feldeffekttransistoren steuert die Eingangsspannung einen Elektronenstrom in einem Halbleiterkanal über ein elektrisches Feld (Feldeffekt), welches durch Anlegen einer geeigneten Spannung zwischen Gate (G) und Source (S) entsteht. In Abb. 3.26 sind für einen n-Kanal-Sperrschicht-Feldeffekttransistor (n-Kanal-JFET) Schaltsymbol, Kennlinienfeld und Ersatzschaltbild dargestellt. Damit kein Steuerstrom fließt, muss der Transistor mit einer negativen Gatespannung gegen die Source-Elektrode vorgespannt sein. Beim JFET ist U_{GS} die steuernde Größe und der Strom I_D die gesteuerte Größe, wie man den Kennlinien entnehmen kann.

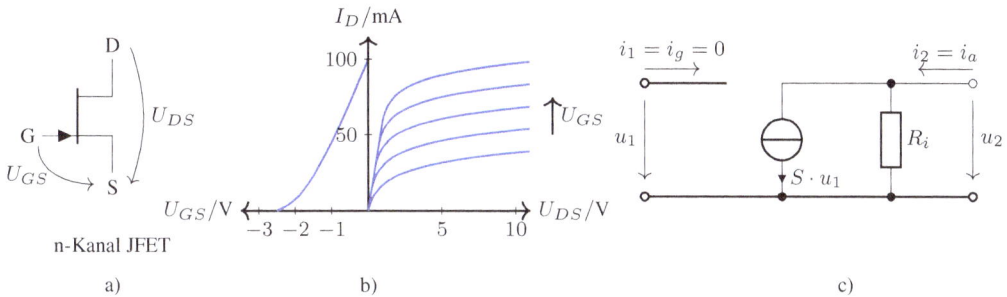

Abb. 3.26.: n-Kanal-JFET: a) Symbol (S= Source, G = Gate, D = Drain), b) Kennlinien (schematisch), c) Ersatzschaltung

Stromgesteuerte Verstärkerbauelemente – Bipolartransistoren

Bei stromgesteuerten Verstärkerbauelementen ist der Eingangsstrom die steuernde Größe. Die Abb. 3.27a, b zeigen das Symbol eines npn-Transistors und sein Kennlinienfeld. Hier ist der Basisstrom I_B die steuernde Größe und der Kollektorstrom I_C die gesteuerte Größe, wie man Abb. 3.27b entnimmt. Wegen des Steuerstromes ist der Eingangswiderstand viel geringer als bei Feldeffekttransistoren, im Kleinsignalersatzschaltbild erscheint er als h_{11}.

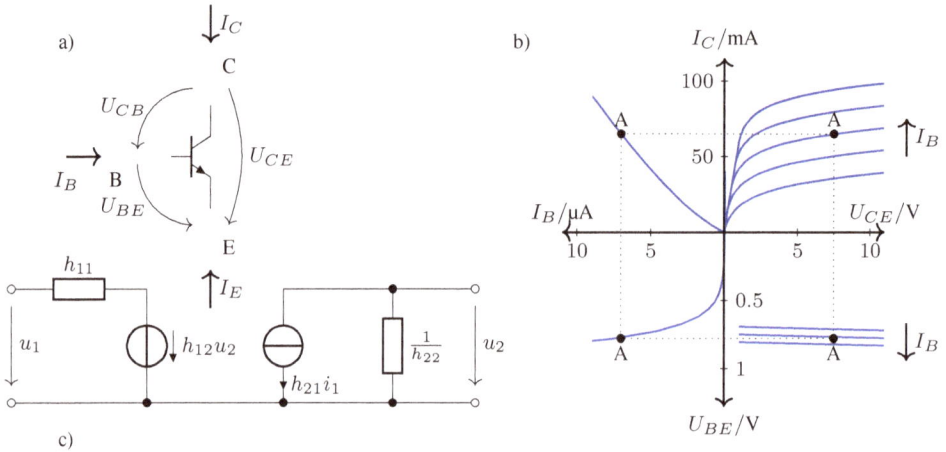

Abb. 3.27.: npn-Bipolartransistor: a) Symbol (E: Emitter, B: Basis, C: Kollektor)
b) 4-Quadranten-Kennlinienfeld, schematisch, c) Kleinsignalersatzschaltung

3.2.8. Rückkopplung

Rückkopplung ist ein allgemeines Prinzip, bei dem ein Teil der Ausgangsgröße eines Systems auf den Eingang des gleichen Systems zurückgeführt wird. Das Prinzip ist in Abb. 3.28 schematisch für einen Verstärker mit der offenen Verstärkung $\underline{V}_u(\omega)$ und ein Rückkopplungsnetzwerk mit der Übertragungsfunktion $\underline{k}(\omega)$ dargestellt.

Am Summationspunkt wird der rückgekoppelte Signalanteil $\underline{k} \cdot \underline{U}_a$ zum Eingangssignal $\underline{U}_e$ addiert. Die Verstärkung des rückgekoppelten Systems $\underline{V}_u^R$ beträgt dann

$$\underline{V}_u^R = \frac{\underline{U}_a}{\underline{U}_e} = \frac{V_u}{1 - \underline{k} \cdot \underline{V}_u} \ . \tag{3.55}$$

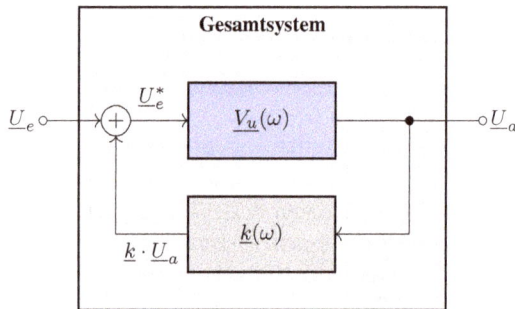

Abb. 3.28.: Rückkopplung: ein allgemeines Prinzip

Eine Rückkopplung verändert in jedem Falle die Eigenschaften des Gesamtsystems, wie genau, das hängt von der Phasenlage des rückgekoppelten Signals zum Originalsignal ab. Sind beide Signale gleichphasig, spricht man von Mitkopplung, das System wird schmalbandiger, die Verstärkung wächst und unter bestimmten Umständen tritt Selbsterregung ein. Sind beide Signale gegenphasig spricht man von einer Gegenkopplung, das System wird breitbandiger und stabiler, aber die Verstärkung sinkt.

3.2.9. Operationsverstärker

Operationsverstärker entstanden in den 1960er Jahren als Basis der elektronischen Analogrechner, damals als diskret aufgebaute Baugruppen. Sie erlauben es, analoge Rechenoperationen, wie Addition, Multiplikation mit einer Konstanten (das entspricht einer Verstärkung), Integration usw. mit Spannungen, also mit analogen elektronischen Mitteln, durchzuführen; sie wurden deshalb früher auch Rechenverstärker genannt [Ulm10]. Operationsverstärker stehen seit langem als integrierte Schaltkreise in großer Auswahl zur Verfügung.

Symbol und Eigenschaften

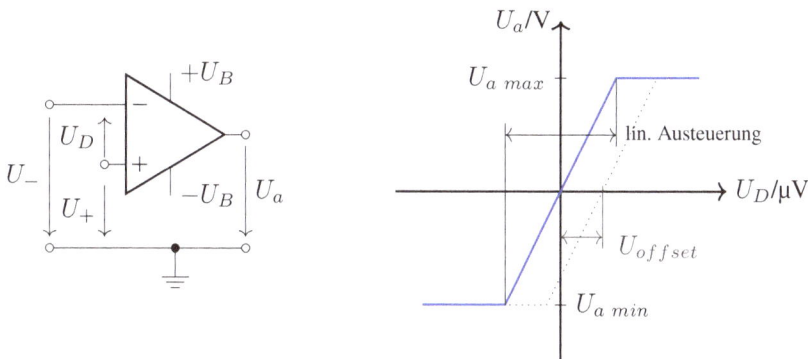

Abb. 3.29.: Operationsverstärker, Symbol mit Spannungen und Übertragungsfunktionen

Das allgemeine Symbol sowie die Übertragungsfunktion eines Operationsverstärkers sind in Abb. 3.29 dargestellt. Operationsverstärker sind direkt gekoppelte Verstärker (auch Gleichspannungsverstärker genannt) mit folgenden Eigenschaften:

- sie besitzen einen nichtinvertierenden Eingang (+), dessen Signal phasenrichtig verstärkt wird, und einen invertierenden Eingang (-), dessen Signal um $180°$ in der Phase gedreht verstärkt wird;

- beide Eingänge fasst man als Differenzeingang zusammen und unterscheidet zwei Verstärkungen, die Differenzverstärkung V_D und die Gleichtaktverstärkung V_G;

- für die Differenzverstärkung V_D gilt mit den Bezeichnungen in Abb. 3.29

$$V_D = \frac{U_a}{U_D} \qquad \text{mit} \qquad U_D = U_+ - U_-,$$

  V_D ist sehr groß (ideal: $V_D \to \infty$);

- für die Gleichtaktverstärkung V_G gilt ebenfalls mit den Bezeichnungen in Abb. 3.29

$$V_G = \frac{U_a}{U_G} \qquad \text{mit} \qquad U_G = \frac{U_+ + U_-}{2}$$

  V_G ist klein, es gilt $V_G \ll V_D$;

- die Eingangsimpedanz für Differenz- und Gleichtaktsignale ist sehr hoch (ideal $\to \infty$);

- die Ausgangsimpedanz ist gering, so dass ein Strom im Milliamperebereich angetrieben werden kann;

- der Operationsverstärker hat einen definierten Frequenzgang, der eine beliebige Gegenkopplung erlaubt.

Auf Grund dieser Eigenschaften wird das Verhalten des beschalteten Operationsverstärkers praktisch allein durch die externe Beschaltung bestimmt.

Berechnung von Operationsverstärkerschaltungen

Das allgemeine Prinzip zur Berechnung von Operationsverstärkerschaltungen skizzieren wir an Hand von Abb. 3.30, wobei vorausgesetzt ist, dass

- die Differenzverstärkung V_D sehr groß ist, so dass die Differenzeingangsspannung U_D sehr klein wird und ideal gegen Null geht $U_D \longrightarrow 0$ und

- die Eingangswiderstände sehr groß sind.

Mit diesen Voraussetzungen hat der Summationspunkt M^* in Abb. 3.30 praktisch Massepotential; M^* heißt deshalb virtuelle Masse. Als Folge geht auch der Strom I_-, der von M^* in den invertierenden Eingang fließt, gegen Null $I_- \longrightarrow 0$, so dass in guter Näherung gilt

$$I_1 + I_2 = 0 \,. \tag{3.56}$$

Nun kann man die Ströme durch die entsprechenden Spannungen und Widerstände ausdrücken und erhält

$$\frac{U_1}{R_1} + \frac{U_2}{R_2} = 0 \,. \tag{3.57}$$

Nach diesem Muster werden auch die weiteren Operationsverstärkerschaltungen berechnet. Für konkrete Entwicklungen sind stets die Datenblätter der Bauelemente zu Rate zu ziehen.

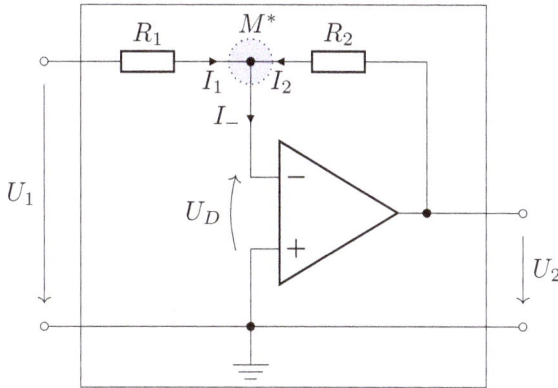

Abb. 3.30.: Zur Berechnung von Schaltungen mit Operationsverstärkern nach [RW21]

3.2.10. Lineare Operationsverstärker-Grundschaltungen

Invertierender Verstärker Die Schaltung in Abb. 3.30 ist eine wichtige Operationsverstärker-Grundschaltung und heißt invertierender Verstärker. Die Verstärkung dieser Schaltung ergibt sich unmittelbar aus Gleichung 3.57 zu

$$V = \frac{U_2}{U_1} = -\frac{R_2}{R_1} \, . \tag{3.58}$$

Infolge der Ansteuerung am invertierenden Eingang wird die Phasenlage des Signals um 180° gedreht, d.h. das Signal wird invertiert. Der Eingangswiderstand der Schaltung ist gleich R_1.

In der virtuellen Masse fließen nach Abb. 3.30 die Ströme I_1 vom Eingang und I_2 vom Ausgang der Schaltung zusammen, so dass die Summe der Ströme 0 ergibt. Damit lassen sich ausgehend von Gleichung 3.56 aus dem invertierenden Verstärker weitere Grundschaltungen ableiten, indem die Widerstände R_1 bzw. R_2 durch andere Bauelemente ersetzt oder durch zusätzliche Bauelemente ergänzt werden. Wir zeigen das Prinzip zunächst am Umkehraddierer.

Umkehraddierer Wenn der Strom I_1 aus mehreren Teilströmen $I_{11}, I_{12}, \dots$ additiv zusammengesetzt wird, erhält man einen sog. Umkehraddierer. Die Abb. 3.31a zeigt einen Umkehraddierer mit zwei Eingängen. Der Strom I_1 setzt sich aus den beiden Teilströmen I_{11} und I_{12} zusammen. Da jeder Teilstrom in die virtuelle Masse fließt, kann man ihn aus der zugehörigen Eingangsspannung und dem Widerstand errechnen

$$I_{11} = \frac{U_{11}}{R_{11}} \qquad I_{12} = \frac{U_{12}}{R_{12}} \, .$$

Zwischen den Eingangsspannungen und der Ausgangsspannung gilt die folgende Beziehung:

$$U_a = -R_2 \left(\frac{U_{11}}{R_{11}} + \frac{U_{12}}{R_{12}} \right) \, . \tag{3.59}$$

Die Widerstände R_{1i} wichten die jeweilige Eingangsspannung U_{1i}. Für $R_2 = R_{11} = R_{12}$ kürzen sich in Gleichung 3.59 die Widerstände heraus und es gilt

$$U_a = -(U_{11} + U_{12}),$$

solange $U_a < U_{a_{max}}$ ist. So ergibt sich eine ungewichtete Addition der Spannungen.

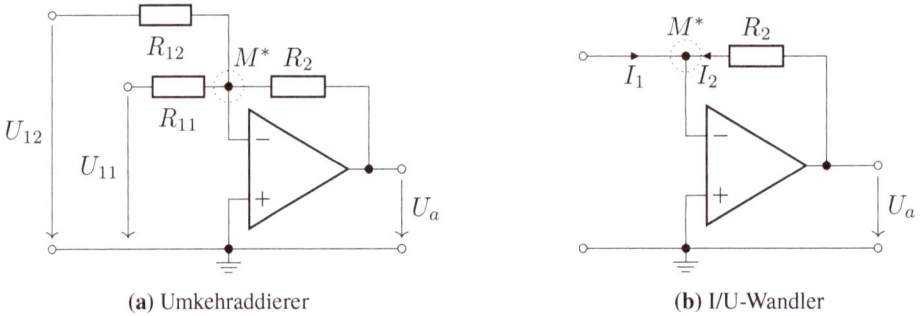

(a) Umkehraddierer   (b) I/U-Wandler

Abb. 3.31.: Modifikationen des invertierenden Verstärkers: Umkehraddierer und I/U-Wandler

Strom-Spannungs-Wandler Einen Strom-Spannungs-Wandler (I/U-Wandler) erhält man aus der Schaltung Abb. 3.30, indem der Widerstand R_1 kurzgeschlossen wird. Die Abb. 3.31b zeigt die entsprechende Schaltung. Für die Übertragungsfunktion ergibt sich

$$U_a = -R_2 \cdot I_1 \,. \tag{3.60}$$

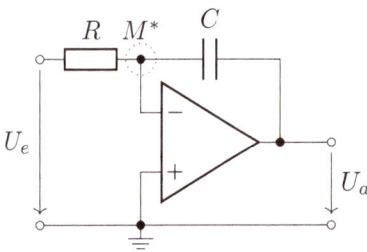

Abb. 3.32.: Integrator

Integrator Ein Integrator entsteht, wenn der Widerstand R_2 in Abb. 3.30 durch einen Kondensator ersetzt wird, wie in Abb. 3.32 dargestellt. Für diese Schaltung findet man, wieder von Gleichung 3.56 ausgehend, die Beziehung:

$$U_2 = -\frac{1}{RC} \int U_1 dt \,. \tag{3.61}$$

Nicht-invertierender Verstärker Beim nichtinvertierenden Verstärker wird der Operationsverstärker über den nichtinvertierenden Eingang angesteuert. Folglich ist das Ausgangssignal phasengleich mit dem Eingangssignal. Das Gegenkopplungssignal wird über einen Spannungsteiler am Ausgang gewonnen und dem invertierenden Eingang zugeführt (siehe Abb. 3.33).

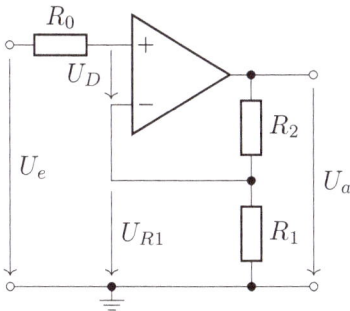

Abb. 3.33.: nichtinvertierender Verstärker

Natürlich gilt auch hier, dass die Differenz-eingangsspannung gegen 0 geht. Deshalb liegen der nichtinvertierende Eingang und der invertierende Eingang praktisch auf dem gleichen Potential. Der Operationsverstärker treibt durch den aus den Widerständen R_1 und R_2 bestehenden Spannungsteiler einen Strom und es gilt die Spannungsteilerregel

$$\frac{U_e}{R_1} = \frac{U_a}{R_1 + R_2} \ .$$

Daraus ergibt sich unmittelbar die Verstärkung des nichtinvertierenden Verstärkers:

$$V = \frac{R_2 + R_1}{R_1} = \frac{R_2}{R_1} + 1 \ . \tag{3.62}$$

Da der nichtinvertierende Eingang vom Ausgang mit der Eingangsspannung mitgeführt wird, hat diese Schaltung eine extrem hohe Eingangsimpedanz, solange sie nicht übersteuert wird.

Elektrometerverstärker Ein Spezialfall des nichtinvertierenden Verstärkers ist der Elektrometerverstärker; man erhält ihn, indem man den Widerstand R_1 in Abb. 3.33 über alle Grenzen wachsen lässt und schließlich entfernt. Der Elektrometerverstärker ist gekennzeichnet durch einen extrem hohen Eingangswiderstand, einen kleinen Ausgangswiderstand und die Verstärkung $V = +1$. Er wird als **Impedanzwandler** zur Ankopplung hochohmiger Quellen eingesetzt.

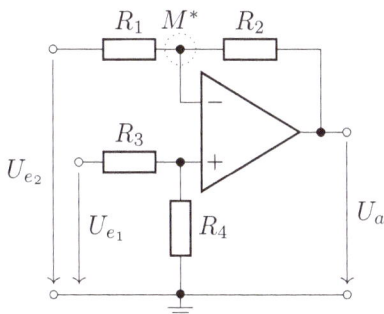

Abb. 3.34.: Subtrahierer

Subtraktion von Spannungen – der Subtrahierer Da jeder Operationsverstärker einen invertierenden und einen nichtinvertierenden Eingang besitzt, kann man einen Subtrahierer mit einem Operationsverstärker realisieren. Die Abb. 3.34 zeigt die entsprechende Schaltung. Für U_{e_1} arbeitet die Schaltung als nichtinvertierender Verstärker und für U_{e_2} als invertierender Verstärker. Dabei wird U_{e_1} durch die Widerstände R_3 und R_4 zunächst geteilt. Über die Wahl der Widerstandswerte kann man beide Spannungen unterschiedlich gewichten. Für den Fall $R_1 = R_2 = R_3 = R_4$ erhält man

$$U_a = (U_{e_1} - U_{e_2}) \ . \tag{3.63}$$

Instrumentenverstärker   Wenn ein zu verstärkendes Messsignal keinen Massebezug hat, kann man sog. Instrumentenverstärker einsetzen. In Abb. 3.35 ist ein Instrumentenverstärker mit drei Operationsverstärkern dargestellt. Die Operationsverstärker OV 1 und OV 2 arbeiten als nicht-invertierende Verstärker, so dass beide Eingänge hochohmig sind. Der Operationsverstärker OV 3 ist als Subtrahierer geschaltet.

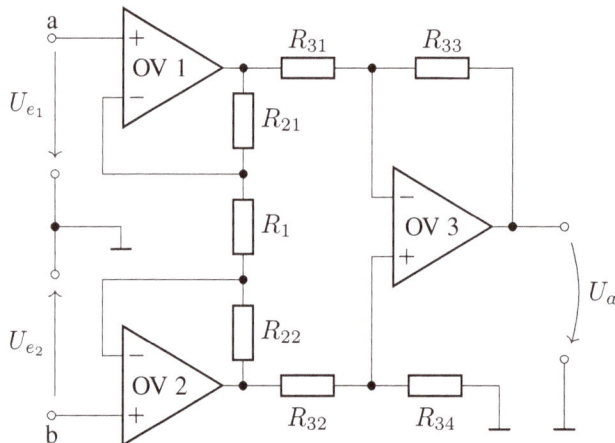

Abb. 3.35.: Instrumentenverstärker mit 3 Operationsverstärkern

Die Widerstände werden wie folgt gewählt

$$R_{21} = R_{22} = R_2 \quad \text{und} \quad R_{31} = R_{32} = R_{33} = R_{34} \; .$$

Mit dieser Wahl der Widerstände gilt für die Verstärkung des Instrumentenverstärkers die folgende Beziehung

$$V_{Inst} = \frac{U_a}{U_{e_2} - U_{e_1}} = 1 + \frac{2 \cdot R_2}{R_1} \; . \tag{3.64}$$

Man erkennt, dass nur mit der Änderung des Widerstandes R_1 die Verstärkung geändert bzw. umschaltbar gemacht werden kann. So besitzen Instrumentenverstärker oft eine digital umschaltbare Verstärkung.

3.2.11. Nichtlineare Operationsverstärker-Grundschaltungen

Schaltungen mit Operationsverstärkern zeigen dann ein nichtlineares Verhalten, wenn

- der Operationsverstärker bis in die Sättigung ausgesteuert wird oder wenn
- nichtlineare Bauelemente, wie Dioden, in der Beschaltung verwendet werden.

Komparator und Schmitt-Trigger-Schaltungen nutzen die Übersteuerung; Präzisionsgleichrichter, Logarithmierer und andere Funktionserzeuger verwenden nichtlineare Bauelemente.

Komparator Der Komparator (Abb. 3.36 kann am Ausgang nur zwei Zustände einnehmen, $U_{a_{min}}$ oder $U_{a_{max}}$. Er vergleicht die Spannung am Steuereingang mit einem Referenzwert, hier in der Abbildung mit dem Massepotential. Er arbeitet ohne Gegenkopplung und kippt je nach Vergleichsergebnis in den einen oder anderen Ausgangszustand. Am Punkt „X" kann eine andere, vom Massepotential verschiedene Vergleichsspannung eingeschleift werden. Wenn die Eingangsspannung in der Nähe der Vergleichsspannung liegt, kann es zu unerwünschten wiederholten Umschaltungen kommen.

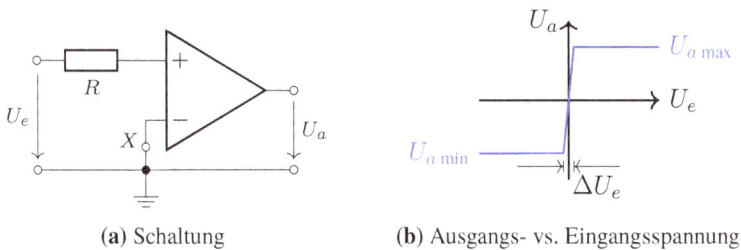

(a) Schaltung   (b) Ausgangs- vs. Eingangsspannung

Abb. 3.36.: Operationsverstärker als Komparator

Die unerwünschten Umschaltungen des Komparators lassen sich vermeiden, wenn durch eine Rückkopplung eine Hysterese eingebaut wird. Aus dem Komparator wird dadurch ein Schmitt-Trigger (siehe Abb. 4.15 auf Seite 115). Das Einschalten bzw. das Ausschalten erfolgt beim Schmitt-Trigger jeweils bei einem anderen Spannungspegel.

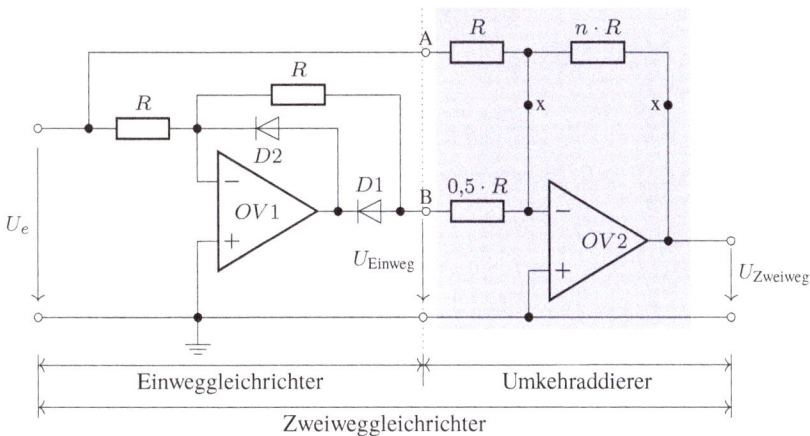

Abb. 3.37.: Präzisionsgleichrichter

Präzisionsgleichrichter Eine Halbleiterdiode leitet erst oberhalb der sog. Schleusenspannung. Mit Hilfe eines Operationsverstärkers lässt sich die Schleusenspannung praktisch eliminieren und das Verhalten einer idealen Diode herstellen. Die Abb. 3.37 zeigt einen Zweiweggleich-richter, der dieses Konzept nutzt.

3.2.12. Unipolare Betriebsspannung und Übersteuerung

Wenn Operationsverstärker nur mit einer Betriebsspannung $+U_B$ gegen Masse betrieben werden und bipolare Signale verarbeiten sollen, muss ein Referenzpotential zwischen $+U_B$ und Masse, bereitgestellt werden, bevorzugt in der Mitte bei $\frac{U_B}{2}$. Dieses Referenzpotential stellt für Analogsignale die Null-Linie dar und Analogsignale werden auf dieses Potential bezogen.

Damit eine Operationsverstärkerschaltung linear arbeitet, darf sie weder übersteuert werden, noch dürfen nichtlineare Bauelemente in der externen Beschaltung das Signal beeinflussen. Wenn ein Operationsverstärker übersteuert wird, entstehen unerwünschte Verzerrungen und schließlich wird des Signal begrenzt. Die Abb. 3.38a verdeutlicht das an einem Sinussignal mit verschiedenen Amplituden. Solche Signalverzerrungen bzw. -begrenzungen sind nicht mehr behebbar. Eine Aussteuergrenze ist auch beim Anschluss weiterer Verarbeitungsstufen zu beachten. Beispielsweise muss beim Anschluss eines A/D-Wandlers die Amplitude der Signalspannung unter der Referenzspannung U_{ref} des ADC liegen (Abb. 3.38b und c).

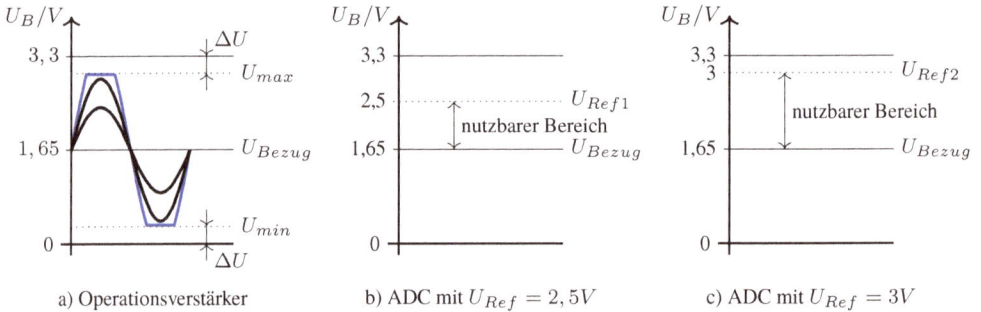

a) Operationsverstärker   b) ADC mit $U_{Ref} = 2,5V$ c) ADC mit $U_{Ref} = 3V$

Abb. 3.38.: Pegelschema und Aussteuerung von Operationsverstärker und nachfolgendem ADC

3.2.13. Digitale Signale – A/D- und D/A-Wandler

Ein Digitalsignal ist eine Folge $[f_m]$ von Zahlenwerten, die den Abtastwerten eines ursprünglich analogen Signals entsprechen. Es entsteht aus dem Analogsignal durch

- Abtasten des Signals in äquidistanten Zeitabständen,
- Quantisierung der Abtastwerte,
- Codierung der quantisierten Werte.

Das Digitalsignal ist wert- und zeitdiskret, es lässt sich gut digital verarbeiten und speichern.

Analog-Digital-Converter (ADC)   Die Aufgabe eines ADC (auch Analog-Digital-Wandler) ist die Umsetzung eines analogen Signals in ein Digitalsignal. Dazu erledigt der Wandler die oben genannten Schritte und stellt an seinem Ausgang die Folge von Digitalwerten bereit. Abtastung und Quantisierung erfordern eine genaue Referenzspannung und ein Taktsignal. Der Wandlungsprozess ist mit einem Informationsverlust verbunden, der hinreichend klein gemacht werden kann, indem die Abtastfrequenz und die Auflösung erhöht werden.

Beim Anschluss eines ADC an eine Signalquelle bzw. einen vorgeschalteten Verstärker sind die Eigenheiten des gewählten ADC, die Referenzspannung und anderes zu berücksichtigen. Abb. 3.38b zeigt die Problematik an Hand einer ungünstig gewählten Referenzspannung. Für die ADC-Anpassung gibt es verschiedene Designregeln, die von Schaltkreisherstellern jeweils bereitgestellt werden (z.B. „Analog-to-digital converter input driver design tool" [tex23]).

Digital-Analog-Converter (DAC)   Ein DAC (auch Digital-Analog-Wandler) erzeugt aus einem Digitalwert an seinem Eingang eine Spannung an seinem Ausgang. Wenn eine Folge von Digitalwerten $[f_m]$ nacheinander in den DAC eingelesen wird, setzt der Wandler die Zahlenfolge in ein analoges Signal um. Wie ein ADC benötigt auch ein DAC eine Referenzspannung und ein Taktsignal für seine Arbeit.

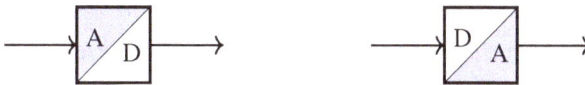

Abb. 3.39.: Symbol für Analog-Digital-Wandler (links) und Digital-Analog-Wandler (rechts), die Pfeile geben die Flussrichtung des Signals an

Die Abb. 3.39 zeigt allgemeine Symbole eines ADC und eines DAC.

Einsatz in Mess- und Regelungstechnik   ADC und DAC bilden Schnittstellen zwischen Analog- und Digitalelektronik. Diese Wandler sind heute in der Mess- und Regelungstechnik unverzichtbare Komponenten. Sie sind deshalb in hochintegrierten Schaltungen, wie Mikrocontrollern und sog. Analog-Front-End-Schaltkreisen (AFE, siehe Kapitel 5.5), oft schon mit enthalten.

3.2.14. Anmerkungen zur Stromversorgung

Die Versorgung elektronischer Schaltungen erfordert in der Regel Gleichspannung, die entweder durch Batterien oder Akkumulatoren bereitgestellt oder aus dem Wechselstromstromnetz gewonnen wird. Wir betrachten hier die Versorgung elektronischer Schaltungen aus dem Netz, die Nutzung von Batterien bzw. Akkumulatoren ist Gegenstand von Kapitel 6.2.

Wechselstromnetz und technischer Wechselstrom

Stromnetze leiten elektrische Energie von den Erzeugern zu den Verbrauchern und nutzen dafür Wechselstrom auf verschiedenen Spannungsebenen, nämlich

- Höchstspannung, in Deutschland bis $380\,\mathrm{kV}$ (in USA, Kanada bis $765\,\mathrm{kV}$),
- Hochspannung bis $150\,\mathrm{kV}$,
- Mittelspannung bis $35\,\mathrm{kV}$ und
- Niederspannung $230\,\mathrm{V}$.

Das Niederspannungsnetz, kurz auch Netz, versorgt die Endverbraucher und arbeitet in Deutschland mit folgenden Parametern

- sinusförmiger Wechselstrom, wie in Abb. 3.8 auf Seite 41 dargestellt,
- drei um jeweils $120°$ versetzte Phasen (L1, L2, L3) und ein Neutralleiter (N),
- Frequenz $50\,\mathrm{Hz}$,
- Effektivwert der Spannung $230\,\mathrm{V}$ ($\pm 10\,\%$),
- Spitzenwert der Spannung $325\,\mathrm{V}$.

Dieser Strom wird auch technischer Wechselstrom genannt.

Drehstrom   Drehstrom ist ein dreiphasiger Wechselstrom. Die einzelnen Phasen ($L1, L2, L3$) sind jeweils um $120°$ zueinander versetzt (Abb. 3.40). Der Effektivwert der Spannung zwischen zwei Phasen beträgt $400\,\mathrm{V}$. Zwischen einer Phase und dem Neutralleiter (N) kann einphasiger Wechselstrom abgegriffen werden, wobei der Effektivwert der Spannung $230\,\mathrm{V}$ beträgt. Drehstrom wird in unserem Zusammenhang immer dann benutzt, wenn dem Netz eine größere Leistung entnommen werden muss, wie z.B. für Ladesäulen oder Hochstromgleichrichter.

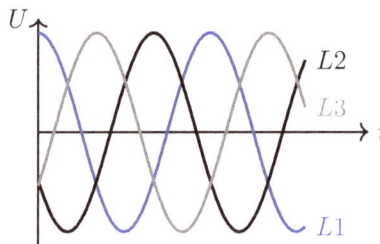

Abb. 3.40.: Drehstrom: Zeitverlauf der Momentanwerte der Spannung der 3 Phasen $L1, L2, L3$

Gewinnung von Gleichspannung aus dem Wechselstromnetz

Um Gleichspannung aus dem Netz zu gewinnen, sind mehrere Schritte notwendig. In einem klassischen Netzteil sind das

- die Transformation der Netzspannung in den gewünschten Spannungsbereich,
- die Gleichrichtung der Wechselspannung,

- die Glättung der Rohgleichspannung mit Ladekondensator und Siebglied und
- bei Bedarf die Stabilisierung der Gleichspannung.

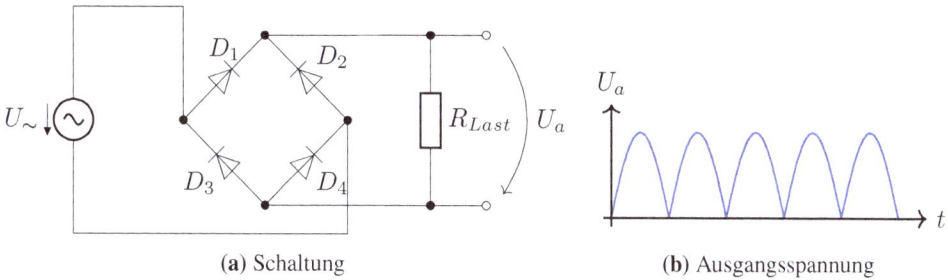

(a) Schaltung   **(b)** Ausgangsspannung

Abb. 3.41.: Zweiweggleichrichter (Graetz-Brückenschaltung)

Zweiweggleichrichter   Eine verbreitete Gleichrichterschaltung für einphasigen Wechselstrom ist die Graetz-Brückenschaltung (Abb. 6.14a). Bei dieser Schaltung wird jede Halbwelle genutzt und in jeder Halbwelle sind jeweils zwei Dioden geöffnet (positive Halbwelle: D_1 und D_4). Die Ausgangsspannung schwankt zwischen $0\,\text{V}$ und der Amplitude des Wechselstromes (Abb. 6.14b). Der Einbruch der Spannung am Ausgang des Gleichrichters kann durch einen Ladekondensator mit hinreichend großer Kapazität, der Ladung speichert und bei Abfall der Spannung wieder abgibt, weitgehend verhindert werden. Eine verbleibende Restwechselspannung (Brummspannung) kann mittel eines sog. Siebgliedes eliminiert werden.

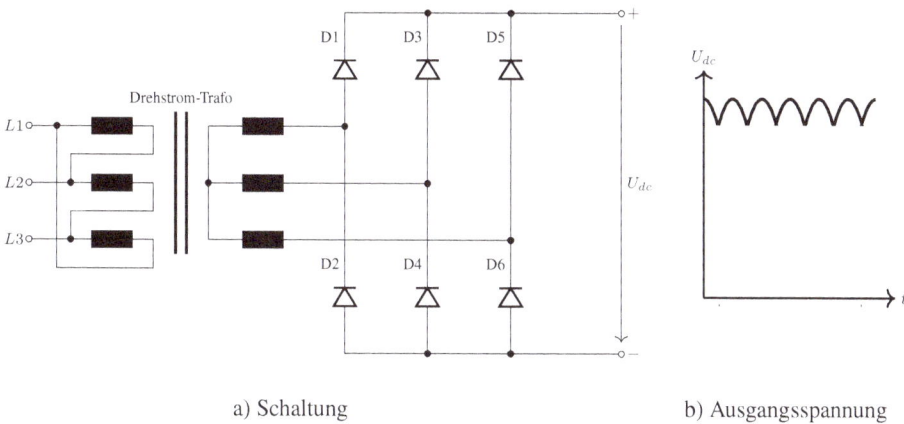

a) Schaltung   b) Ausgangsspannung

Abb. 3.42.: 3-Phasen-Zweiweg-Gleichrichter

Drehstromgleichrichter   Für große und sehr große Gleichströme, etwa ab einer Größenordnung von $50\,\text{A}$ bis zu mehreren kA, wird die Gleichrichtung von Drehstrom angewandt (siehe auch Anhang A.5). Die Abb. 3.42 zeigt die Schaltung eines Drehstrom-Zweiweg-Gleichrichters (6-Puls-Gleichrichter) und den Spannungsverlauf am Ausgang. Die Spannung sinkt infolge der

Überlagerung der Phasen nicht mehr auf 0 V ab, sondern bleibt auf einem hohen Niveau. Durch Reihenschaltung einer Drosselspule in den Gleichspannungszweig kann die Gleichspannung geglättet werden.

Schaltnetzteiltechnik

Schaltnetzteile setzen nach einer Gleichrichtung auf Netzspannungsebene die Gleichspannung zuerst in eine höherfrequente Wechselspannung um, transformieren diese und richten sie dann gleich. Die Verlagerung der Transformation und Gleichrichtung auf eine höhere Frequenz erlaubt den Einsatz viel kleinerer und leichterer Transformatoren und Siebmittel. Schaltnetzteile zeichnen sich auch durch einen höheren Wirkungsgrad aus. Sie erfordern spezielle Leistungshalbleiter, die große Ströme bei hoher Spannung schalten können.

Leistungshalbleiter   Im Bereich großer Leistungen werden für Stromrichter neben Leistungsgleichrichterdioden weitere spezielle Leistungshalbleiter eingesetzt. Dazu zählen Thyristoren und IGBTs[1], deren Schaltzeichen in Abb. 3.43 angegeben sind. Thyristoren werden über eine Steuerelektrode eingeschaltet. Sie bleiben solange leitend, bis ihr Haltestrom unterschritten wird. IGBTs sind schnelle bipolare Schalter, die über MOSFETs gesteuert werden.
Im Leistungshalbleiter entsteht Wärme, die durch Kühlmaßnahmen abgeführt werden muss, um eine Überhitzung zu vermeiden.

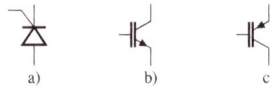

Abb. 3.43.: Schaltzeichen für für Bauelemente der Leistungselektronik
a) Thyristor, b) IGBT n-leitend und c) IGBT p-leitend

---

[1] IGBT: **I**nsulated **G**ate **B**ipolar **T**ransistor

3.3. Einführung in elektrochemische Fragestellungen

Dieses Kapitel ist als Einstieg in elektrochemische Fragestellungen gedacht mit dem Ziel, Besonderheiten einer elektrochemischen Zelle als Objekt elektrischer Messungen, als Stromquelle bzw. als elektrische Last darzustellen. Zur Vertiefung werden Lehrbücher der Elektrochemie empfohlen, z.B. [Sch86b, Sch96, HHV07, Unr13]).

3.3.1. Vorbemerkungen und Begriffe

Die Elektrochemie befasst sich mit der elektrischen Leitung in Elektrolyten sowie mit den von einem Ladungsaustausch begleiteten Reaktionen in der Phasengrenzschicht zwischen einem Elektrolyt und elektronleitenden Festkörperoberflächen, also Metall- bzw. Halbleiteroberflächen. Die Abb. 3.44 zeigt schematisch eine einfache Anordnung für elektrochemische Untersuchungen mit flüssigem Elektrolyten, deren Kernstück eine elektrochemische Zelle ist.
Bevor wir elektrochemische Phänomene näher betrachten, sollen einige zentrale Begriffe kurz erläutert werden.

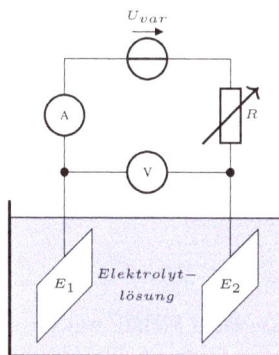

Abb. 3.44.: Einfache Anordnung für elektrochemische Untersuchungen

Elektrochemische Zelle Die elektrochemische Zelle in Abb. 3.44 besteht aus einem Gefäß mit einer Elektrolytlösung und zwei Elektroden E_1 und E_2, die in die Elektrolytlösung eintauchen. Ein elektrischer Strom kann über eine Elektrode in die Elektrolytlösung hinein und über die andere Elektrode zurück in den metallischen Leiter fließen. Dabei läuft an den Elektroden eine Redoxreaktion ab, wobei die elektrochemische Zelle, also ein chemisches System, Teil eines elektrischen Stromkreises ist.
Eine elektrochemische Zelle, wie in Abb. 3.44 dargestellt, hat zwei Anschlüsse und ist damit aus elektrischer Sicht ein Zweipol, in dem die Gesetze der Elektrizitätslehre **und** die Gesetze der Elektrochemie gelten. Zur elektrischen Vermessung der elektrochemischen Zelle umfasst die Versuchsanordnung in Abb. 3.44 eine einstellbare Spannungsquelle U_{var}, ein Voltmeter, ein Amperemeter und einen veränderlichen Widerstand R.

Elektrolyt   Als Elektrolyt bezeichnet man

- Flüssigkeiten und Festkörper, in denen der Ladungstransport durch Ionen erfolgt sowie
- Verbindungen, die beim Auflösen in einem Lösungsmittel in Ionen zerfallen [BD90].

Elektrode   Eine Elektrode ist ein Elektronenleiter, der einem elektrischen Strom den Übergang in ein anderes, nicht-elektronenleitendes Medium ermöglicht[1]. In der Elektrochemie stellen Elektroden den elektrischen Kontakt zwischen einem Elektronenleiter und einem Ionenleiter her. An der Elektrode erfolgt der Übergang des elektrischen Stromes von Elektronenleitung zur Ionenleitung bzw. umgekehrt. Der elektrische Strom fließt an jeder Elektrode über eine Phasengrenze, wobei eine Redoxreaktion abläuft.
Technische Ausführungen elektrochemischer Elektroden können ganz unterschiedlich gestaltet sein, je nachdem welchem Zweck sie dienen. So gibt es Elektroden

- für Messzwecke,
- in elektrochemischen Stromquellen oder Speichern,
- in elektrochemischen Bauelementen und
- für technologische Zwecke.

Einige der Elektroden betrachten wir später, jeweils im Zusammenhang mit ihren speziellen Anwendungen.

Oxidation, Reduktion, Redoxreaktion   Bei einer Redoxreaktion wird ein Reaktionspartner reduziert (er nimmt Elektronen auf) und ein anderer wird oxidiert (er gibt Elektronen ab). Bei elektrochemischen Reaktionen sind die Orte für Oxidation und Reduktion getrennt und auf die Elektroden verlagert.

Halbzelle   Eine Elektrode kann aus einem Metall, welches in eine wässrige Lösung eines seiner Salze eintaucht, bestehen. Solch ein System heißt Halbzelle. Zwei Beispiele von Halbzellen, auf die wir zurückgreifen, sind

- Zink in wässriger Zinksulfatlösung ($Zn|ZnSO_4$) und
- Kupfer in wässriger Kupfersulfatlösung ($Cu|CuSO_4$).

3.3.2. Elektrolytische Dissoziation

Der Begriff elektrolytische Dissoziation bezeichnet den Zerfall einer Ionenbindung in positive und negative Ionen in einem Lösungsmittel. Die positiven Ionen heißen Kationen und die negativen Ionen Anionen. Die Ladungsmenge eines Ions beträgt eine Elementarladung oder ein ganzzahliges Vielfaches davon, sie richtet sich nach der Wertigkeit des Elements bzw. der Restgruppe in der dissoziierten Verbindung. Die Gesamtladung aller positiven Ionen ist gleich der

---

[1]   Der Begriff Elektrode wird in diesem Sinn auch in anderen Disziplinen, wie der Elektrotechnik/Elektonik oder der Medizin, verwendet.

Gesamtladung aller negativen Ionen, so dass die Lösung als Ganzes elektrisch neutral bleibt. Die Ionen sind im Lösungsmittel frei beweglich. Damit ist die Lösung elektrisch leitfähig und beim Anlegen einer Spannung findet Ionenleitung statt.

Die elektrolytische Dissoziation ist eine Gleichgewichtsreaktion und reversibel. Beispielsweise ergeben sich für Natriumchlorid (NaCl, Kochsalz) bzw. Kalziumchlorid ($CaCl_2$) folgende Dissoziationsgleichungen

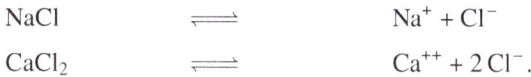

$$NaCl \rightleftharpoons Na^+ + Cl^-$$
$$CaCl_2 \rightleftharpoons Ca^{++} + 2\,Cl^- .$$

Nicht alle Moleküle eines Elektrolyten dissoziieren im Lösungsmittel. Das Verhältnis der Anzahl dissoziierter Moleküle N_{diss} zur Gesamtzahl der Moleküle N_{ges} des Elektrolyten beschreibt der Dissoziationsgrad α

$$\alpha = \frac{N_{diss}}{N_{ges}} \; .$$

Nach ihrem Dissoziationsgrad unterscheidet man

- starke Elektrolyte, diese zerfallen fast vollständig in Ionen, und
- schwache Elektrolyte, diese dissoziieren nur zu einem geringen Anteil.

Der Dissoziationsgrad schwacher Elektrolyte steigt mit zunehmender Verdünnung (Ostwaldsches Verdünnungsgesetz).

Das Lösungsmittel Wasser   Wasser ist das wichtigste Lösungsmittel, allein schon wegen der natürlich vorhandenen Menge. Es spielt eine wichtige Rolle in allen lebenden Organismen und in vielen technischen Prozessen. Wassermoleküle besitzen elektrische Dipoleigenschaften, die aus der inneren Ladungsverteilung im Wassermolekül resultieren (siehe Abb. 3.1 auf Seite 27). Wegen des Dipolcharakters seiner Moleküle ist Wasser ein polares Lösungsmittel; als Ganzes ist das Wassermolekül elektrisch neutral. Dank seiner Dipoleigenschaften kann Wasser Ionenbindungen gut lösen, wobei die Ionenbindungen dissoziieren. Auf Grund der elektrischen Kräfte umgeben sich die entstandenen Ionen in der wässrigen Lösung mit Wasserdipolen, es bildet sich eine sog. Hydrathülle.

Wasser besitzt auch eine geringe Eigendissoziation, dabei bilden sich aus zwei Wassermolekülen ein H_3O^+-Ion (Oxonium)[1] und ein OH^--Ion (Hydroxidion)

$$H_2O + H_2O \rightleftharpoons H_3O^+ + OH^- .$$

Als Folge der Eigendissoziation besitzt Wasser auch eine geringe Eigenleitfähigkeit, wie man den Tabellen 3.3 und 4.3 entnehmen kann.

---

[1] Wasserstoff-Ionen H^+ sind freie Protonen, sie können in einer wässrigen Lösung nicht existieren. Statt dessen lagert sich ein H^+-Ion an ein Wassermolekül an, beide bilden zusammen das Oxonium-Ion $H^+ + H_2O \longrightarrow H_3O^+$ [WEA54].

pH-Wert   In reinem Wasser sind die Konzentration der Oxonium-Ionen und die Konzentration der Hydroxid-Ionen gleich. Die Konzentration beträgt bei $25\,°C$ jeweils $10^{-7}\,\frac{mol}{L}$; daraus ergibt sich das Ionenprodukt des Wassers K_W zu

$$K_W = 10^{-14}\,\frac{mol^2}{L^2}\;.$$

Der pH-Wert ist der negative dekadische Logarithmus der H_3O^+-Konzentration. Er liegt

- für saure Lösungen zwischen 0 und 7,
- für reines Wasser bei genau 7 und
- für basische Lösungen zwischen 7 und 14.

Die Messung des pH-Wertes betrachten wir in Kapitel 4.2.3.

3.3.3. Elektrische Leitung in Flüssigkeiten

Reine Flüssigkeiten   Reine Flüssigkeiten leiten den elektrischen Strom schlecht. Ausgenommen sind flüssige Metalle, Salzschmelzen und ionische Flüssigkeiten[1]. Bei Flüssigkeiten wird anstelle des spezifischen Widerstandes ρ dessen Kehrwert, der spezifische Leitwert σ, angegeben. Die Tabelle 3.3 enthält zur Orientierung eine Auswahl von Leitwerten verschiedener Flüssigkeiten einschließlich geschmolzener Salze.

Tabelle 3.3.: Spezifische Leitfähigkeit von Flüssigkeiten (Auszug aus [Gri88] Tabelle 7.1; je nach Wasserqualität werden auch andere Leitfähigkeitswerte angegeben, siehe Tabelle 4.3)

Stoffgruppe	Stoff	spez. Leitfähigkeit σ in $\frac{1}{\Omega\,cm}$	Temperatur ϑ in $°C$
anorganische Flüssigkeiten	Wasser, reinst	$4\cdot10^{-8}$	25
	Wasser, aqua. dest	$4\dots5\cdot10^{-6}$	25
	Schwefelkohlenstoff	$2,9\cdot10^{-4}$	25
organische Flüssigkeiten	Tetrachlorkohlenstoff	$4\cdot10^{-18}$	18
	Methanol	$2\dots7\cdot10^{-9}$	25
	Ethanol	$1,3\cdot10^{-9}$	25
Salzschmelzen	Lithiumchlorid	$5,83$	620
	Natriumchlorid	$3,91$	900
	Kaliumchlorid	$2,47$	900

---

[1]   Ionische Flüssigkeiten sind Salze, deren Schmelztemperatur kleiner als $100\,°C$ ist.

Ionenleitung und Leitfähigkeit in Elektrolytlösungen Eine höhere Leitfähigkeit kommt in einer Flüssigkeit durch Beimengungen zustande, die in der Flüssigkeit infolge elektrolytischer Dissoziation mindestens partiell in Ionen zerfallen, so dass positive und negative Ionen als freie Ladungsträger im Flüssigkeitsvolumen zur Verfügung stehen. Wenn der Ladungstransport durch frei bewegliche Ionen erfolgt[1], spricht man von Ionenleitung und Ionenleitern. Elektrolyte sind Ionenleiter; sie können in festem oder flüssigem Zustand oder als Gel vorliegen und werden auch Leiter 2. Klasse genannt.

In Tabelle 3.4 sind einige Beispiele 1-molarer Lösungen aufgelistet. Der Bezug der Leitfähigkeit erfolgt auf mol, weil 1 mol jeder Substanz die gleiche Anzahl von Atomen beinhaltet, nämlich $N_A = 6{,}0225 \cdot 10^{23}$. N_A ist die Avogadrosche Zahl.

Tabelle 3.4.: Spezifische Leitfähigkeit von Elektrolytlösungen (Auszug aus Tabelle 7.1 [Gri88])

Stoffgruppe	Stoff	spez. Leitfähigkeit σ in $\frac{1}{\Omega\,\mathrm{cm}}$	Temperatur ϑ in °C
1-molare wäßrige Lösungen	Lithiumchlorid	$0{,}63 \cdot 10^{-1}$	18
	Natriumchlorid	$0{,}74 \cdot 10^{-1}$	18
	Kaliumchlorid	$0{,}98 \cdot 10^{-1}$	18

Wenn man an die Elektroden einer elektrolytischen Zelle eine Gleichspannung anlegt, bildet sich zwischen den Elektroden ein elektrisches Feld aus, unter dessen Einfluss sich die freien Ladungsträger, also die Ionen, bewegen – die schon erwähnte Ionenleitung findet statt. Das beinhaltet im Einzelnen:

• Unter dem Einfluss des elektrischen Feldes driften freie positive Ionen (Kationen) zur negativen Elektrode (also in Richtung des elektrischen Feldes), sie werden dort entladen, indem sie Elektronen aufnehmen (Reduktion) und liefern einen Stromanteil I^+.

• Freie negative Ionen (Anionen) driften zur positiven Elektrode (also entgegen der elektrischen Feldrichtung), werden dort entladen, indem sie Elektronen abgeben (Oxidation) und liefern einen Stromanteil I^-.

• Der elektrische Gesamtstrom I_{ges} ergibt sich durch Addition dieser beiden Stromanteile (siehe Abb. 3.45)

$$I_{ges} = I^+ + I^-.$$

• Alle Ionen besitzen eine Masse. Deshalb ist der Ladungstransport in Elektrolyten, anders als in Elektronenleitern, mit einem Massetransport gekoppelt.

Die Leitfähigkeit einer elektrolytischen Lösung kann man mit dem Modell freier Ladungsträger in einer Stromröhre (siehe Abb. 3.45) analog zu Kapitel 3.1.7 berechnen. Dabei sind alle Kationen und alle Anionen sowie deren jeweilige Ladung und Beweglichkeit zu berücksichtigen. Mit der Annahme, dass sich die Ladungsträger unabhängig voneinander bewegen, kann man

---

[1] Anmerkung: Auch in Gasentladungen (Plasmen) wird ein Teil des Stromes von Ionen getragen.

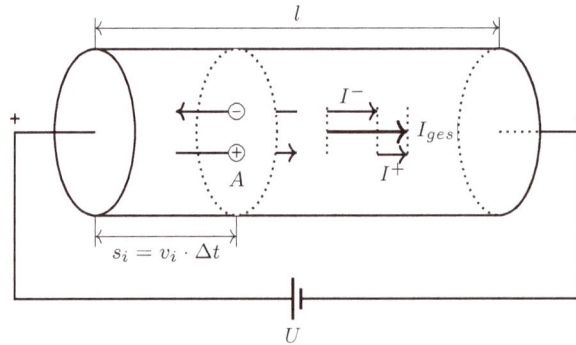

Abb. 3.45.: Zur Berechnung der Leitfähigkeit im Elektrolyten

die Bewegung der einzelnen Ionen und damit ihre Strombeiträge linear überlagern (Superpositionsprinzip) und erhält analog zu den Überlegungen in Kapitel 3.1.7 die folgende Gleichung

$$\sigma = e^- \cdot \left(\sum_i n_i^+ \cdot z_i^+ \cdot \mu_i^+ + \sum_j n_j^- \cdot z_j^- \cdot \mu_j^- \right), \tag{3.65}$$

mit

- n_i^+, n_j^- : Dichte der Kationensorte i bzw. Anionensorte j ;
- μ_i^+, μ_j^- : Beweglichkeit der Kationensorte i bzw. Anionensorte j und
- z_i^+ und z_i^- : Ladungszahl der Kationensorte i bzw. Anionensorte j,
- e^- : Elementarladung.

Bei allen Elektrolyten steigt die Leitfähigkeit mit der Temperatur. Ursache ist die mit wachsender Temperatur sinkende Viskosität des Lösungsmittels, was einen Anstieg der Ionenbeweglichkeiten μ_j^-, μ_i^+ zur Folge hat. Die Temperaturabhängigkeit ist nach Mierdel [Mie72] mit einem quadratischem Ansatz beschreibbar. Danach gilt bei einer Bezugstemperatur von $18\,°C$

$$\sigma(\vartheta) = \sigma(18) \cdot [1 + c_1(\vartheta - 18) + c_2(\vartheta - 18)^2], \tag{3.66}$$

wobei c_1 und c_2 stoffspezifische Faktoren sind.

Hittdorffsche Überführungszahlen   Da sich die Beweglichkeiten von Anionen und Kationen unterscheiden, ist ihr Anteil am Gesamtstrom I unterschiedlich groß und beträgt I^+ für die Kationen und I^- für die Anionen. Die Hittdorffschen[1] Überführungszahlen

---

[1]   Johann Wilhelm Hittorf, 1824 – 1914, Deutscher Physiker und Chemiker

$$t^+ = \frac{I^+}{I} \qquad t^- = \frac{I^-}{I} \tag{3.67}$$

erlauben den Stromanteil der beiden Ionenarten getrennt zu beschreiben. Die Überführungszahlen lassen sich mit einer dreigeteilten Elektrolysezelle, die jeweils einen separaten Anoden-,
Zwischen- und Katodenraum besitzt, experimentell bestimmen.

3.3.4. Phasengrenze und Halbzelle

Phasengrenzen   Der Bereich, in dem zwei Phasen, die fest oder flüssig sein können, aneinandergrenzen, heißt Phasengrenze. Die Phasengrenze zwischen einem Gas und einer festen oder
flüssigen Phase ist die Oberfläche. Natürlich können auch mehr als zwei Phasen aneinandergrenzen. So spricht man von einer Dreiphasengrenze, wenn eine feste, eine flüssige und eine
Gasphase aneinandergrenzen.

Im Bereich einer Phasengrenze ändern sich physikalische und chemische Eigenschaften sprung-
haft. Man beobachtet sog. Grenzflächeneffekte, wie z.B. die (mechanische) Grenzflächenspan-
nung und Kapillareffekte oder die Kontaktspannung (siehe Kapitel 3.1.8). Wir betrachten hier
hauptsächlich Phasengrenzen zwischen einem Elektronenleiter und einem Elektrolyten, denn
solche Systeme sind elektrochemisch von Interesse.

Im Inneren einer Phase wechselwirken die Atome, Ionen oder Moleküle nach allen Richtungen
mit jeweils gleichen Atomen, Ionen oder Molekülen. Dagegen treten an einer Phasengrenze
Metall | Elektrolyt auf der Metallseite im Kristallgitter gebundene Metallatomrümpfe (Metall-
ionen) mit gelösten Metallionen und Lösungsmittelmolekülen auf der Elektrolytseite in Wechselwirkung. Die im Metallgitter gebundenen und die gelösten Metallionen besitzen ein unter-
schiedliches chemisches Potential. Im Bestreben des Systems einen Zustand minimaler freier
Enthalpie anzunehmen, bildet sich eine sog. elektrochemische Doppelschicht.

Zur Erläuterung betrachten wir die schon erwähnte Zn-Halbzelle näher, in welcher metallisches
Zink (Zn) und eine wässrige Zinksulfatlösung (ZnSO$_4$) aneinander grenzen.

Chemische Reaktionen an der Grenzfläche   An der Grenzfläche metallisches Zink | Elektrolyt
werden einige Zn-Atome oxidiert und gehen als positive Zn^{++}-Ionen in Lösung; sie hinterlas-
sen einen Elektronenüberschuss im Metall. Umgekehrt werden Zn^{++}-Ionen aus der Lösung an
das Metall abgegeben und dabei zu Zink reduziert. Im Ergebnis dieser freiwillig ablaufenden
Prozesse stellt sich ein dynamisches Gleichgewicht ein, welches von der Konzentration der Ionen in der Lösung, der Temperatur und vom Druck abhängt. Das Gleichgewicht ist erreicht,
wenn die Geschwindigkeiten von Hin- und Rückreaktion und damit die entsprechenden Ströme
gleich sind. Die Stromdichte im Gleichgewicht heißt Austauschstromdichte, sie beschreibt die
Intensität des Prozesses, ist aber nicht messbar. Für das Beispiel gilt die Reaktionsgleichung

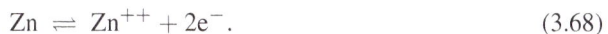

$$Zn \rightleftharpoons Zn^{++} + 2e^-. \tag{3.68}$$

Analoges Verhalten gilt auch für andere Halbzellen: Im Gleichgewicht laufen an der Grenzfläche Reaktionen mit Elektronenaustausch freiwillig ab. Ionen werden entladen und tauschen dabei mit dem Metall Elektronen aus. Positive Ionen (Kationen) nehmen Elektronen auf, sie werden reduziert, und negative Ionen (Anionen) geben Elektronen ab, sie werden oxidiert. Positive Ionen sind z.B. ein- oder mehrfach geladene Metallionen und negative Ionen z.B. ein- oder mehrfach geladene Säurerestionen. Chemische Reaktionen an der Grenzfläche zwischen Elektronenleiter (Metall, Halbleiter) und Ionenleiter (Elektrolyt) sind Redoxreaktionen und von wesentlicher Bedeutung für das Gesamtverhalten des elektrochemischen Systems. Das wird besonders deutlich, wenn dauerhafte Veränderungen der Metalloberfläche entstehen, wie beispielsweise dichte Deckschichten bei den sog. Ventilmetallen (siehe Kapitel 7.1.1).

Doppelschicht und Polarisationskapazität   Die skizzierten Austauschprozesse an der Phasengrenze sind von einer Ladungstrennung begleitet. Wegen im Metall verbleibender, überschüssiger freier Elektronen und der in den Elektrolyten abgewanderten positiven Ionen ist das Metall negativ gegenüber der Lösung (vgl. Kontaktspannung bei Metallen in Kapitel 3.1.8). Direkt vor der Metalloberfläche sammeln sich positive Ionen an und es lagern sich Dipole des Lösungsmittels an der Metalloberfläche an. Insgesamt baut sich eine positive Raumladungsschicht im Elektrolyt auf. Die Raumladungsschicht und die negative Überschussladung an der Metalloberfläche bilden zusammen die elektrochemische Doppelschicht.
Für die elektrochemische Doppelschicht sind verschiedene Modelle entwickelt worden. Das älteste Modell ist die **Helmholtz-Doppelschicht** . In diesem Modell wird eine starre Doppelschicht angenommen, wobei die beiden Ladungsschichten einen festen Abstand δ haben (Abb. 3.46a). Damit ergibt sich ein linearer Potentialverlauf zwischen den angenommenen Ladungsschichten.
Erweiterte Modelle sind das **Gouy-Chapman Modell** und die **Sternschicht**[1]. Letztere berücksichtigt sowohl eine starre Schicht als auch eine diffuse Schicht, die als Folge der Wärmebewegung über die starre Schicht hinaus weiter in das Elektrolytvolumen hinein reicht, wodurch der Potentialverlauf nichtlinear wird (Abb. 3.46b).
Die Doppelschicht entspricht, elektrisch gesehen, einer Kapazität, deren Wert pro Flächeneinheit vergleichsweise groß ist (Größenordnung 5–$50\,\mu F/cm^2$), weil der Abstand der Ladungsschichten minimal ist (ca. $0,1$–$10\,nm$). Man nennt diese Kapazität eine Polarisationskapazität (siehe Kapitel 7.3.2).
Es wurde gezeigt, dass die Dicke der Doppelschicht mit wachsender Konzentration und Ladung der Ionen abnimmt. Entsprechend nimmt die Kapazität der Doppelschicht zu [Vet61].
Als Folge des Überganges von Teichen aus der einen in die andere Phase und der Ladungstrennung stellt sich ein elektrochemisches Gleichgewicht und ein entsprechendes Elektrodenpotential, das Halbzellenpotential $\Delta\varphi$, ein (Abb. 3.46). Dieses Potential kann mit der Nernstschen Gleichung berechnet werden:

$$\Delta\varphi = E^0 + \frac{RT}{nF} \cdot \ln \frac{a_{Ox}}{a_{Red}} = E^0 + 2.303 \cdot \frac{RT}{nF} \cdot \log \frac{a_{Ox}}{a_{Red}}, \tag{3.69}$$

---

[1]   nach Otto Stern, 1888 – 1969, deutscher Physiker, Nobelpreis für Physik 1943

mit

- E^0 Standardelektrodenpotential (Potential gegen Standardwasserstoffelektrode bei 25 °C)
- R universelle Gaskonstante
- T absolute Temperatur
- F Faraday-Konstante
- n Anzahl der übertragenen Elektronen.
- a_{Ox}, a_{Red} Aktivitäten des Redox-Paares.

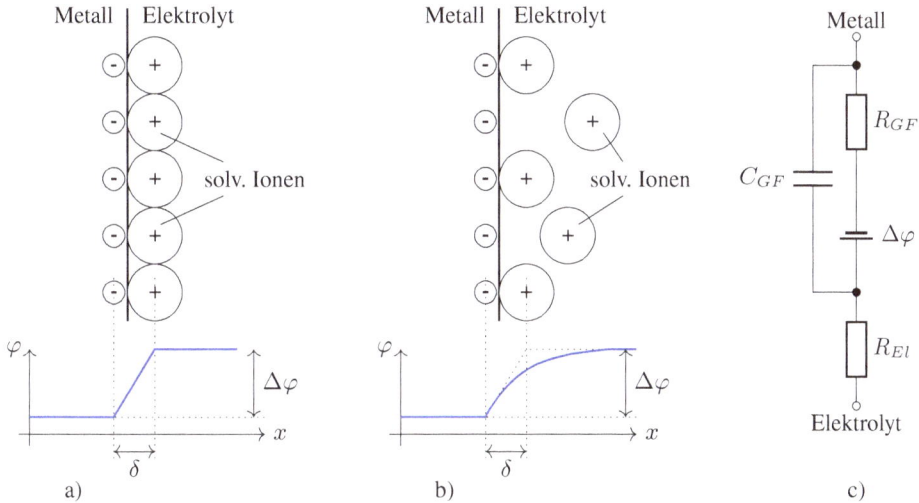

Abb. 3.46.: Metall-Elektrolyt-Phasengrenze, Modelle und Ersatzschaltbild

Elektrochemische Doppelschicht und Ersatzschaltbild der Halbzelle   Aus vorstehenden Überlegungen resultiert das elektrische Ersatzschaltbild für eine Halbzelle in Abb. 3.46c, welches das beschriebene elektrische Verhalten nachbildet[1]. Dabei verkörpern die Spannungsquelle $\Delta\varphi$ das Elektrodenpotential, der Kondensator C_{GF} die Kapazität der Doppelschicht, R_{GF} einen ohmschen Widerstand, den Polarisationswiderstand, der bei Stromfluss in Erscheinung tritt, und R_{El} den Widerstand des vorgelagerten Elektrolytvolumens.

Die Komponenten des Ersatzschaltbildes begegnen uns bei allen elektrochemischen Elektroden wieder; die Spannungsquelle $\Delta\varphi$ bildet die Basis elektrochemischer Spannungsquellen und potentiometrischer Sensoren und die Kapazität C_{GF} ist Grundlage der Doppelschichtkondensatoren (Kapitel 7.3.2).

Zunächst ist noch zu vermerken, dass das Elektrodenpotential, dargestellt durch $\Delta\varphi$, nicht direkt messbar ist, denn um es abgreifen zu können, muss der Elektrolyt in Abb. 3.46c mit einem zweiten Elektronenleiter verbunden werden.

---

[1]   Es sei nochmal vermerkt, dass die Ersatzschaltung ein Modell ist, welches das elektrische Verhalten der Zelle widerspiegelt; keines der in der Ersatzschaltung verwendeten Elemente ist real in der Zelle als Bauelement vorhanden.

Nach den allgemeinen Überlegungen zur Kapazität in Kapitel 3.1.13 enthält die Kapazität C_{GF} elektrische Energie, die den chemischen Prozessen entstammt und die sich aus Gleichung 3.25 ergibt, wobei $\Delta\varphi$ die Spannung ist.

Diffusionsspannung   Auch wenn zwei Lösungen verschiedener Elektrolyte oder zwei Lösungen desselben Elektrolyten aber verschiedener Konzentration aneinandergrenzen, entsteht eine Potentialdifferenz, die Diffusionsspannung. Die Ursache der Diffusionsspannung liegt in der unterschiedlichen Beweglichkeit der Ionen und der daraus resultierenden verschiedenen Diffusionsgeschwindigkeit. Die Diffusion ist ein von Temperatur, Konzentrationsunterschied und Geometrie abhängiger irreversibler Prozess. Berechnungen nach der Henderson-Gleichung für verschiedene Elektrolytpaarungen und Konzentrationen liefern Werte für die Diffusionsspannung, die zwischen etwa 1 mV und 35 mV liegen [Mil80].

Drei-Phasen-Grenze und Gaselektroden   Eine Drei-Phasen-Grenze liegt überall dort vor, wo ein Festkörper, eine Flüssigkeit und ein Gas aufeinander treffen. Als Beispiel sei der Bereich einer Flüssigkeitsoberfläche genannt, wo diese die Gefäßwand berührt.
Bei einer Gaselektrode umströmt ein Gas die Elektrode im Elektrolyten, sodass eine Dreiphasengrenze vorliegt und sich das Halbzellenpotential unter diesen Bedingungen einstellt. Die Wasserstoffelektrode ist eine solche Gaselektrode (siehe Kapitel 4.2.2). Eine besondere Ausführung von Gaselektroden sind sog. Gasdiffusionselektroden, die für Brennstoffzellen von essentieller Bedeutung sind (siehe Kapitel 6.1.3).

3.3.5. Die elektrochemische Zelle

Aufbau aus zwei Halbzellen   Eine Halbzelle hat nur einen elektronenleitenden Anschluss, das ist in Abb. 3.46c der Anschluss „Metall". Damit ist das Halbzellenpotential, welches durch die Spannungsquelle $\Delta\varphi$ symbolisiert ist, nicht messbar. Um auf $\Delta\varphi$ zugreifen zu können, muss der Anschluss „Elektrolyt" mit einem zweiten Elektronenleiter verbunden werden. Das erreicht man, indem an die erste Halbzelle eine zweite Halbzelle angeschlossen wird. Als Ergebnis erhält man eine elektrochemische Zelle, wie schon eingangs in Abb. 3.44 dargestellt. Innerhalb der Zelle sind beide Elektroden über den Elektrolyten, also einen Ionenleiter, verbunden und außerhalb der Zelle kann der Stromkreis über Elektronenleiter geschlossen werden. Damit ist, elektrisch betrachtet, ein Zweipol entstanden.

Die elektrochemische Zelle als Zweipol – eine elektrische Sichtweise   Eine elektrochemische Zelle mit zwei Anschlüssen kann wie jeder Zweipol durch Strom- und Spannungsmessungen mit Gleichspannung und mit Wechselspannung verschiedener Frequenzen elektrisch vollständig charakterisiert werden, wie in Kapitel 3.2.2 beschrieben. Die Vermessung als Zweipol liefert summarische Aussagen über das elektrische Verhalten der Zelle als Last bzw. als Quelle und summarische Werte für die Schaltelemente im Ersatzschaltbild. Dies ist unter dem Blickwinkel des Elektronikers ausreichend, um eine Schaltung zu dimensionieren.

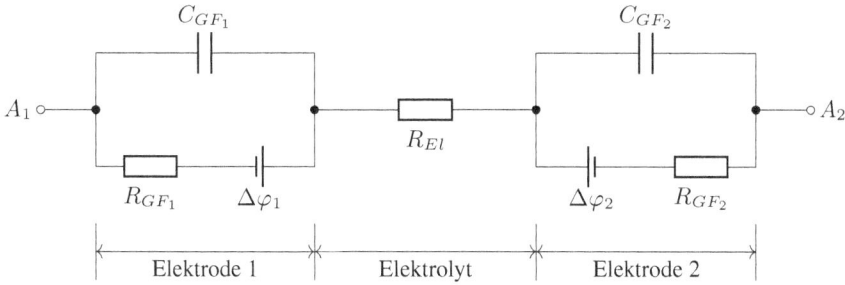

Abb. 3.47.: Ersatzschaltbild einer elektrochemischen Zelle

Das Ersatzschaltbild einer elektrochemischen Zelle ergibt sich zwanglos, indem zwei Ersatz-schaltungen einer Halbzelle aus Abb. 3.46c gegeneinander geschaltet und die Elektrolytwider-stände als R_{El} zusammengefasst werden. So entsteht die in Abb. 3.47 dargestellte Ersatzschal-tung. Nun kann man zwischen den beiden elektronenleitenden Anschlüssen A_1 und A_2 ein hochohmiges Voltmeter ($R_i \longrightarrow \infty$) anschließen und die Differenz der beiden Potentiale als Zellspannung U_0 messen

$$U_0 = |\Delta\varphi_1 - \Delta\varphi_2| \,. \qquad (3.70)$$

Wenn beide Halbzellen identisch sind, beträgt die Zellspannung $0\,\text{V}$. Kombiniert man zwei Halbzellen verschiedener Elemente, so ergibt sich eine Zellspannung $U_0 > 0\,\text{V}$ und man erhält eine galvanische Zelle (auch galvanische Kette). Praktisch realisierte galvanische Zellen haben eine Zellspannung, die zwischen etwa $1\,\text{V}$ und $3\,\text{V}$ liegt.

Das Problem, dass das Halbzellenpotential nicht messbar ist, lässt sich mit dem Anschluss einer zweiten Halbzelle prinzipiell nicht lösen, denn mit der zweiten Halbzelle wird auch eine zweite ebenfalls unbekannte Spannungsquelle $\Delta\varphi_2$ dazu geschaltet. Das Problem wurde dadurch eli-miniert, dass per Definition als Nullpunkt das Potential der Standardwasserstoffelektrode (siehe Kapitel 4.2.2) festgelegt wurde. Die vorzeichenbehaftete Spannung einer beliebigen Halbzelle gegen die Standardwasserstoffelektrode ist nun definitionsgemäß das Potential der jeweiligen Halbzelle.

Aus der Ersatzschaltung Abb. 3.47 ergeben sich der Innenwiderstand R_i und die Gesamtkapa-zität C der Zelle als Reihenschaltung der Widerstände bzw. der Kapazitäten zu

$$R_i = R_{GF_1} + R_{El} + R_{GF_2} \qquad \text{und} \qquad C = \frac{C_{GF_1} \cdot C_{GF_2}}{C_{GF_1} + C_{GF_2}} \,. \qquad (3.71)$$

Der Innenwiderstand der Zelle R_i ist von der Leitfähigkeit des Elektrolyten und von der Zell-geometrie abhängig, die Geometrieabhängigkeit kann man Gleichung 3.12 entnehmen. Die Ka-pazität der Zelle C wächst mit der Fläche der Elektroden (Gleichung 3.24).
Die Eigenschaften der Zelle sind außerdem in weniger übersichtlicher Weise von der Tempera-tur abhängig, denn sowohl die Halbzellenpotentiale (Gleichung 3.69) wie auch die Leitfähigkeit des Elektrolyten (Gleichung 3.66) verändern sich mit der Temperatur.

Für den Elektrochemiker interessante Fragen nach Vorgängen an den Elektroden bzw. im Elektrolyten können mit Zweipol-Messungen kaum beantwortet werden. Dies erfordert komplexere Zellen mit einem erweitertem Elektrodensystem. So bedient man sich zur separaten Analyse von Elektrodenvorgängen eines Dreielektrodensystems und einer sog. Potentiostatenschaltung (Kapitel 4.3.6). Und um einen Elektrolyt zu charakterisieren, nutzt man Leitfähigkeitsmessungen bei verschiedenen Frequenzen, bevorzugt in einem Vier-Elektroden-System (Kapitel 4.4).

Aktiver bzw. passiver Zweipol – Art der Zelle Ob eine elektrochemische Zelle ein aktiver oder ein passiver Zweipol ist, richtet sich nach Aufbau und Chemie der Zelle, d.h., nach den verwendeten Elektodenmaterialien, dem eingesetzten Elektrolyten und dem inneren Zustand der Zelle. Die Zuordnung der elektrischen Funktion zu den elektrochemischen Bezeichnungen einer Zelle enthält Tabelle 3.5.

Tabelle 3.5.: Bezeichnungen und Verhalten elektrochemischer Zellen

Verhalten des Zweipols	elektrische Funktion	elektrochem. Bezeichnung
aktiv	Spannungsquelle	Galvanische Zelle
passiv	Widerstand (Last)	Elektrolysezelle
abhängig von Betriebsart **aktiv** bzw. passiv	Akkumulator (Akku) Spannungsquelle bzw. Last beim Laden	Akkumulatorzelle

3.3.6. Zellen im Gleichgewicht und bei Stromfluss

Zellen im Gleichgewicht Eine elektrochemische Zelle befindet sich im Gleichgewicht, wenn kein Strom durch die Zelle fließt. Die Klemmen A_1 und A_2 in Abb. 3.47 sind dabei nicht beschaltet. An jeder Elektrode laufen die in Kapitel 3.3.4 beschriebenen Prozesse selbsttätig ab und es stellen sich die Halbzellenpotentiale $\Delta\varphi_1$, $\Delta\varphi_2$ und die Leerlaufspannung U_0 ein; die Halbzellenpotentiale und Leerlaufspannung sind nach Gleichung 3.69 temperaturabhängig.

Stromfluss und Zellen im Nichtgleichgewicht Wenn eine Zelle Teil eines Stromkreises ist und ein Gleichstrom durch die Zelle fließt, befindet sich die Zelle nicht mehr im Gleichgewicht. Dabei ist es unerheblich, ob der Strom durch eine externe Quelle angetrieben wird (Elektrolysezelle) oder durch die Zellspannung U_0 selbst (galvanische Zelle). Damit ein Strom fließen kann, können die Klemmen A_1 und A_2 in Abb. 3.47 in der folgenden Art beschaltet sein:

- galvanische Zelle: die Anschlüsse werden über einen externen Widerstand R_a verbunden und die Zellspannung $U_0 = |\Delta\varphi_2 - \Delta\varphi_1|$ treibt einen Strom $I = \frac{U_0}{R_a + R_i}$ an. Bei Stromfluss verringert sich die Spannung an den Klemmen der Zelle, die Klemmenspannung U_{Kl}, um den Betrag des Spannungsabfalls über den inneren Widerstand der Zelle R_i

$$U_{Kl} = U_0 - I \cdot R_i \,. \tag{3.72}$$

- Elektrolysezelle: an die Klemmen wird eine externe Gleichspannung U_{ext} angelegt und ein Strom $I = \frac{U_{ext} - U_0}{R_i}$ wird eingeprägt. Wegen des Spannungsabfalls über den inneren Widerstand der Zelle R_{i_z} ist hier die Klemmenspannung U_{Kl} um diesen Spannungsabfall erhöht

$$U_{Kl} = U_0 + I \cdot R_i \,. \tag{3.73}$$

- Akkumulatorzelle: je nach Betriebsart gilt
  - Stromentnahme: die Zelle wird mit einer Last beschaltet und verhält sich wie eine galvanische Zelle,
  - Laden: die Zelle wird an eine Spannungsquelle angeschlossen und verhält sich wie eine Elektrolysezelle.

R_i ist der oben eingeführte innere Widerstand der Zelle, der sich aus den Teilwiderständen in der Ersatzschaltung (Abb. 3.47) ergibt.

Wenn ein Strom durch die Zelle fließt, egal ob von der Zelle selbst oder von einer äußeren Quelle angetrieben, treten immer Reaktionsprodukte an den Elektroden und im Elektrolyten auf und die Zelle verändert sich.

Bezeichnung der Elektroden   Sobald ein Gleichstrom durch die Zelle fließt, läuft eine Redoxreaktion ab, wobei an einer Elektrode die Oxidation und an der anderen die Reduktion stattfindet. In der Elektrochemie bezeichnet man die Elektroden nach dem jeweils ablaufenden Teilvorgang der Redoxreaktion und nennt eine Elektrode

- **Anode**, wenn dort die Oxidation stattfindet und Elektronen auf die Elektrode übergehen, bzw.
- **Katode**, wenn eine Reduktion abläuft und die Elektrode Elektronen liefert.

Daraus ergibt sich, dass die Anode

- an einer Elektrolysezelle der positive Pol,
- an einer galvanischen Zelle (Batterie) jedoch der negative Pol und
- an einer Akkuzelle beim Laden der positive und beim Entladen der negative Pol ist[1].

Kapazitiver und faradayscher Strom   Wenn ein elektrischer Gleichstrom durch eine elektrochemische Zelle fließt, sind zwei Stromanteile zu unterscheiden

- der kapazitive Strom und
- der faradaysche Strom.

---

[1] Das ist ein Unterschied zum Sprachgebrauch in der Elektrotechnik/Elektronik, wo nur Elektronenleitung eine Rolle spielt. Dort sind die Begriffe Anode mit der positiven und Katode mit der negativen Elektrode fest verknüpft.

Der kapazitive Strom ist der Lade- bzw. Entladestrom der Zellkapazität C, er verursacht keinen Stoffumsatz und keine chemischen Veränderungen an den Elektroden oder im Elektrolyten. Der faradaysche Strom ist immer an einen Stoffumsatz gekoppelt und führt je nach Elektrodenmatreial, Elektrolyt, Höhe und Polarität der anliegenden Spannung zu Veränderungen an den Elektroden und im Elektrolyt. Dabei findet gleichzeitig an der Anode die Oxidation von Anionen und an der Katode die Reduktion von Kationen statt.

Folgeprozesse Als Folge der Redoxreaktion treten Reaktionsprodukte auf, die als Gas entweichen oder die Elektroden und den Elektrolyten verändern können.
An der Anode können beispielsweise folgende sekundären Prozesse ablaufen [GB52]:

- Entwicklung von Sauerstoff an einer inerten Anode,
- Auflösung einer metallischen Anode, wobei positive Metallionen in Lösung gehen
- anodische Oxidation einer metallischen Anode und Bildung eines unlöslichen Oxids.

An der Katode können z.B. folgende sekundären Prozesse ablaufen

- Entwicklung von Wasserstoff,
- Abscheidung eines Metallfilms,
- Interkalation von Metallionen in das Katodenmaterial.

Und natürlich verändert sich auch der Elektrolyt. Ein bekanntes Beispiel ist die Abhängigkeit der Säuredichte vom Ladezustand beim Bleiakku.

Die quantitative Beschreibung des Zusammenhanges zwischen Stoffumsatz und geflossener Ladung liefern die Faradayschen Gesetze (Kapitel 3.3.8).

3.3.7. Galvanische Elemente

Die Entdeckung galvanischer Elemente und die Erfindung der Voltaschen Säule (Abb. 2.1 auf Seite 5) standen am Anfang der Entwicklung der Elektrochemie, wie wir in Kapitel 2.2.4 dargestellt haben. Im Laufe des 19. Jahrhunderts wurde eine Anzahl galvanischer Elemente entwickelt, indem verschiedene Halbelemente kombiniert und zusammengeschaltet wurden. Wir betrachten hier zunächst das Daniell[1]-Element als Beispiel für ein frühes galvanisches Element.

Energiebilanz Den Zusammenhang zwischen der umgesetzten chemischen Energie und der Elektrischen Energie liefert die chemische Thermodynamik. Wenn eine elektrochemische Zelle chemische Energie in elektrische Energie umsetzt, gilt der Energiesatz. Die Größe, welche die verfügbare und wandelbare chemische Energie beschreibt, ist die freie Enthalpie ΔG. Die freie Enthalpie gilt für ein System bei konstantem Druck und konstanter Temperatur und berechnet sich zu

$$\Delta G = R \cdot T \cdot lnK$$

---
[1] nach John Frederic Daniell, 1790 – 1845, britischer Physikochemiker

wobei

- R die universelle Gaskonstante,
- T die absolute Temperatur und
- K die Gleichgewichtskonstante

bedeuten. Nur wenn ΔG negativ ist, läuft die Reaktion freiwillig ab und liefert Energie, wie in der chemischen Thermodynamik gezeigt wird. Die maximal freiwerdende elektrische Energie ergibt sich durch Gleichsetzen mit der Abnahme der freien Enthalpie

$$\Delta G = -n \cdot F \cdot \Delta U \qquad (3.74)$$

dabei sind

- n die Zahl der übergegangen Elektronen,
- F die Faradaysche Konstante und
- ΔU die reversible Zellspannung (Zelle im Gleichgewicht, stromloser Zustand).

Das Daniell-Element und die Trennung der Elektrolytlösungen verbundener Halbzellen Ein Daniell-Element entsteht durch Zusammenschaltung eines Kupferhalbelements und eines Zinkhalbelements, wie in Abb. 3.48 dargestellt. Die Leerlaufspannung ergibt sich durch Subtraktion der beiden Halbzellenpotentiale zu 1,1 V.

Wenn der Stromkreis geschlossen wird, kann ein Elektronentransport über den Elektronenleiter erfolgen und an den Elektroden laufen folgende Prozesse parallel ab

- Zinkhalbzelle:
    - Zinkatome werden oxidiert (Zink ist Anode)
    - pro Zinkatom werden 2 Elektronen freigesetzt: $Zn \longrightarrow Zn^{++} + 2\,e^-$
    - Zinkionen gehen in Lösung

- Kupferhalbzelle:
    - Kupferionen aus der Lösung werden reduziert (Kupfer ist Katode)
    - pro Kupferion werden 2 Elektronen wieder eingebaut: $Cu^{++} + 2\,e^- \longrightarrow Cu$
    - metallisches Kupfer schlägt sich auf der Elektrode nieder

Wenn zwei verschiedene Halbelemente elektrolytseitig verbunden werden, dürfen sich die beiden Elektrolyte nicht vermischen. Trotzdem benötigt man zwischen den Elektrolyten beider Halbzellen eine ionenleitende Verbindung. Solch eine Verbindung kann man herstellen, indem in einem Laboraufbau für jede Halbzelle ein eigenes Gefäß verwenden wird und die Elektrolyte der Halbzellen über eine sog. Salzbrücke, auch Elektrolytbrücke oder Stromschlüssel genannt, ionenleitend verbunden werden. Eine Salzbrücke, wie in Abb. 3.48 skizziert, verlängert den Stromweg im Elektrolyten bei geringem Querschnitt erheblich. Die Salzbrücke stellt einen Teil des Innenwiderstandes der Zelle dar und vergrößert diesen.
Bei technischen Lösungen befinden sich beide Halbzellen in einem Gefäß und die Trennung

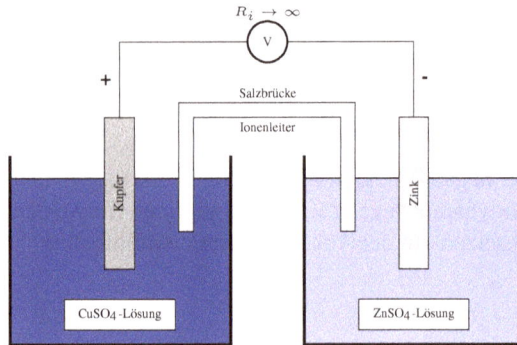

Abb. 3.48.: Daniell-Element: Kupfer- und Zink-Halbzelle ionenleitend verbunden

der Räume und Elektrolyte erfolgt durch eine semipermeable Membran (Diaphragma), deren
elektrischer Widerstand möglichst gering sein soll. Eine semipermeable Membran unterbindet
bzw. erschwert einerseits den Stofftransport, erlaubt aber andererseits den Ladungstransport.

Formale Notation Für die symbolische Beschreibung galvanischer Zellen bzw. Halbzellen
ist eine Kurzform gebräuchlich. Dabei werden die beteiligen Stoffe und ihr Zustand der Reihe
nach notiert und Phasengrenzen durch einen senkrechten Strich „|"markiert. Für Phasengrenzen
zwischen Flüssigkeiten, an denen eine Diffusionsspannung entsteht (z.B. Stromschlüssel), wird
ein senkrechter Doppelstrich „||"verwendet. Für Elektrolytlösungen wird die Konzentration in
Klammern angegeben. Für das Daniell-Element als Beispiel lautet die Notation

$$Cu \mid Cu^{++}(1 \text{ molar}) \parallel KCl\text{-Lösung}(3 \text{ molar}) \parallel Zn^{++}(1 \text{ molar}) \mid Zn \ ,$$

wenn der Stromschlüssel mit einer 3 molaren KCl-Lösung gefüllt ist.

3.3.8. Elektrolyse und Faradaysche Gesetze

Unter Elektrolyse versteht man die Aufspaltung eines Elektrolyten durch elektrischen Strom.
Voraussetzungen dafür sind eine elektrochemische Zelle mit mindestens zwei Elektroden, gefüllt mit einer Elektolytlösung und eine externe Gleichspannungsquelle.
Während der Elektrolyse treibt die externe Spannungsquelle einen Gleichstrom, den sogenannten faradayschen Strom, durch die elektrochemische Zelle. Dabei transportieren Anionen negative Ladung zur Anode, dem Pluspol der Zelle, und Kationen positive Ladung zur Katode,
dem Minuspol der Zelle. Beide Ionensorten transportieren Masse. An den Elektroden werden
beide Ionenarten gleichzeitig entladen. Dazu fließen an der Katode Elektronen aus dem äußeren Kreis zu, die die Kationen reduzieren, während an der Anode Anionen oxidiert werden
und Elektronen wieder in den äußeren Kreis zurückfließen. Auf diese Weise ist der Stromkreis
geschlossen.

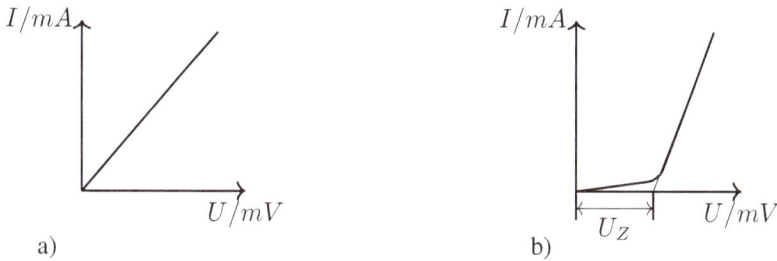

Abb. 3.49.: I(U)-Kennlinien a) ohmscher Widerstandes und b) Elektrolysezelle, schematisch

Zersetzungsspannung   Damit eine Elektrolyse stattfinden kann, muss eine Mindestspannung, die sogenannte Zersetzungsspannung des Elektrolyten, überschritten werden. Auch das Lösungsmittel Wasser hat eine Zersetzungsspannung:

$$\text{Zersetzungsspannung von Wasser} \qquad U_Z^{H_2O} = 1{,}23\,\text{V}\,. \qquad (3.75)$$

Die $I(U)$-Kennlinie einer Elektrolysezelle ist als Folge der Zersetzungsspannung nichtlinear und weist im anodischen und im katodischen Bereich einen Knick auf. Man beobachtet einen deutlichen Stromanstieg erst jenseits der Zersetzungsspannung U_Z.

Zusätzlich zur thermodynamisch bedingten Zersetzungsspannung kann auf Grund kinetischer Hemmungen noch eine sog. Überspannung auftreten, z.B. bei der Freisetzung von Gasen oder anderen elementaren Prozessen an den Elektroden.

Um den Unterschied zum ohmschen Widerstand deutlich zu machen, sind in Abb. 3.49 die Kennlinien eines ohmschen Widerstandes und einer Elektrolysezelle gegenübergestellt. Der flachere Stromanstieg unterhalb der Zersetzungsspannung ist ein kapazitiver Ladestrom ohne Stoffumsatz, der die Kapazität der Doppelschichten auflädt.

Faradaysches Gesetz   Das Faradaysche Gesetz beschreibt den Zusammenhang zwischen der bei der Elektrolyse geflossenen Ladung und der umgesetzten Stoffmenge quantitativ. Danach gilt:

- bei einer Elektrolyse ist die umgesetzte Stoffmenge proportional zur geflossenen Ladung und
- die Mengen verschiedener Stoffe, die an den Elektroden durch gleiche Ladungsmengen umgesetzt werden, verhalten sich wie ihre chemischen Äquivalentmassen $\frac{M}{z}$.

Als Gleichung formuliert erhält man bei konstantem Strom I

$$m = \frac{M \cdot I \cdot t}{z \cdot F}\,. \qquad (3.76)$$

Dabei bedeuten

- m die umgesetzte Masse

- $I \cdot t$ die geflossene Ladung
- M die molare Masse der umgesetzten Spezies
- z die Wertigkeit der Ionen
- F die Faradaykonstante.

Polarisation   Bei einer Elektrolyse verändert der von außen eingeprägte faradaysche Strom sowohl die Elektroden als auch den Elektrolyten. In der Folge baut sich eine Gegenspannung auf die der angelegten externen Spannung entgegenwirkt. Dies ist die Polarisation der Elektroden.

Elektrochemisches Fenster   Als elektrochemisches Fenster einer Substanz bezeichnet man den Spannungsbereich, in dem trotz anliegender Spannung in einer Elektrolysezelle noch keine Redoxreaktion abläuft. Dieses Fenster beträgt bei Wasser nur 1,23 V und kann bei ionischen Flüssigkeiten mehr als 6 V betragen.

4. Elektrochemische Messmethoden, Elektroden und analoge Elektronik

Elektrische Messungen ermöglichen grundlegende Untersuchungen von Prozessen an Elektroden und im Elektrolyten. Wenn man diese Prozesse kennt, kann man sie umgekehrt als Basis elektrochemischer Messverfahren einsetzen und damit analytische Aufgaben lösen.
Elektrochemische Messverfahren erlauben es, für ionenleitende Substanzen qualitative und quantitative Fragestellungen der analytischen Chemie mittels elektrischer Messungen zu beantworten. Wenn wir uns auf flüssige Elektrolyte beschränken, können solche Fragen z.B. sein

- Welche Ionen sind in einer Lösung enthalten?
- Wie hoch ist die Konzentration bestimmter Ionen in der Lösung?
- Ist der Endpunkt bei einer Titration erreicht?

Dieses Gebiet, welches den Zielen nach der analytischen Chemie und den Methoden nach der Elektrochemie zugeordnet werden kann, nennt man Elektroanalytik. Ein Überblick zu diesem Gebiet wird in [SB10, SHCS13] gegeben.

Die Elektroanalytik findet breite Anwendung in der verarbeitenden Industrie, in der Umweltüberwachung, in der Medizin und in anderen Bereichen. Gründe elektrochemische Messverfahren zu verwenden können sein, die Empfindlichkeit oder Selektivität einer bestimmten Methode, die leichte Weiterverarbeitung elektrischer Signale, die Möglichkeit Regel- oder Steuergeräte direkt anzuschließen oder gegebenenfalls Fernmessungen durchführen zu können.

Ein Gegenstand dieses Kapitels sind typische elektronische Verfahren und analoge Schaltungsprinzipien, die in der Elektroanalytik zur Anwendung kommen. Zuvor betrachten wir die elektroanalytischen Methoden selbst.

4.1. Elektrochemische Messmethoden – ein Überblick

Elektrische Messungen an elektrochemischen Zellen lassen sich immer zurückführen auf die Messung von

- Gleichspannung und Gleichstrom oder
- Wechselspannung und Wechselstrom bei verschiedenen Frequenzen.

Dabei kann entweder die Zellspannung selbst als Messsignal dienen oder die Zelle wird mit einem Anregungssignal beaufschlagt und das Antwortsignal wird registriert und ausgewertet.

https://doi.org/10.1515/9783110767254-004

- Wenn direkt die von einer Zelle generierte Zellspannung als Messsignal verwendet wird, spricht man von Potentiometrie (Tabelle 4.1).
- Wenn die Zelle mit einem externen Signal angeregt wird und gleichzeitig Strom und Spannung gemessen und ausgewertet werden, ergeben sich abhängig von der Art der Anregung und Auswertung verschiedene Verfahrensvarianten, die der Voltammetrie, Coulometrie oder Konduktometrie zugeordnet werden (Tabelle 4.1).

Tabelle 4.1.: Elektrische Messgrößen und elektrochemische Messmethoden

Elektrische Messgröße / analytisches Signal	elektrochemische Methode	Merkmale, Elektroden, Schaltungseigenschaften
Spannung U	**Potentiometrie**	Eingangswiderstand der Messschaltung $R_e \to \infty$, ionensensitive Elektroden
faradayscher Strom I bei variabler Spannung U	**Voltammetrie**	inerte feste Arbeitselektrode, Abhängigkeit $I = f(U)$
dito	**Polarographie** (Spezialfall der Voltammetrie)	Hg-Tropfelektrode, Abhängigkeit $I = f(U)$
faradayscher Strom I bei fester Spannung	**Amperometrie** (Spezialfall der Voltammetrie)	Eingangswiderstand der Messschaltung $R_e \to 0$
Ladung Q	**Coulometrie**	elektrolytisch umgesetzte Masse m aus Ladung Q
Elektrolyse bei konstanter Spannung	**Elektrogravimetrie**	Wägung der elektrolytisch abgeschiedenen Masse m
Leitwert (Leitwert $G = \frac{I}{U}$)	**Konduktometrie**	2- / 4-Elektroden-Messzelle, $\sigma = G \cdot K$ (K: Zellkonst.)

Externe Anregungssignale erlauben es, bei Vorgabe einer Spannung und Messung des Stromes bzw. gleichzeitiger Messung von Spannung und Strom $I(U)$-Kennlinien oder zyklische Voltammogramme aufzunehmen. Ein Zeitverhalten kann durch Registrierung von $U(t)$- oder $I(t)$-Kurven ermittelt werden. Wenn ein analytisches Signal als Funktion der Zugabemenge einer Maßlösung registriert wird, erhält man Titrationskurven und kann den Endpunkt einer Titration elektrisch bestimmen.

Die Klassifizierung und Bezeichnung der zahlreichen möglichen Varianten elektroanalytischer Methoden gliedert die IUPAC[1] nach folgenden Gesichtspunkten [DDR81]

- Methoden, bei denen weder die Doppelschicht noch eine Elektrodenreaktion betrachtet werden muss,
- Methoden, die auf Doppelschichtphänomenen beruhen, bei denen aber keine Elektrodenreaktionen betrachtet werden müssen,

---

[1] International Union of Pure and Applied Chemistry

- Methoden, die auf Elektrodenreaktionen beruhen; letztere werden weiter nach konstanten und variablen Anregungssignalen und nochmal nach der Höhe der Amplitude unterschieden.

Mit dieser Gliederung ergibt sich eine große Zahl verschiedener Verfahrensvarianten (ca.80), von denen einige wenig bekannt sind oder keinen eigenen Namen haben.

Bei elektrochemischen Messungen hat immer auch die Temperatur in der Messzelle bzw. einer zu vermessenden Probe Einfluss auf die jeweiligen Messwerte. Um den Einfluss der Temperatur zu eliminieren oder zu minimieren, kann man thermostatisiert, also bei vorgegebener konstanter Temperatur messen oder die Probentemperatur zusätzlich bestimmen und das Ergebnis korrigieren. Eine weiterer Möglichkeit besteht darin, Messungen nur in einem bestimmten Temperaturbereich zuzulassen und außerhalb dieses Bereichs seitens des Messgerätes zu unterbinden.

Der Tabelle 4.1 ist zu entnehmen, dass die einzelnen Messmethoden unterschiedliche Elektroden erfordern und spezielle Anforderungen an die Elektronik stellen. Dementsprechend betrachten wir bei den nachfolgend skizzierten Methoden zuerst ausgewählte elektrochemische Aspekte, insbesondere die Elektroden und danach elektronische Lösungen, die die Durchführung der jeweiligen Messverfahren ermöglichen.

In der Anfangszeit sind elektrochemische Messungen mit rein elektrischen Mitteln, also ohne Elektronik, ausgeführt worden. Dieser frühen elektrochemischen Messtechnik ist ein eigener Abschnitt im Anhang gewidmet (Anhang A.4).

Elektronische Aspekte

Aus Sicht der Elektronik fallen alle in Tabelle 4.1 genannten Messmethoden in den Bereich der Signalverarbeitung. Bei der Messung sind die elektrochemischen Zellen in eine Signalverarbeitungskette eingebunden und können an zwei Positionen erscheinen, nämlich

- am Anfang der Messkette als **aktiver Zweipol**, wenn sie selbst als Signalquelle ein Signal generieren und eine Spannung erzeugen (vergleiche Abb. 3.12 auf Seite 47), in diese Gruppe fällt die Potentiometrie oder

- in der Mitte der Messkette als **Vierpol** („device under test"), wenn sie mit einem Anregungssignal beaufschlagt werden und dieses modifizieren bzw. ein Antwortsignal generieren (vergleiche Abb. 3.16 auf Seite 53), zu dieser Gruppe gehören die voltammetrischen Methoden.

Aus Gründen der besseren Übersicht werden wir bei der Betrachtung von Messverfahren und Messketten bevorzugt auf Zweipol- und Vierpol-Ersatzschaltungen zurückgreifen. Für elektrochemische Zellen werden geeignete Ersatzschaltungen angegeben und bei elektronischen Schaltungen wird auf die vorausgegangenen Darstellungen von Operationsverstärkerschaltungen usw. in Kapitel 3.2 verwiesen.

Ein wichtiger Einflussfaktor bei elektrochemischen Prozessen ist die Temperatur. Deshalb wird die Umgebungs-, Bad- oder Probentemperatur parallel beobachtet, für Korrekturzwecke mitgemessen oder konstant gehalten.

Elektrochemische Sensoren

Für manche der in Tabelle 4.1 genannten Methoden gelingt es, mit modernen Technologien miniaturisierte Messsysteme, die Dickschicht-, Dünnschicht- oder Halbleiterstrukturen und zum Teil auch Mikrofluidik beinhalten, herzustellen. Für solche Messsysteme, die in eine Messlösung eingetaucht werden können oder die über Kapillarkräfte die Probe aufsaugen, ist der Begriff Sensor geläufig (siehe Kapitel 5).

4.2. Potentiometrische Messungen

4.2.1. Messprinzip

Ziel potentiometrischer Messungen ist die Bestimmung der Konzentration bzw. Aktivität bestimmter Ionen in einer Lösung durch Messung einer Potentialdifferenz (Spannung). Dazu werden eine Indikator- oder Messelektrode, eine Referenzelektrode und ein hochohmiges Voltmeter zu einem Messsystem zusammen geschaltet. Indikatorelektrode und Referenzelektrode bilden zusammen mit dem zu vermessenden Elektrolyten eine galvanische Zelle (Abb. 4.1).

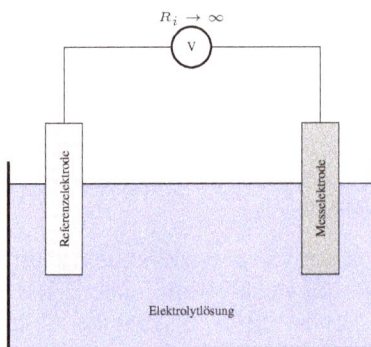

Abb. 4.1.: Prinzip potentiometrischer Messungen

Das Potential der Indikatorelektrode ist von der Konzentration des zu messenden Ions in der Lösung abhängig und folgt im Idealfall der Nernstschen Gleichung (Gleichung 3.69 auf Seite 82). Dagegen ist das Potential der Referenzelektrode von der Zusammensetzung der Lösung unabhängig, bekannt und zeitlich konstant. Die zwischen Indikatorelektrode und Referenzelektrode gemessene Spannung ist das analytische Signal. Damit dieses Signal nicht verfälscht wird, muss die Spannung so hochohmig gemessen werden, dass der Messstrom praktisch verschwindet und die galvanische Zelle im Gleichgewicht ist.

4.2.2. Referenzelektroden

Referenzelektroden, auch Bezugselektroden, sind Halbzellen, die ein von der Messlösung unabhängiges, zeitlich konstantes Potential besitzen. Sie sind nicht polarisierbar.

Standardwasserstoffelektrode

Das Potential der Standardwasserstoffelektrode ist das Bezugspotential in der Elektrochemie. Es ist per Definition auf $E^0 = 0$ V festgelegt. Es ist zugleich Nullpunkt der elektrochemischen Spannungsreihe (Kapitel A.3) und damit auch Bezugspunkt für alle Halbzellenpotentiale.

Die Standardwasserstoffelektrode ist eine Gaselektrode und wie folgt aufgebaut (Abb. 4.2): Ein Platinblech befindet sich in einem sauren Elektrolyt und wird von Wasserstoff bei Standardbedingungen umspült. Die Standardbedingungen sind

- Temperatur: $T = 298{,}15$ K ($25\,^\circ$C)
- Wasserstoffdruck: $p_{H_2} = 101\,300$ Pa
- Ionenaktivität: $a_{H_3O^+} = 1$.

Die reversible Reaktion

$$2\,H^+ + 2\,e^- \rightleftharpoons H_2 \qquad \text{mit} \qquad E^0 = 0\,V \tag{4.1}$$

bestimmt das Potential der Standardwasserstoffelektrode. Das Elektrodenmaterial Platin wirkt als Katalysator; es nimmt nicht an der Reaktion teil.

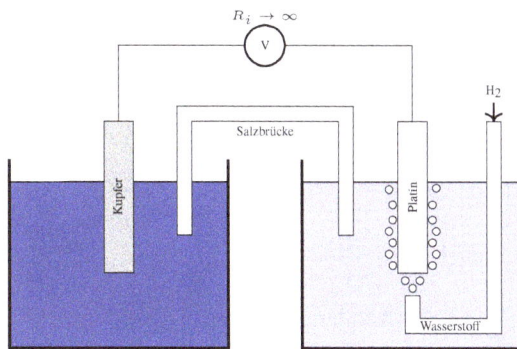

Abb. 4.2.: Standardwasserstoffelektrode mit Kupfer-Halbzelle, über Salzbrücke ionenleitend verbunden

Über einen Stromschlüssel kann eine beliebige andere Halbzelle an die Standardwasserstoffelektrode angeschlossen werden (Abb. 4.2).

Die Standardwasserstoffelektrode ist wegen des apparativen Aufwandes für Routinemessungen nicht geeignet. Ein Weg, die Handhabung der Wasserstoffelektrode zu vereinfachen besteht darin, den Wasserstoff direkt durch Elektrolyse im Messsystem zu erzeugen. Man spricht dann von einer autogenen Wasserstoffelektrode [Hon14]. Inzwischen wurden miniaturisierte Gasentwicklungszellen zur elektrisch gesteuerten Wasserstoffentwicklung bekannt [Win87]. Auf Basis solcher Gasentwicklungszellen wurden Wasserstoffelektroden mit interner Wasserstoffquelle entwickelt, die leicht handhabbar sind. Ein Beispiel ist die „HydroFlex"-Elektrode der Firma Gaskatel.

Sekundäre Referenzelektroden

Für Routinemessungen werden sekundäre Referenzelektroden benutzt, die leichter handhabbar sind als die Standardwasserstoffelektrode. Sekundäre Referenzelektroden sind z.B. die Kalomelelektrode oder die Silber/Silberchlorid-Elektrode. Sie werden oft direkt mit Indikatorelektroden zu sog. Einstabmessketten verbunden.

Silber-Silberchlorid-Elektrode   In Abb. 4.3a ist eine Ag/AgCl-Elektrode schematisch dargestellt. Die Ag/AgCl-Elektrode umfasst einen Silberdraht, der mit Silberchlorid beschichtet ist und in eine gesättigte KCl-Lösung eintaucht. Diese Komponenten befinden sich in einem stabförmigen Glasgefäß, welches unten mit einem Diaphragma[1] verschlossen ist. Über das Diaphragma erfolgt der Ladungsaustausch mit der Messlösung. Das Standardpotential der Ag/AgCl-Elektrode hängt von der Konzentration der KCl-Lösung und der Temperatur ab; es beträgt $E^0_{Ag^+/Ag} = 0,197\,\text{V}$, wenn die KCl-Lösung gesättigt ist und die Temperatur 25 °C beträgt.

Kalomel-Elektrode   Eine Kalomel-Elektrode umfasst eine Schichtung von reinem Quecksiber (unten), welches mit Quecksilber(I)-chlorid (Hg_2Cl_2) bedeckt ist, und darüber eine KCl-Lösung definierter Konzentration. Das Quecksilber ist über einen in Glas eingeschmolzenen Platindraht kontaktiert. Je nach Bauart wird die KCl-Lösung über einen Stromschüssel oder ein Diaphragma mit der Messlösung verbunden. Das Standardpotential der Kalomel-Elektrode hängt von der Konzentration der KCl-Lösung und der Temperatur ab; es beträgt 0,2412 V, wenn die KCl-Lösung gesättigt ist und die Temperatur 25 °C beträgt [Van15].

4.2.3. Ionensensitive Elektroden

Ionensensitive Elektroden sind Halbzellen, die bevorzugt auf nur eine Ionenart in der Lösung ansprechen und in Verbindung mit einer Referenzelektrode zur potentiometrischen Bestimmung dieser Ionen in einer Elektrolytlösung geeignet sind. Die Selektivität bewirkt eine Membran, die der Elektrode vorgeschaltet ist oder selbst die Elektrode bildet (vergl. Abb. 4.3b und c). An der Grenzfläche ionensensitive Membran/Messlösung entwickelt sich ein konzentrationsabhängiges Potential, welches die Aktivität des zu messenden Analyten abbildet und mit

---

[1] Diaphragma: eine poröse Trennwand, die verschiedene Elektrolytgebiete trennt, ohne dass der Stromdurchgang unterbrochen wird.

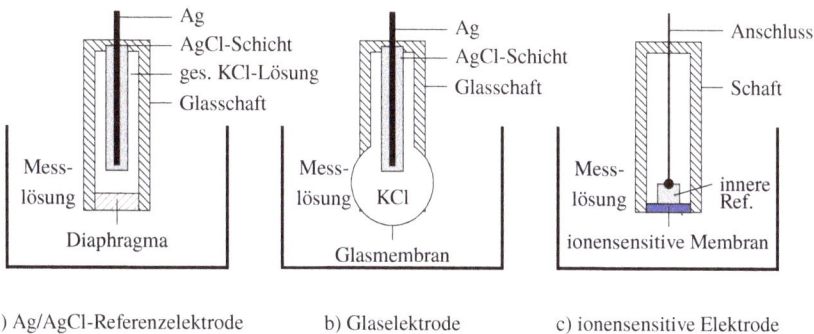

a) Ag/AgCl-Referenzelektrode b) Glaselektrode c) ionensensitive Elektrode

Abb. 4.3.: Elektroden für potentiometrische Messungen

der Nernstschen Gleichung zu beschreiben ist. Dabei zeigen die meisten Elektroden Querempfindlichkeiten zu anderen Ionen. Für eine korrekte Beschreibung gilt in diesen Fällen eine Erweiterung der Nerstschen Gleichung, die Nikolski-Gleichung (siehe dazu [CG96]).
Ionensensitive Elektroden sind stabförmig aufgebaut, wobei am unteren Ende die elektrochemisch sensitive Zelle (der Sensor) angeordnet ist. Die älteste ionensensitive Elektrode ist die Glaselektrode zur Bestimmung der H_3O^+-Konzentration bzw. des pH-Wertes. Nach [Hai04] stehen in der Praxis Membranmaterialien u.a. für folgende Ionen zur Verfügung

- Glasmembranen für Oxonium H_3O^+ und Na^+
- Kristallmembranen für F^-, Cl^-, Br^-, CN^-, S^{2-}, Ag^+, Cu^{2+}, Cd^{2+}, Pb^{2+}
- Polymermembranen für Na^+, K^+, Ca^{2+}, NO_3^-, BF_4^-.

Aufbau und Funktion ionensensitiver Elektroden sind in der Literatur umfassend dargestellt, z.B. in [HH91, CG96, Hai04]. Wir skizzieren nachfolgend die Glaselektrode und nennen andere Möglichkeiten zur Herstellung ionensensitiver Elektroden.

Glaselektroden und pH-Wert

Glaselektroden besitzen eine stabförmige Geometrie und am unteren Ende den sensitiven Bereich. Das ist eine sehr dünnwandige Membran, die als Gefäß ausgebildet ist und aus einem H_3O^+-selektivem Spezialglas besteht. Dieses dünnwandige Gefäß ist mit einer Elektrolytlösung, dem sog. Innenpuffer (pH-Wert von 7,00) gefüllt (Abb. 4.3). Dank des Innenpuffers bildet sich eine etwa 100 nm dicke Quellschicht auf der Innenseite der ca. 0,1–0,5 mm dicken Glasmembran. Zum Messen muss die Glasmembran auch auf ihrer Außenseite eine Quellschicht besitzen. Um diese zu bilden und zu erhalten, muss die Membran länger Zeit (ca. 1 Tag) in einer Pufferlösung konditioniert und später auch gelagert werden. Beim Messen stellt sich die äußere Quellschicht auf die H_3O^+-Ionenkonzentration, entsprechend dem unbekannten pH-Wert der Messlösung ein, so dass über die Glasmembran eine pH-Wert-abhängige Potentialdifferenz entsteht, die der Nernstschen Gleichung folgt. In den Innenpuffer taucht eine Silber-Silberchlorid-Elektrode als Referenzelektrode und eine zweite Referenzelektrode, taucht

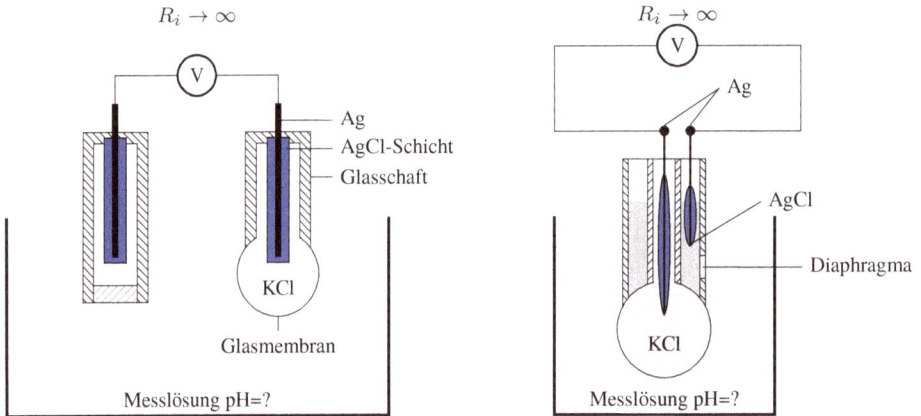

Abb. 4.4.: pH-Messketten mit Glaselektrode, schematisch
links mit getrennter Ag|AgCl-Referenzelektrode, rechts Einstabmesskette

in die Messlösung. An den Referenzelektroden kann die Potentialdifferenz, die sich als Funktion der H_3O^+-Konzentration der Messlösung über der sensitiven Glasmembran eingestellt hat, abgegriffen werden. Es ist klar, dass der Innenwiderstand dieser Elektrode bedingt durch die Glasmembran sehr hoch ist. In der Literatur werden Werte zwischen etwa 50 und 400 MΩ angegeben, die von der Glasart, der Dicke und Fläche der Membran und der Temperatur abhängen. Das Signal der Elektrode wird wegen des hohen Innenwiderstand in einer geschirmten Leitung weggeführt.

Einstabmesskette Einstabmessketten umfassen neben der Glaselektrode auch die Referenzelektrode, wodurch die Handhabung der Messkette deutlich vereinfacht wird (Abb. 4.5). Das abgehende Kabel ist geschirmt (Koaxialkabel), wobei die niederohmigere Referenzelektrode auf den Schirm (Kupfergeflecht) und die hochohmige sensitive Elektrode auf die Seele des Kabels gelegt ist.

Elektroden mit anderen ionenselektiven Membranen

Bei einer Glaselektrode sorgt die Glasmembran für das selektive Ansprechen der Elektrode auf H_3O^+-Ionen. Damit ist ein Weg zur Herstellung anderer ionenselektiver Elektroden vorgezeichnet: Die Glasmembran wird durch eine andere Membran ersetzt, die selektiv und reversibel mit einem anderen Ion reagiert, so dass sich ein konzentrationsabhängiges Potential ausbildet und die Spannung zwischen ionensensitiver Elektrode und Referenzelektrode ausgewertet werden kann.
Abhängig vom nachzuweisendem Ion wurden verschiedene technische Lösungen für ionenselektive Membranen gefunden, nämlich die Festkörpermembran (Abb. 4.3c), die Flüssigmembran und die Polymermembran.

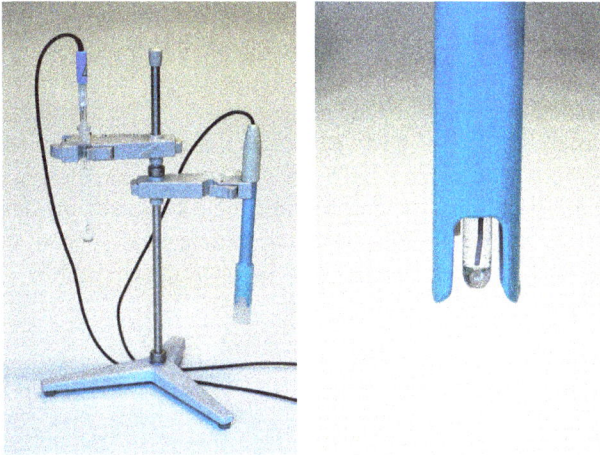

Abb. 4.5.: Glaselektroden,
a) Verschiedene Einstabmessketten für den Laboreinsatz im Halter
b) Detail des sensitiven Bereiches der rechten Einstabmesskette
(Foto: J. Weitzenberg, Leipzig)

Festkörpermembran Eine ionenselektive Festkörpermembran kann freitragend sein und analog zur Glaselektrode auch einen definierten Innenpuffer und eine Referenzelektrode besitzen, worüber das Potential abgegriffen wird. Diese Lösung hat den Vorteil, dass der Temperaturgang der Referenzelektroden sich aufhebt, wenn in der Messlösung eine gleichartige Referenzelektrode verwendet wird. Die Festkörpermembran kann auch direkt mit einem metallischen Leiter verbunden sein, z.B. als Schicht auf einem Trägermetall. Dann entfällt der Vorteil der Kompensation des Temperaturganges der Referenzelektroden.

Polymermembran Ionenselektive Polymermembranen bestehen aus einem Polymer wie PVC, Polyacrylamid o.ä. in welches eine elektroaktive Verbindung eingebaut ist, die für die notwendige Selektivität für das zu messende Ion sorgt ([Cam92]. In der Literatur werden zahlreiche Verfahren zur Herstellung ionenselektiver Polymermembranen beschrieben, die u.a. den Einbau bestimmter Salze, den Einbau von Ionophoren, den Einbau von Weichmachern oder deren Stabilisierung betreffen.

Alle ionenselektiven Elektroden sind bedingt durch die potentialbestimmende Membran extrem hochohmige Spannungsquellen. Sie erfordern zur Auswertung des Signals eine Elektronik mit entsprechend hochohmigem Eingang und einer Auflösung von Bruchteilen eines Millivolt.

Anwendungsgebiete der Potentiometrie und damit ionensensitiver Elektroden sind

- die Bestimmung der Konzentrationen bestimmter Ionen in Lösungen,
- die Endpunktbestimmung bei potentiometrischer Titration sowie
- die Bestimmung der Konzentration bestimmter Analyte im Blutserum.

4.2.4. Hochohmige Verstärker für potentiometrische Messungen

Anforderungen an die Elektronik   In einer potentiometrischen Messkette wird die Messgröße, eine Ionenkonzentration, auf eine Spannung abgebildet, wie an der Messkette mit Glaselektrode skizziert. Die Messkette ist eine galvanische Zelle mit sehr hohem Innenwiderstand, deren Spannung der Nernstschen Gleichung folgt. Spannungsänderungen erfolgen aus elektronischer Sicht nur vergleichsweise langsam. Um eine Verfälschung des Spannungssignals und damit des Messwertes zu vermeiden, muss der Eingang der Schaltung entsprechend hochohmig sein und es müssen Störeinstreuungen (Rauschen, Brummen) unterbunden werden.

Schaltungs- und Verstärkerauswahl   Um die Messkette nicht zu belasten, wählt man als erste Verstärkerstufe eine Impedanzwandlerschaltung. Bei Verwendung von Operationsverstärkern kann das ein Elektrometerverstärker (nichtinvertierende Verstärker, Abb. 3.33) oder ein Instrumentenverstärker (siehe Abb. 3.35) sein.
Der Operationsverstärker selbst muss einen extrem hohen Eingangswiderstand bzw. geringen Eingangsstrom besitzen. Dies erfüllen Operationsverstärker mit MOSFET-Eingängen, deren Eingangsstrom in der Größenordnung von 100 fA oder darunter liegt, wie z.B. beim Verstärker LMC6482QML von Texas Instruments [tex13].

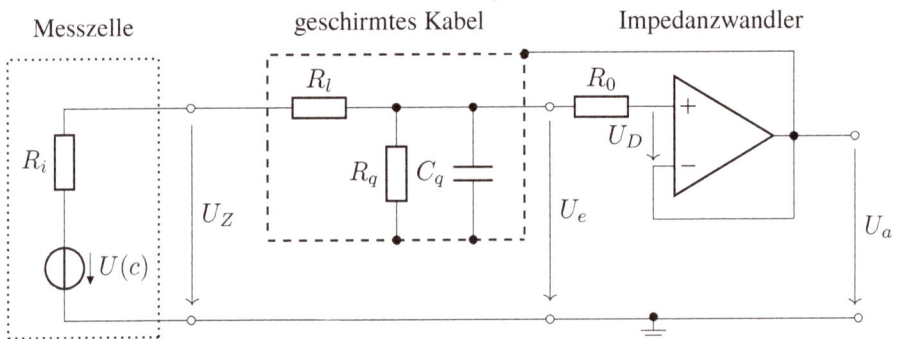

Abb. 4.6.: Messzelle mit Kabelverbindung und Impedanzwandler

Kabeleinflüsse und ihre Kompensation   Um die Einstreuung von Störungen auf die hochohmige Messleitung zu verhindern, wird diese Leitung abgeschirmt. Aus den Ausführungen zu Leitungen in Kapitel 3.1.20 ergibt sich, dass auch ein abgeschirmtes Messkabel auf das Messsignal Einfluss nehmen kann, denn durch Kapazitätsbelag und Ableitungsbelag wird die Quelle belastet. Als Richtwert kann man für ein Koaxialkabel einen Kapazitätsbelag $80\text{--}100\,\frac{\text{pF}}{\text{m}}$ annehmen. Aus Sicht der Quelle erscheinen Kapazitätsbelag und Ableitungsbelag als eine Ersatzkapazität C_q und ein Ersatzwiderstand R_q, angeordnet zwischen der Seele und dem Schirm des Kabels (Abb. 4.6). Wenn der gestrichelt dargestellte Schirm des Kabels auf Masse gelegt wird, bildet die Parallelschaltung von R_q und C_q einen Spannungsteiler mit dem Innenwiderstand R_i der konzentrationsgesteueren Spannungsquelle $U(c)$ und dem Leitungswiderstand R_l. Dies würde das Signal verfälschen. Es gelingt, den störenden Einfluss von Kabelkapazität und

Querwiderstand zu eliminieren, wenn die erste Stufe des Verstärkers, ein Impedanzwandler, die Verstärkung 1 hat und der Schirm des Koaxialkabels mit dem niederohmigen Ausgangs des Verstärkers verbunden wird, wie in Abb. 4.6 dargestellt. Dann wird der Schirm des Kabels mit der Signalspannung mitgeführt und es existiert zwischen Seele und Schirm praktisch keine Spannungsdifferenz, so dass kein Querstrom fließen kann. Zweckmäßig verwendet man mehrfach geschirmte Koaxialkabel. Dabei führt der Innenleiter (Seele) das Signal und der innere Schirm kann mit dem Signal mitgeführt werden.

Temperaturkompensation des Messwertes   Bei sonst gleichen Bedingungen ändert sich die von einer Messzelle abgegebene Spannung mit der Temperatur. Die Änderung beschreibt der Term vor dem Logarithmus in der Nernstschen Gleichung, der auch Steilheit s genannt wird. Mit den Werten für $R = 8,3144 \, \frac{\mathrm{W\,s}}{\mathrm{mol\,K}}$ und $F = 96\,485 \, \frac{\mathrm{A\,s}}{\mathrm{mol}}$ ergibt sich bei idealem Verhalten und $25\,°\mathrm{C}$ für einwertige Ionen

$$s = 2.303 \cdot \frac{RT}{nF} = 59\,\mathrm{mV}. \tag{4.2}$$

4.3. Voltammetrische Verfahren

4.3.1. Messprinzip

Zur Voltammetrie zählen elektroanalytische Methoden, die dadurch gekennzeichnet sind, dass der Strom über eine ausgezeichnete Elektrode, die Arbeitselektrode, als Funktion der angelegten Spannung gemessen wird. Das Potential der Arbeitselektrode kann man unter Verwendung einer dritten Elektrode kontrolliert einstellen (siehe Kapitel 4.3.5). Abhängig von der Polarität und Höhe der an der Arbeitselektrode angelegten Spannung werden bestimmte Redoxreaktionen (Elektrolysen) erzwungen. Diese Reaktionen spiegeln sich in der Stromdichte-Spannungs-Kennlinie[1] wider (Abb. 4.7). Solch eine $I(U)$-Kennlinie ist geeignet, die elektrochemischen Prozesse an der Elektrode zu charakterisieren und analytische Informationen zu gewinnen.

Je nach Methode wird entweder die angelegte Spannung kontinuierlich verändert, dann spricht man von Voltammetrie bzw. von Polarographie, wenn eine Quecksilbertropfelektrode als Arbeitselektrode verwendet wird, oder es wird ein vorher bestimmter, analytisch relevanter, fester Spannungswert verwendet, dann heißt das Verfahren Amperometrie. In jedem Fall werden zusammengehörige Werte (Wertepaare) von Spannung und Strom registriert.

---

[1] Da keine konkreten Messwerte angegeben werden, benutzen wir den allgemeinen Begriff „Strom-Spannungs-Kennlinie".

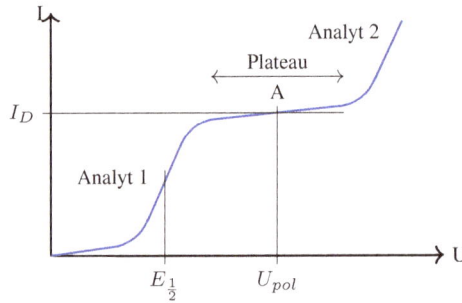

Abb. 4.7.: Strom-Spannungs-Kurve einer voltammetrischen Messzelle mit Halbstufenpotential und Diffusionsgrenzstrom, schematisch

Stromanteile   Bei den voltammetrischen Verfahren treten prinzipiell zwei Stromanteile auf, nämlich

- ein kapazitiver Strom, der die elektrolytische Doppelschichtkapazität auflädt oder entlädt, wenn sich die extern angelegte Spannung ändert, und
- ein faradayscher Strom, wenn ein Ladungsdurchtritt zwischen Elektrode und Elektrolyt erfolgt,

wie schon in Kapitel 3.3.6 erörtert.

4.3.2. Inerte Elektroden

Inerte Elektroden nehmen an der elektrochemischen Reaktion nicht teil, sie sind jedoch der Ort, an dem elektrochemische Reaktionen von im Elektrolyten gelösten Stoffen ablaufen können. Je nach dem Potential der Arbeitselektrode können dort gelöste Stoffe oxidiert oder reduziert werden. Die Arbeitselektrode dient dabei als Elektronenakzeptor oder Elektronendonator. Gebräuchliche Materialien für inerte Elektroden sind Gold, Platin, Quecksilber und Kohlenstoff.

Elektrodenausführungen   Elektroden kommen massiv als Blech, Stab, Draht oder Drahtgeflecht, aber auch in Form dicker oder dünner Schichten auf isolierenden Trägermaterialien zum Einsatz. Für bestimmte analytisch-experimentelle Aufgaben werden spezielle Elektrodenausführungen verwendet, wie rotierende Scheibenelektroden, Mikroelektroden oder Mikroelektrodenarrays, die wir hier nur erwähnen. In der Literatur sind zahlreiche Ausführungen inerter Elektroden beschrieben [SHCS13].

Eine spezielle Elektrode ist die **Quecksilbertropfelektrode**, die Quecksilber als Elektrodenmaterial verwendet. Das Quecksilber befindet sich in einem Vorratsgefäß mit angeschlossener Kapillare. Zum Messen wird ein Quecksilberfluss durch die Kapillare so eingestellt, dass sich am Ende der Kapillare ein Quecksilbertropfen bildet, der langsam wächst und je nach Kapillare bei einem Durchmesser von 50–$100\,\mu m$ durch sein Eigengewicht schließlich abreißt. Danach

bildet sich sofort ein neuer Tropfen, der wächst, wieder abreißt usw. Die Tropffrequenz wird so eingestellt, dass sich der Tropfen periodisch z.B. aller 2–4 s erneuert. Auf diese Weise ist gewährleistet, dass fortwährend ein Teil der Arbeitselektrode nicht kontaminiert ist.
Die Quecksilbertropfelektrode ist die Arbeitselektrode der Polarographie [HK65].

4.3.3. Polarographie

Die Polarographie [HK65] geht zurück auf J. Heyrovský[1]. Sie ist dadurch gekennzeichnet, dass die Aufnahme der Strom-Spannungs-Kurve zu analysierender Proben an einer **Quecksilber-tropfelektrode** als Arbeitselektrode erfolgt. Über eine zweite, unpolarisierbare Elektrode wird der Stromkreis geschlossen. Die zweite Elektrode kann eine großflächige Quecksilberelektrode am Boden des Analysegefäßes sein. Beide Quecksilberelektroden werden mit einem Platindraht kontaktiert. Eine Begleiterscheinung des periodischen Tropfens sind Schwingungen in der $I(U)$-Kurve mit der Frequenz des Tropfens. Die elektrische Beschaltung der Messzelle ist einfach und entspricht der in Abb. 3.44 auf Seite 75 angegebenen.

Analytische Informationen

Die analytisch interessanten Reaktionen finden an der Arbeitselektrode statt und führen zu einer charakteristischen Strom-Spannungs-Kurve. Die Abb. 4.7 zeigt schematisch solch eine Abhängigkeit des Stromes von der angelegten Spannung. Die $I(U)$-Kurve besitzt zwei ausgezeichnete Punkte, die analytische Informationen beinhalten, das sog. Halbstufenpotential $E_{\frac{1}{2}}$ und den Diffusionsgrenzstrom I_D.

Halbstufenpotential Das Halbstufenpotential $E_{\frac{1}{2}}$ ist eine für die Ionenart (Analyt) charakteristische Größe und erlaubt es, die Ionenart zu bestimmen. Beim Halbstufenpotential hat die $I(U)$-Kurve einen Wendepunkt, d.h., der Differntialquotient $\frac{dI}{dU}$ hat dort ein Maximum.

Diffusionsgrenzstrom Durch den Analytumsatz an der Arbeitselektrode verarmt die Lösung in einer Grenzschicht vor der Arbeitselektrode an Analyt. Der Analyt wird aus der Probe durch Diffusion nachgeliefert. Die Diffusion des Analyten zur Arbeitselektrode ist im stationären Fall der strombegrenzende Faktor. Der diffusionsbegrenzte Strom I_D ist der Konzentration c des Analyten direkt proportional, wie man über die Fickschen Diffusionsgesetze[2] und das Faradaysche Gesetz zeigen kann. Wenn der Arbeitspunkt A, also das Potential der Arbeitselektrode, geeignet gewählt wird (U_{pol} in Abb. 4.7), ist der Strom diffusionsbegrenzt. Der Diffusionsgrenzstrom I_D ist ein Maß für die Konzentration des umgesetzten Ions in der Lösung.

Moderne Polarographen erlauben neben der klassischen polarographischen Methode weitere amperometrische Arbeitsmetoden [Kli20]. Sie besitzen dafür eine entsprechende elektronische

---

[1] Jaroslav Heyrovský, tschechischer Physikochemiker, 1890 – 1967, 1959 Nobelpreis für Chemie für die Entwicklung der Polarographie
[2] nach Adolf Eugen Fick, deutscher Physiologe, 1829 – 1901

Ausstattung zur Spannungsversorgung der Messzelle, zur Messwertaufnahme und Auswertung mit Rechnersteuerung.

4.3.4. Messzelle mit zwei Elektroden

In einer Messzelle mit zwei Elektroden, wie bei der Polarographie beschrieben, teilt sich die angelegte Spannung auf mehrere Spannungsabfälle innerhalb der Zelle auf. Dem allgemeinen Ersatzschaltbild einer Zelle (Abb. 3.47 auf Seite 85) kann man entnehmen, dass bei Stromfluss durch die Zelle über die Polarisationswiderstände R_{GF_1}, R_{GF_2} und den Widerstand des Elektrolyten R_{El} Spannungsabfälle entstehen, die sich addieren und deren Summe der anliegenden Spannung entspricht.

In einer Zelle mit zwei Elektroden kann man diese Spannungsabfälle prinzipiell nicht voneinander trennen. Die $I(U)$-Kennlinie einer Zelle mit zwei Elektroden enthält deshalb Eigenschaften beider Elektroden und des Elektrolyten. Dieser Sachverhalt ist für analytische Zwecke nachteilig; er kann durch Hinzunahme einer dritten, hochohmigen Elektrode behoben werden.

4.3.5. Messzelle mit drei Elektroden und einfacher Beschaltung

In Abb. 4.8 ist eine elektrochemische Messzelle mit drei Elektroden schematisch dargestellt. Die drei Elektroden sind die **Arbeitselektrode** (AE), die hochohmige **Referenzelektrode** (RE) und die **Gegenelektrode** (GE). Wir erläutern zunächst die Aufgaben der drei Elektroden und geben eine Ersatzschaltung sowie die externe Beschaltung der Messzelle an.

Arbeitselektrode (AE)   Die Vorgänge an der Arbeitselektrode sollen untersucht bzw. kontrolliert werden. Dazu wird der Spannungsabfall über die Phasengrenze und der Strom zur Arbeitselektrode gemessen. Die Spannungsabfälle über den Elektrolyt und die Gegenelektrode werden eliminiert, so dass die $I(U)$-Kennlinie der Arbeitselektrode frei von diesen Spannungsabfällen ist.
Außerdem soll es möglich sein, Reaktionen an der Arbeitselektrode bei einem vorgegebenem, festen oder zeitlich veränderlichem Potential ablaufen zu lassen.

Referenzelektrode (RE)   Die Referenzelektrode greift das Potential unmittelbar vor der Arbeitselektrode ab. Als Potentialsonde muss sie stromlos sein. Um die Potentialverhältnisse vor der Arbeitselektrode durch die Referenzelektrode nicht zu stören, kann eine sog. Luggin[1]-Kapillare genutzt werden. Die Luggin-Kapillare ist ein mit Elektrolytlösung befülltes Glasröhrchen mit ausgezogener Spitze. Die Spitze der Kapillare wird direkt vor der Arbeitselektrode positioniert und der Elektrolyt stellt als Ionenleiter (Stromschlüssel) die Verbindung zur Referenzelektrode her.

---

[1]   Hans Luggin, 1863–1899, österreichischer Physiker

Gegenelektrode (GE)   Die Gegenelektrode dient zur Einspeisung des Stromes in die Zelle. Damit Polarisationsprozesse an der Gegenelektrode nicht ins Gewicht fallen, kann deren Fläche deutlich größer gewählt als die Fläche der Arbeitselektrode, z.B. 10 mal so groß.

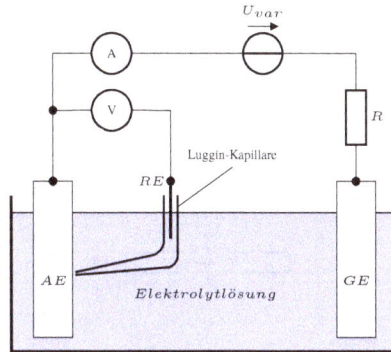

Abb. 4.8.: Messzelle mit Arbeitselektrode (AE), Referenzelektrode (RE) mit Luggin-Kapillare, Gegenelektrode (GE) und einfacher Beschaltung

Ersatzschaltung der Messzelle   Eine Ersatzschaltung für eine Messzelle mit drei Elektroden kann man aus der Ersatzschaltung für Halbzellen nach Abb. 3.46c aufbauen. Dazu wird für jede der drei Elektroden eine solche Ersatzschaltung verwendet und diese drei Ersatzschaltungen werden an einem Knoten, dem Punkt x in Abb. 4.9, verbunden. An diesem Punkt x wird über die Lugginkapillare das Potential abgegriffen. Gleichzeitig teilt der Punkt x den Elektrolytwiderstand zwischen Arbeitselektrode und Gegenelektrode in R_{El_1} und R_{El_2}. Der Spannungsabfall über R_{El_1} verfälscht die Kennlinie immer noch und muss möglichst klein gemacht werden, indem die Lugginkapillare direkt vor der Oberfläche der Arbeitselektrode positioniert wird. Die Widerstände im Pfad der Referenzelektrode stören dagegen nicht, wenn die Spannungsmessung genügend hochohmig erfolgt. Mit dieser Anordnung kann der Spannungsabfall über die Arbeitselektrode vom Spannungsabfall über die Elektrolytstrecke und die Gegenelektrode separiert werden.

Beschaltung der Messzelle   Zwischen Arbeitselektrode und Gegenelektrode liegen in Abb. 4.8 eine Gleichspannungsquelle mit einstellbarer Spannung und ein Amperemeter zur Messung des Stromes durch die Zelle. Der Widerstand R steht für Leitungswiderstände und den Innenwiderstand der Spannungsquelle sowie des Amperemeters. Zwischen der Arbeitselektrode und der Referenzelektrode ist ein hochohmiges Voltmeter ($R_i \longrightarrow \infty$) angeschlossen. Mit dieser Anordnung kann die $I(U)$-Kennlinie der Arbeitselektrode aufgenommen werden, wenn über die Gegenelektrode der Stromkreis geschlossen ist und die Spannung U_{var} langsam (quasi-statisch) verändert wird.

Abläufe in der Messzelle   Wir betrachten nachfolgend die Arbeitselektrode in einer ruhenden Elektrolytlösung. Wenn keine externe Spannung anliegt, herrscht an der Phasengrenze ein

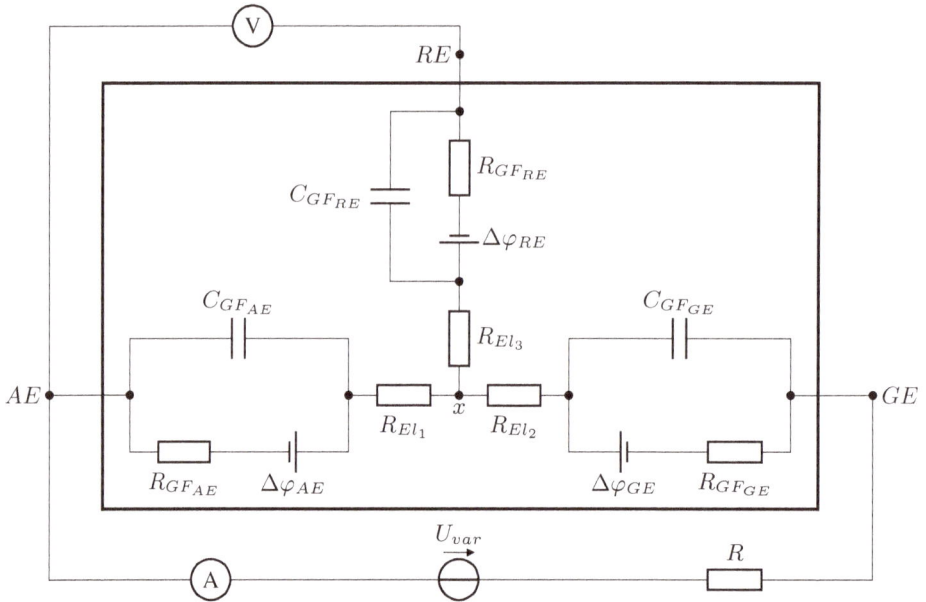

Abb. 4.9.: Ersatzschaltbild einer Messzelle mit 3 Elektroden und einstellbarer Spannungsquelle sowie Strom- und Spannungsmessgeräten zur Aufnahme der $I(U)$-Kennlinie

dynamisches Gleichgewicht und der Ladungsträgeraustausch zwischen Elektrolyt und Metall ist durch die Austauschstromdichte gegeben. Beim Anlegen der externen Spannung wird das Gleichgewicht verlassen, die Stromdichte in der durch die Spannung vorgegebenen Richtung wächst und das Elektrodenpotential verschiebt sich entsprechend.

Der faradaysche Strom ist von einem Stoffumsatz begleitet, wodurch die umgesetzten Spezies der Lösung in der Grenzschicht der Arbeitselektrode entzogen werden. In ruhender Elektrolytlösung können die umgesetzten Spezies nur durch Diffusion aus dem Volumen nachgeliefert werden. Damit kommen die Fickschen Diffusionsgesetze und mit diesen ein Temperatur- und ein Zeitverhalten ins Spiel.

4.3.6. Prozesskontrolle mit elektronischem Regler – Potentiostat

Die in Abb. 4.8 angegebene, einfache Beschaltung der Messzelle mit drei Elektroden ersetzt man zweckmäßig durch einen elektronischen Regler, einen sog. Potentiostaten (Abb. 4.10).

Ein Potentiostat misst die Spannung U_{pol}^{ist} (Regelgröße) zwischen Arbeitselektrode AE und Referenzelektrode RE, vergleicht den gemessenen Wert mit einer vorgegebenen Polarisationssollspannung U_{pol}^{soll} (Führungsgröße) und regelt mittels einer Leistungsstufe die Spannung an der Gegenelektrode GE so nach, dass bei dem durch die Zelle sich einstellendem Strom I_{Probe} die Spannung zwischen Arbeitselektrode und Referenzelektrode den vorgegebenen Wert U_{pol}^{soll} annimmt. Die Spannungsmessung über die Referenzelektrode erfolgt stromlos, daher ist der über

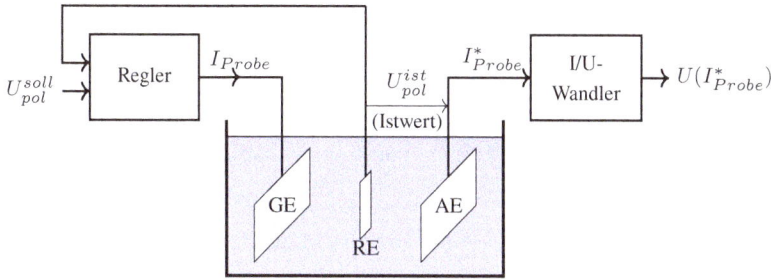

Abb. 4.10.: Voltammetrische Messanordnung mit elektronischem Regler (Potentiostat)

die Arbeitselektrode abfließende Strom I^*_{Probe} gleich dem über die Gegenelektrode zufließenden Strom I_{Probe}. Aus elektrochemischer Sicht ist deshalb die Messung von I_{Probe} oder I^*_{Probe} gleichwertig; an welcher Stelle der Strom gemessen wird, ist eine Frage der Schaltungstechnik (Kapitel 4.3.9).

Der Betrieb einer Dreielektroden-Messzelle in einer Anordnung mit Potentiostat nach Abb. 4.10 erlaubt die Aufnahme der $I(U)$-Kennlinie der Arbeitselektrode und die Durchführung unterschiedlicher voltammetrischen Verfahren. Die Bezeichnung des Messverfahrens hängt von der Zeitfunktionen der Führungsgröße U^{soll}_{pol} ab. Man unterscheidet folgende Verfahren

- Amperometrie, wenn die Führungsgröße konstant ist,
- Linear sweep voltammetry, wenn die Führungsgröße linear mit der Zeit wächst,
- zyklische Voltammetrie, wenn die Führungsgröße eine Dreieckspannung ist und
- Puls-Voltammetrie, wenn die Führungsgröße linear mit der Zeit wächst und Rechteckimpulse kleiner Amplitude überlagert sind oder alternativ eine Treppenfunktion ist.

Die Führungsgröße U^{soll}_{pol} muss von einem Funktionsgenerator bereitgestellt und vom Potentiostaten verarbeitet werden.

Amperometrie Bei der Amperometrie hält der Potentiostat das Potential vor der Arbeitselektrode auf einem konstanten Wert und der Strom über die Arbeitselektrode wird gemessen. Das Potential wird so gewählt, dass für eine bestimmte elektroaktive Spezies X ein diffusionsbegrenzter Strom fließt (Abb. 4.7). Dann ist der Strom der Konzentration der Spezies X proportional und das Verfahren kann zur Konzentrationsbestimmung verwendet werden, wobei nur ein geringer Stoffumsatz erfolgt.

Linear sweep voltammetry Die Führungsgröße wird linear mit der Zeit von einem Anfangswert U_1 zu einem Endwert U_2 erhöht. Mit dieser Methode erhält man die Kennlinie einer Elektrode im durchfahrenen Spannungsintervall. Abhängig von den im Elektrolyten enthaltenen elektroaktiven Spezies ergeben sich unter Umständen mehrere Halbstufenpotentiale und Bereiche mit diffusionsbegrenztem Strom, analog zu Abb. 4.7.

Dreieckspannungsmethode – zyklische Voltammetrie   Die Linear sweep Methode wird erweitert, indem die Spannung von einem Anfangswert U_1 zu einem Endwert U_2 und zurück zu U_1 zeitlinear verändert wird. Der Spannungsbereich wird so gewählt, dass zwischen Anfangs- und Endwert die diffusionsbegrenzte Oxidation bzw. Reduktion interessierender Analyte stattfindet. Im Ergebnis der Untersuchung erhält man sog. zyklische Voltammogramme.

Puls-Voltammetrie   Ziel der Puls-Voltammetrie ist es, den kapazitiven Stromanteil vom faradayschen Strom zu trennen. Dazu werden einer linear ansteigenden Gleichspannung symmetrische Rechteckimpulse geringer Amplitude (z.B. 50 mV) und kurzer Periodendauer (z.B. 100 ms)überlagert (Abb.4.11a). Die Strommessung erfolgt zweimal pro Impulsperiode, einmal kurz vor der steigenden (I_1) und einmal kurz vor der fallenden (I_2) Impulsflanke. Anschließend wird für jeden Impuls der Mittelwert der beiden Ströme $I = \frac{1}{2}(I_2 + I_1)$ gebildet. Im Mittelwert erscheint der kapazitive Stromanteil einmal positiv nach der steigenden und einmal negativ nach der fallenden Flanke und wird so automatisch eliminiert. Die Führungsgröße der Puls-Voltammetrie kann analog erzeugt werden, indem einer zeitlinear ansteigenden Spannung eine Rechteckspannung überlagert wird (Abb.4.11a). Digital kann über einen D/A-Wandler eine Treppenkurve erzeugt werden (Abb.4.11b).

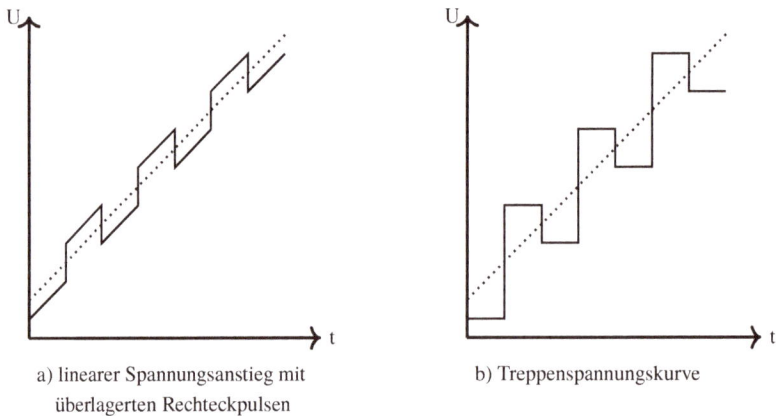

a) linearer Spannungsanstieg mit   b) Treppenspannungskurve
überlagerten Rechteckpulsen

Abb. 4.11.: Führungsgröße U_{pol}^{soll} bei der Puls-Voltammetrie

4.3.7. Impedanzspektroskopie

Die $I(U)$-Kennlinie einer elektrochemischen Zelle ist nichtlinear (Abb. 4.7). Die elektrischen Modelle in Gestalt der Ersatzschaltbilder, für eine Halbzelle Abb. 3.46 bzw. für eine Zelle Abb. 3.47, enthalten nur lineare, zeitinvariante Bauelemente Sie bilden ein LTI-System und modellieren damit keine Nichtlinearitäten und keine erschöpflichen Vorräte, wie sie in elektrochemischen Zellen auftreten. Die genannten Ersatzschaltbilder können das Verhalten deshalb nicht vollständig widerspiegeln.

Die Zusammenschaltung von Kapazitäten und Widerständen, wie sie in den Ersatzschaltbildern benutzt werden, ziehen eine Frequenzabhängigkeit des Widerstandes und eine frequenzabhängige Phasenverschiebung zwischen Strom und Spannung nach sich, wie wir in Kapitel 3.1.16 gesehen haben.

Eine Methode, die Frequenzabhängigkeit der Prozesse an einer Elektrode bzw. in einer elektrochemischer Zellen näher zu untersuchen, ist die sog. Elektrochemische Impedanzspektroskopie (EIS). Bei der Impedanzspektroskopie wird die Arbeitselektrode der Messzelle nacheinander mit verschiedenen Gleichspannungen beaufschlagt. Jeder Polarisationsspannung werden nacheinander Wechselspannungen geringer Amplitude (< 10 mV) und verschiedener Frequenzen (Frequenzbereich mHz bis MHz) überlagert. Als Antwortsignal wird der Strom gemessen und für jede Frequenz wird die Impedanz berechnet [Kur90]. Das erfordert neben einem Potentiostaten weiteren erheblichen apparativen Aufwand, den wir hier übergehen.

Zielstellungen, die man mit der Impedanzspektroskopie verfolgt, sind

- die Aufklärung von Reaktionsmechanismen
- das Studium kinetischer Prozesse oder
- die Charakterisierung von Elektroden.

Constant Phase Element und Warburg-Impedanz   Die Stromleitung durch eine elektrochemische Zelle umfasst die Diffusion und Durchtrittsreaktionen der Ladungsträger. Wenn die Zelle Teil eines Wechselstromkreises ist, verursachen diese Prozesse ein anderes Verhalten, als es von den rein elektronischen Ersatzelementen bekannt und in Abb. 3.9 zusammengestellt ist. In einem Wechselstrom-Ersatzschaltbild einer elektrochemischen Zelle verwendet man zusätzlich zu den elektronischen Ersatzelementen sog. Constant Phase Elements (CPE). Für die Impedanz eines Constant Phase Element gilt

$$Z_{CPC} = \frac{1}{(j\omega C)^\alpha} \qquad \text{mit} \qquad 0.5 \leq \alpha \leq 1$$

.

Wenn der Phasenwinkel 45° beträgt, heißt das Ersatzelement Warburg[1]-Impedanz.

Die Warburg-Impedanz kann analog zum Ersatzschaltbild einer Leitung (siehe Kapitel 3.1.20) durch eine Vielzahl einfacher Elemente approximiert werden, z.B. in einer Kettenstruktur, wie in Abb. 4.12 dargestellt [Hei20].

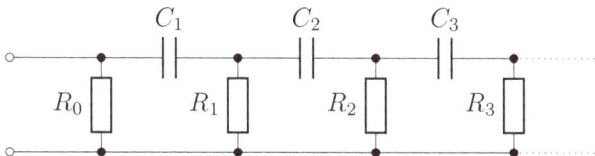

Abb. 4.12.: Approximation der Warburg-Impedanz

---

[1] Emil Gabriel Warburg, deutscher Physiker, 1846 – 1931

4.3.8. Coulometrie

Die Coulometrie ist ein elektroanalytisches Verfahren, bei welchem an einer Arbeitselektrode die Gesamtmenge einer bekannten, in der Elektrolytlösung enthaltenen Verbindung ermittelt wird, indem die für den Umsatz erforderliche Ladungsmenge Q gemessen und über das Faradaysche Gesetz auf die umgesetzte Stoffmenge m rückgeschlossen wird.

$$m = \frac{M}{z \cdot F} \cdot Q \qquad \text{mit} \qquad Q = \int\limits_{0}^{t_{Ende}} I(t) \, \mathrm{d}t \tag{4.3}$$

Die Coulometrie kann potentiostatisch oder galvanostatisch durchgeführt werden.
Das potentiostatische Verfahren erfordert viel Zeit, da mit abnehmender Konzentration der Strom gegen Null geht. Man benötigt deshalb ein Abbruchkriterium, beispielsweise kann das Absinken des Stromes auf 0,1% des Anfangswertes als Kriterium verwendet werden.
Bei galvanostatischer Arbeitsweise ist das Verfahren schneller, jedoch steigt mit der Zeit, also während der Reaktion, die Spannung an der Zelle, so dass sich auch das Elektrodenpotential verändert.

Ein Anwendungsgebiet der Coulometrie ist die Bestimmung des Wassergehaltes im Spurenbereich nach Karl Fischer. Dafür werden spezielle Analysegeräte angeboten [ech22].

Elektrogravimetrie   Die Elektrogravimetrie fußt auf der Metallabscheidung durch Elektrolyse und der Bestimmung der Masse des katodischen Niederschlags. Damit ist die Elektrogravimetrie kein rein elektronisches Messverfahren, sie erfordert zwei präzise Wägungen der Katode, einmal vor und einmal nach der Elektrolyse sowie zusätzlich Wasch- und Trockenschritte.

4.3.9. Potentiostat – Regelkreis und elektronische Komponenten

In Kapitel 4.3.6 haben wir das Zusammenwirken eines Potentiostaten mit einer Dreielektroden-Messzelle beschrieben und wenden uns nun der Funktion des Regelkreises und elektronischen Komponenten eines Potentiostaten zu. Dazu reduzieren wir den Regler in Abb. 4.13a zunächst auf ein Operationsverstärkersymbol und vereinbaren, dass auch der invertierende Eingang wie bei einem Instrumentenverstärker hochohmig ist.

Potentiostatischer Regelkreis

Potentiostat und Messzelle bilden einen Regelkreis. Ein Regelkreis ist ein rückgekoppeltes System, wie in Kapitel 3.2.8 beschrieben. Die Eigenschaften des Regelkreises hängen außer vom Potentiostaten in starkem Maße von den Eigenschaften der Rückkopplung, also vom elektrochemischen System und der Messzelle, ab.

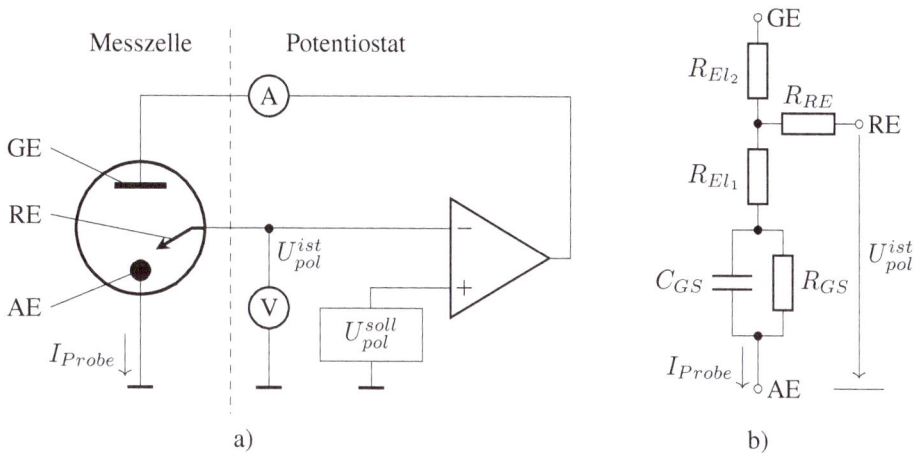

Abb. 4.13.: Potentiostat: a) Messzelle mit Regler (Prinzip), b) Ersatzschaltung der Messzelle

Elektrische Eigenschaften der Messzelle   Die Strecke Arbeitselektrode – Gegenelektrode ist die Regelstrecke in der Messzelle. Sie stellt aus Sicht des Verstärkers die Last dar, die abhängig von der Anwendung niederohmig oder hochohmig sein kann und deren Eigenschaften sich im Verlaufe einer Messung ändern können, z.B. durch Auf- oder Abbau von Deckschichten. Im niederohmigen Fall können Ströme von einigen Ampere notwendig sein, um die Polarisations-spannung U_{pol}^{ist} vor der Arbeitselektrode aufzubauen; im hochohmigen Fall ist der Strom durch die Zelle geringer und kann im mA- oder μA-Bereich liegen.
Elektrisch gesehen ist die Regelstrecke ein Tiefpass und liefert als Rückkopplungssignal die Spannung U_{pol}^{ist} an den Reglereingang (Abb. 4.13b). U_{pol}^{ist} ist eine Gleichspannung mit Wech-selspannungsanteil. Die Spannung U_{pol}^{ist} kann bei höheren Strömen, geringer Leitfähigkeit des Elektrolyten oder schlecht positionierter Referenzelektrode für den Regler störend große Werte annehmen und zusätzlich tritt abhängig von der Frequenz eine Phasenverschiebung auf, die bis zu $-90°$ betragen kann (vergleiche Abb. 3.19).
Auch die Referenzelektrode hat Tiefpasscharakter, ist aber stromlos.

Notwendige Eigenschaften des Regelverstärkers   Der Regelverstärker muss ein Gleichspan-nungsverstärker mit hoher Gleichspannungsverstärkung und einer Leistungsstufe sein, die die oben genannten Ströme liefern kann. Außerdem muss er die in der Messzelle auftretenden Am-plituden und Phasenverschiebungen des Rückkopplungssignals verarbeiten, ohne dass Selbster-regung auftritt. Stabilität wird erreicht, wenn die Verstärkung des Regelverstärkers ab der sog. Eckfrequenz mit -20 dB pro Frequenzdekade fällt.

Analoge Schaltungskomponenten im Potentiostaten

In Abb. 4.14 sind notwendige analoge Schaltungskomponenten eines Potentiostaten zusammengestellt. Das sind

- ein Impedanzwandler $V1$ zur hochohmigen Verarbeitung der Spannung U_{pol}^{ist} (Ist-Wert),
- eine Sollwert/Istwert-Vergleichsstufe,
- ein Sollwertgeber für U_{pol}^{soll},
- eine Leistungsverstärkerstufe $V2$ zur Speisung der Zelle sowie
- eine Schaltung zur Strommessung.

Die genannten Funktionen lassen sich mit entsprechend dimensionierten Operationsverstärkerschaltungen realisieren. Wir greifen deshalb auf die in Kapitel 3.2.10 vorgestellten Grundschaltungen von Operationsverstärkern zurück.

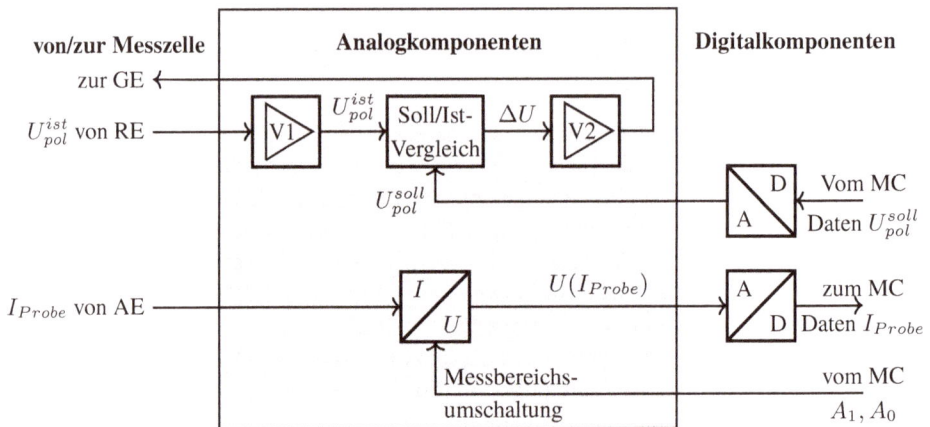

Abb. 4.14.: Analogkomponenten eines digital gesteuerten Potentiostaten

Impedanzwandler   Als Impedanzwandler ($V1$) eignet sich ein Elektrometerverstärker. Das ist ein nichtinvertierender Verstärker nach Abb. 3.33 mit einer Verstärkung von $V = +1$. Diese Verstärkung wird erreicht, indem der Widerstand R_1 entfernt wird (Wert $\to \infty$) und R_2 einen Wert von $0\,\Omega$ erhält (Kurzschluss).

Sollwert (Polarisationsspannung)   Der Sollwert kann, je nach Messverfahren, eine Gleichspannung, ein zeitlinearer Spannungsanstieg, eine Dreieck- oder Impulsspannung sein. Bei Bereitstellung dieser Spannungen auf analogem Weg kann

- eine konstante Spannung aus einer stabilen Referenzspannung abgeleitet werden,
- ein zeitlinearer Spannungsanstieg mittels Integrator (Abb. 3.32) erzeugt werden und
- eine Dreieckspannung mittels Funktionsgenerator nach Abb. 4.15 generiert werden.

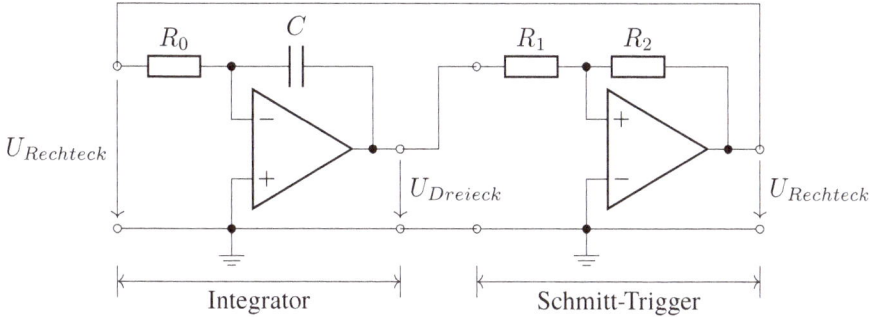

Abb. 4.15.: Funktionsgenerator zur Erzeugung von Dreieck- und Rechteck-Spannungen

In der Abb. 4.14 wird der Sollwert von einem D/A-Wandler bereitgestellt, indem von einem nicht dargestellten Mikrocontroller (MC) ein dem Analogwert entsprechender Digitalwert ausgegeben und vom D/A-Wandler in eine Spannung gewandelt wird. Die Lösung mit Mikrocontroller ist universell und erlaubt die Bereitstellung aller oben genannten Spannungsformen.

Soll/Ist-Vergleich Während des Regelprozess wird laufend die Regelabweichung, das ist die Differenz $\Delta U = U_{pol}^{soll} - U_{pol}^{ist}$, ermittelt und verstärkt. Je nach Schaltung kann für die Differenzbildung ein Subtrahierer nach Abb. 3.34 oder ein Addierer (Abb. 3.31) eingesetzt werden.

Regelverstärker Die Regelabweichung ΔU wird dem Verstärker $V2$ zugeführt, der als integrierender Regler arbeitet (Abb. 4.16). Das Verhältnis $\frac{R_2}{R_1}$ bestimmt die Verstärkung für $f \to 0$ und das RC-Glied im Rückkopplungszweig den Frequenzgang des Verstärkers. Die Endstufe des Verstärkers ist so ausgelegt, dass sie einen geforderten Maximalstrom und eine geforderte Maximalspannung liefern kann. Je nach Anwendung kann der erforderliche Maximalstrom wenige mA aber auch einige A betragen, während die notwendige Maximalspannung bei wenigen V aber auch bei einigen 10 V liegen kann. Aus den unterschiedlichen Ausgangsleistungen resultieren entsprechende Forderungen an die Stromversorgung, die wir hier nicht betrachten.

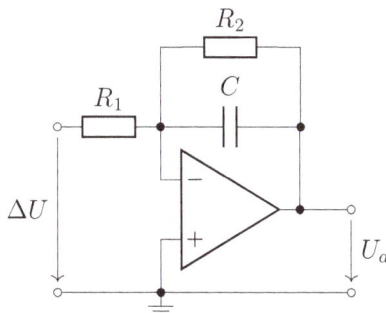

Abb. 4.16.: Integrierender Regler (Prinzip)

Strommessung Der Kanal für die Messung des Stromes I_{Probe} muss einerseits sehr kleine Ströme sicher erfassen können aber andererseits auch die Ströme, die die Leistungsstufe des Reglers maximal abgeben kann. Das heißt, es sind eventuell am unteren Ende Ströme im nA-Bereich und am oberen Ende im A-Bereich zu messen. Zur Messung des Stromes I_{Probe} gibt es verschiedene Wege, beispielsweise kann

- über einen Widerstand in der Zuleitung zur Gegenelektrode der Spannungsabfall ausgewertet werden oder

- in die Ableitung der Arbeitselektrode ein I/U-Wandler geschaltet werden.

Als Grundschaltung für die Strommessung auf Seiten der Arbeitselektrode eignet sich ein I/U-Wandler entsprechend Abb. 3.31b, der den Strom auf eine Spannung abbildet und gleichzeitig die Arbeitselektrode auf Masse bzw. auf ein analoges Referenzpotential legt. Um einen mehrere Dekaden umfassenden Strombereich mit besserer Auflösung zu erfassen, wird der I/U-Wandler mit einer Bereichsumschaltung nach Abb. 4.17 versehen. Solch einem I/U-Wandler ist in Abb. 4.14 ein A/D-Wandler und ein Mikrocontroller nachgeschaltet, so dass die Bereichsumschaltung vom Mikrocontroller softwaregesteuert mit Hilfe eines Analogmultiplexers und eines Widerstandsnetzwerkes erfolgen kann. A_1 und A_0 sind die Adresseingänge des Multiplexers. Der jeweils aktive Messbereich ergibt sich aus der Adresse, wie man Tabelle 4.2 entnimmt.

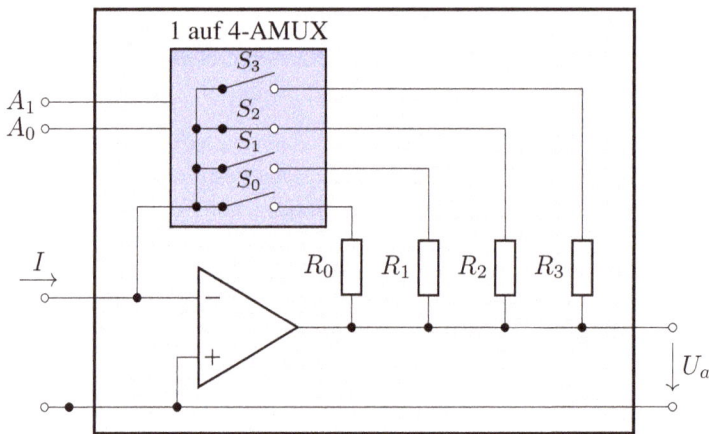

Abb. 4.17.: I/U-Wandler mit digitaler Bereichsumschaltung

Galvanostatischer Betrieb Schließlich sei noch auf eine andere Betriebsart hingewiesen. Wenn anstelle der Spannung zwischen Arbeitselektrode und Referenzelektrode eine stromproportionale Spannung über einen Widerstand in der Leitung der Arbeitselektrode abgegriffen und als Istgröße verwendet wird, kann der Potentiostat auch als Konstantstromquelle dienen. Diese Anordnung heißt Galvanostat.

Tabelle 4.2.: I/U-Wandler, Ausgangsspannung als Funktion der Adresse

anliegende Adresse	geschlossener Schalter	$U_a(A_1, A_0)$
00	S_0	$-I \cdot R_0$
01	S_1	$-I \cdot R_1$
10	S_2	$-I \cdot R_2$
11	S_3	$-I \cdot R_3$

4.4. Elektrische Leitfähigkeit – Konduktometrie

4.4.1. Messprinzip

Die Bestimmung der spezifischen elektrischen Leitfähigkeit σ erfordert prinzipiell eine Strom- und eine Spannungsmessung an einem Leiter definierter Geometrie. Bei Elektrolyten erfolgt die Messung der elektrolytischen Leitfähigkeit mit inerten Elektroden und mit Wechselspannung so kleiner Amplitude, dass keine Elektrolyse stattfindet. Unter diesen Bedingungen kann die Leitfähigkeitsmessung als ein rein physikalisches Verfahren betrachtet werden.
Die definierte Messgeometrie für flüssige Elektrolyte wird durch Verwendung sog. Leitfähigkeitsmesszellen sichergestellt. Bei diesen Messzellen haben die Elektroden wohldefinierte Abstände l und Flächen A, aber anstelle geometrischer Maße wird für Leitfähigkeitsmesszellen eine Zellkonstante

$$K = \frac{l}{A} \qquad \text{mit} \qquad [K] = \frac{1}{cm}$$

angegeben und in der Rechnung benutzt. Die spezifische elektrische Leitfähigkeit σ ergibt sich unter Verwendung der Zellkonstanten und Gleichung 3.13 (siehe Seite 33) zu

$$\sigma = G \cdot K \qquad \text{mit} \qquad G = \frac{I}{U}. \tag{4.4}$$

Wie schon in Kapitel 4.3.4 diskutiert, treten auch hier die Polarisationswiderstände der Elektroden in Erscheinung und bewirken einen nicht vom Elektrolyten verursachten Spannungsabfall, der in Abb. 4.18 durch die Bereiche GF_1 und GF_2 schematisch dargestellt ist. In einer Messzelle mit zwei ortsfesten Elektroden kann dieser Spannungsabfall nicht vom Spannungsabfall über die Elektrolytstrecke getrennt werden.

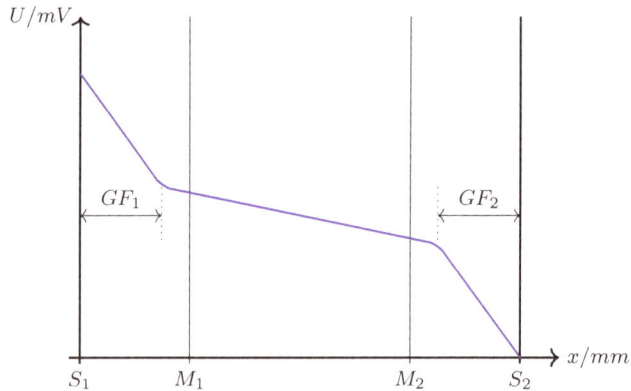

Abb. 4.18.: Spannungsverlauf über die Leitfähigkeitsmessstrecke, schematisch

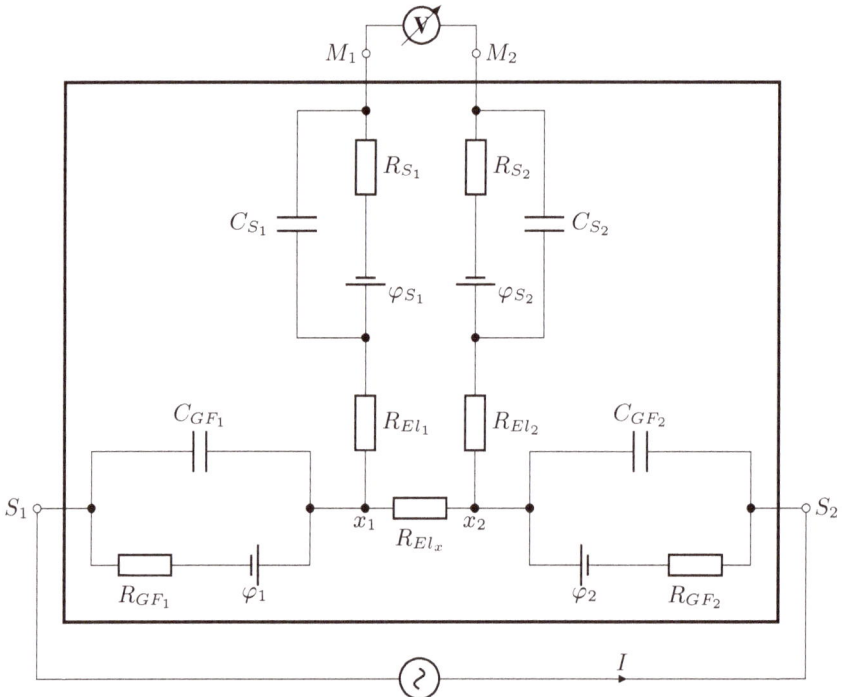

Abb. 4.19.: Ersatzschaltbild einer Leitfähigkeitsmesszelle mit symbolisierter Anregungs- und Nachweiselektronik

Vierelektrodenmesszelle   Ein Weg, den Einfluss der Polarisationswiderstände zu eliminieren, besteht darin, eine Vierelektrodenmesszelle zu verwenden und den Spannungsabfall mit zwei

Potentialsonden über eine Messstrecke außerhalb der Grenzschichten hochohmig abzugreifen, z.B. an den Position M_1 und M_2 in Abb. 4.18.

Die Abb. 4.19 zeigt ein Ersatzschaltbild einer symmetrisch aufgebauten Leitfähigkeitsmesszelle mit vier Elektroden. Über die Anschlüsse S_1 und S_2 wird ein sinusförmiger Anregungsstrom eingespeist und an den Anschlüssen M_1 und M_2 ist die Nachweiselektronik angeschlossen, symbolisiert durch ein Voltmeter.
Im Strompfad S_1 - $x_1 - x_2$ - S_2 für die Anregung liegen zwei gegeneinander geschaltete Spannungsquellen φ_1 und φ_2, die die Elektrodenpotentiale repräsentieren. Diese Potentiale sind aus Gründen der Symmetrie gleich groß und heben sich gegenseitig auf. Analoges gilt für den Nachweisstrompfad M_1 - $x_1 - x_2$ - M_2.

Bei Einspeisung von Wechselstrom verursachen die Kapazitäten C_{GF_1} und C_{GF_2} eine von den Messbedingungen abhängige Phasenverschiebung zwischen der anliegenden Spannung $\underline{U}$ und dem Probenstrom $\underline{I}$.

Kolbenmesszelle   Ein anderer Weg, den Einfluss der Polarisationswiderstände zu eliminieren, besteht darin, in einer Zwei-Elektroden-Messkammer den Elektrodenabstand zu verändern und bei verschiedenen Abständen zu messen. Diese Technik nutzt z.B. die Physikalisch-Technische Bundesanstalt für Präzisionsmessungen. Dabei dient eine thermostatisierte sog. „primäre Kolbenmesszelle" zur Kalibrierung von Leitfähigkeitsreferenzlösungen [PTB22].

4.4.2. Elektronikkomponenten für Leitfähigkeitsmessungen

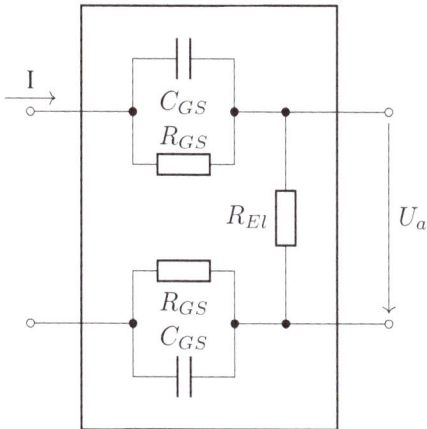

Abb. 4.20.: Leitfähigkeitsmesszelle, vereinfachte Ersatzschaltung in Vierpol-Darstellung

Im Ersatzschaltbild der Leitfähigkeitsmesszelle Abb. 4.19 heben sich die Halbzellenpotentiale $\varphi_1 ... \varphi_4$ zellintern auf und sind für den Anschluss der Elektronik unerheblich. Wir vereinfachen deshalb das Ersatzschaltbild aus Abb. 4.19 und stellen es in Abb. 4.20 als Vierpol dar. Die zu messende Größe ist der Wert des Elektrolytwiderstandes R_{El}. Um diesen Widerstand bzw. den entsprechenden Leitwert zu bestimmen, wird auf der Eingangsseite der Messzelle ein Anregungssignal angelegt, welches einen Messstrom I generiert und ausgangsseitig wird die Spannung U_a, die über R_{El} abfällt, hochohmig gemessen. Für die hochohmige Verarbeitung dieser Spannung, die keinen direkten Massebezug hat, eignet sich ein Instrumentenverstärker nach Abb. 3.35 (siehe Seite 68).

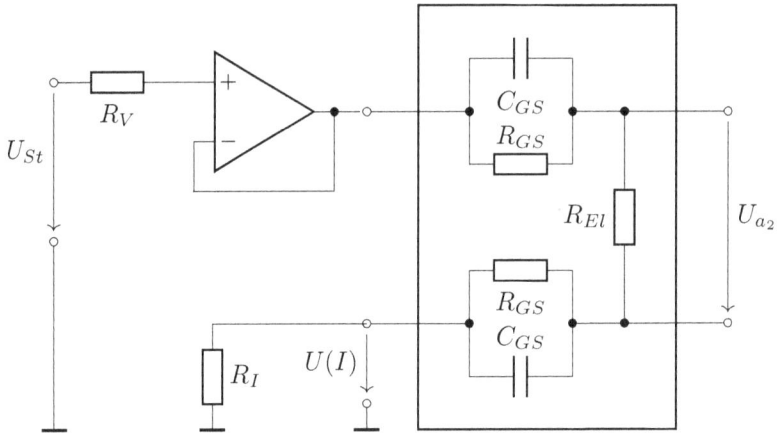

Abb. 4.21.: Vier-Elektroden-Leitfähigkeitsmesszelle mit Spannungsspeisung

In Abb. 4.21 wird die Messzelle über einen als Spannungsfolger geschalteten Operationsverstärker gespeist. Der Strom I wird aus dem Spannungsabfall über R_I durch eine zweite Spannungsmessung $U(I)$ bestimmt. Die Einspeisung des Stromes kann, wie in Abb. 4.22 dargestellt, auch über einen als Konstantstromquelle geschalteten Operationsverstärker erfolgen. Wegen $U_D \longrightarrow 0$ ergibt sich der Strom einfach aus R_I und der Steuerspannung U_{St} der Stromquelle zu $I = \frac{U_{St}}{R_I}$. Infolge der Phasenverschiebungen durch Kapazitäten in der Messzelle kann diese Schaltung zu Instabilitäten neigen.

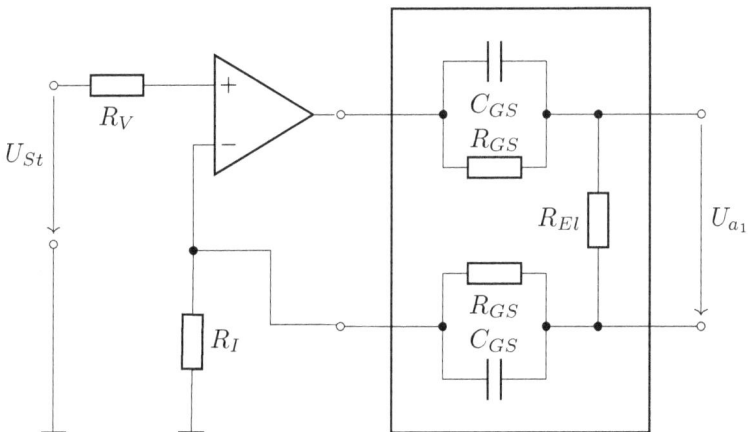

Abb. 4.22.: Vier-Elektroden-Leitfähigkeitsmesszelle mit Stromquelle

Notwendige analoge Komponenten eines digitalen Leitfähigkeitsmessgerätes sind im Blockschaltbild Abb. 4.23 dargestellt. Dabei ist angenommen, dass das Anregungssignal in einem Mikrocontroller digital erzeugt und über den DAC in ein Analogsignal gewandelt wird. Der Verstärker V_1 speist das Anregungssignal in die Vier-Elektroden-Messzelle ein. Über zwei Potentialsonden wird die Spannung über den Elektrolytwiderstand abgegriffen und den hochohmigen Eingängen des Instrumentenverstärker V_2 zugeführt. Das Spannungssignal wird anschließend gleichgerichtet, in einem nachfolgenden ADC in ein Digitalsignal umgesetzt und dem Mikrocontroller zugeführt.

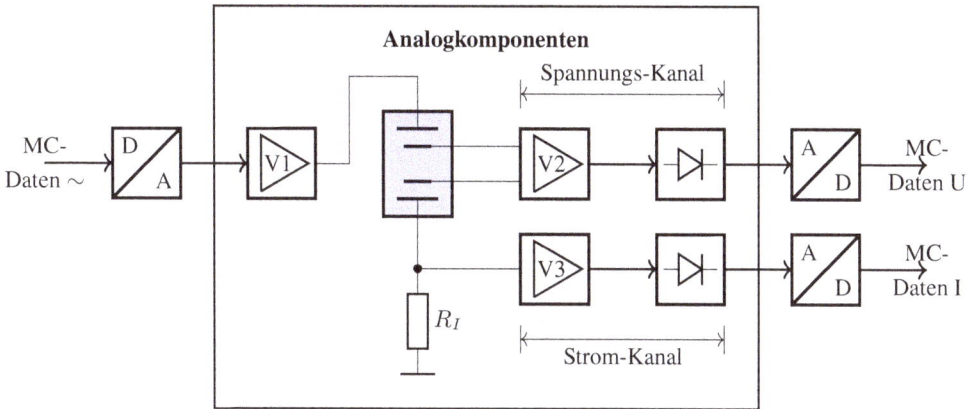

Abb. 4.23.: Blockschaltbild, Analogkomponenten eines digitalen Leitfähigkeitsmessgerätes mit Vier-Elektroden-Messzelle

Über den Widerstand R_I fällt eine dem Strom durch die Messzelle portionale Spannung ab. Diese Spannung wird im Verstärker $V3$ verstärkt, gleichgerichtet und für die digitale Weiterverarbeitung in ein Digitalsignal umgesetzt. Der separate Stromkanal ist nicht erforderlich, wenn die Speisung der Zelle entsprechend Abb. 4.22 erfolgt.

V_1 und V_3 sind nichtinvertierende Verstärker nach Abb. 3.33 , während V_2 ein Instrumentenverstärker nach Abb. 3.35 ist. Die Verstärker V_2 und V_3 sind mit einer Verstärkungsumschaltung ausgestattet, so dass ein großer Messbereich abgedeckt werden kann.

Die nicht dargestellten digitalen Komponenten umfassen einen Mikrocontroller mit Peripherie sowie Bediener- und Geräteschnittstellen. Die Funktionalität solch eines Gerätes ist in der Software verankert und kann den jeweiligen Erfordernissen angepasst werden.

4.4.3. Anwendung von Leitfähigkeitsmessungen

Die Messung der elektrolytischen Leitfähigkeit ist ein seit Jahrzehnten eingeführtes Messverfahren, welches vergleichsweise robust, einfach und genau ist [Oeh61, Sch80].

Leitfähigkeitsmessungen dienen beispielsweise

- zur Bestimmung des Äquivalenzpunktes bei der konduktometrischen Titration und
- zur Kontrolle der Reinheit von Wasser

Die Leitfähigkeit von Wasser bzw. wässrigen Lösungen ist viel geringer als die von Metallen und sie kann sich über viele Größenordnungen ändern, wie die nachstehende Tabelle 4.3

eindrucksvoll zeigt. Für die sehr unterschiedlichen Leitfähigkeiten kommen Messzellen zum Einsatz, deren Messgeometrie an die Größenordnung der sehr unterschiedlichen spezifischen Leitfähigkeit angepasst ist.

Tabelle 4.3.: Leitfähigkeit verschiedener Wasserarten [icc12] [Mat09]

Art des Wassers	Leitfähigkeit in µS/cm
Reinstwasser	0,055
destilliertes Wasser	0,5 ...5
Regenwasser	5 ...30
Grundwasser	30 ...2000
Meerwasser	45000 ...55000
Laugen / Säuren	> 100000

Bei der konduktometrischen Titration macht macht man sich die unterschiedliche Beweglichkeit der Ionen zunutze, die ein Minimum der Leitfähigkeit am Äquivalenzpunkt bewirkt.

4.5. Elektrochemisches Rauschen

Rauschen ist ein statistisches Signal, das heißt, es ist eine Schwankung oder Fluktuation des Signalpegels um einen Mittelwert (Abb. 4.24).

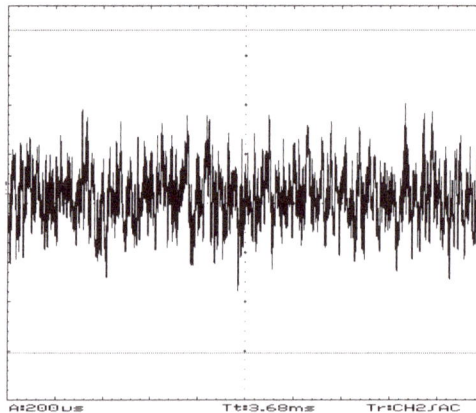

Abb. 4.24.: Oszillogramm eines elektronischen Rauschsignals

In der Elektrophysik kennt man ganz unterschiedliche Ursachen für das Rauschen [Den88]. Einer dieser Rauscheffekte ist das sog. Schrotrauschen. Es tritt bei Stromfluss über eine Potentialbarriere auf. Grund ist die diskrete Struktur der Ladung. Der elektrische Strom kann als Summe statistisch unabhängiger Ladungspulse verstanden werden, wobei jeder einzelne Ladungspuls gerade einer Elementarladung entspricht.

Entsprechende Rauschvorgänge findet man auch beim Durchtritt elektrischer Ladung durch die Phasengrenze Festkörper|Elektrolyt, die ebenfalls eine Potentialbarriere darstellt. Dabei wird unterschieden zwischen elektrochemischem Potentialrauschen (EPN) und elektrochemischem Stromrauschen (ECN). Diese Rauschsignale werden einzeln oder synchron gemessen [Xe20].

Beim Messen verursacht Rauschen einen Teil der Messunsicherheit. Höherfrequente Rausch-anteile kann man auf elektronischem Weg durch Filterung dämpfen. Durch Mittelwertbildung über eine bestimmte Anzahl von Einzelmessungen bzw. durch einen gleitenden Mittelwert lässt sich ein Signalrauschen bei stationären Verhältnissen nachträglich bzw. während der Messung numerisch glätten.

In der Elektrochemie wird Rauschen seit Ende der 1960er Jahre untersucht [Cot21]. Elektro-chemische Rauschsignale werden messtechnisch zur Charakterisierung des Korrosionsverhal-tens metallischer Proben [Mot10, Xe20] eingesetzt. Desweiteren dient die elektrochemische Rauschanalyse dem Studium von Keimbildungs- und Wachstumsprozessen bei der elektrolyti-schen Metallabscheidung an Modellsubstanzen [DRRP01]. Als Geräte für solche Untersuchun-gen dienen empfindliche Potentiostate in verschiedenen Betriebsarten.

4.6. Messtechnische Hilfs- und Prüfmittel

Um bei der Entwicklung bzw. bei der Prüfung von Schaltungen oder Messgeräten bzw. bei der Fehlersuche ohne reale elektrochemische Zellen oder Sensoren auszukommen und trocken ar-beiten zu können, verwendet man an die Messaufgabe angepasste elektronische Testhilfsmittel. Solche Hilfsmittel können z.B. Simulatoren oder Dummy-Zellen sein.

Präzisionsspannungsgeber – Simulatoren Für die Überprüfung von pH-Messgeräten bzw. von Messgeräten für andere potentiometrische Sensoren stehen rauscharme Präzisionsspan-nungsgeber kommerziell zur Verfügung. Solche Geräte werden auch als pH-Simulator bzw. mV-Simulator bezeichnet; sie liefern eine genaue und kleinschrittig einstellbare Gleichspan-nung. Die Spannung liegt z.B. zwischen $-1,999\,\text{V}$ und $1,999\,\text{V}$, wobei die Anzeige in mV oder pH erfolgen kann.

Dummy-Zellen und Dummy-Sensoren Für den Test eines amperometrischen Messkanals oder eines Leitfähigkeitsmessgerätes eignen sich Dummy-Zellen bzw. Dummy-Sensoren. Das sind R-C-Schaltungen, die einen festen Zustand einer elektrochemischen Zelle im Sinne einer Er-satzschaltung hardwaremäßig nachbilden. Die Abb. 4.25 zeigt zwei Schaltungen von Dummy-Sensoren, wie sie für den Test eines amperometrischen Messkanals bzw. eines Leitfähigkeits-messkanals eingesetzt werden können. Die Schaltungen entsprechen etwa den weiter vorn in

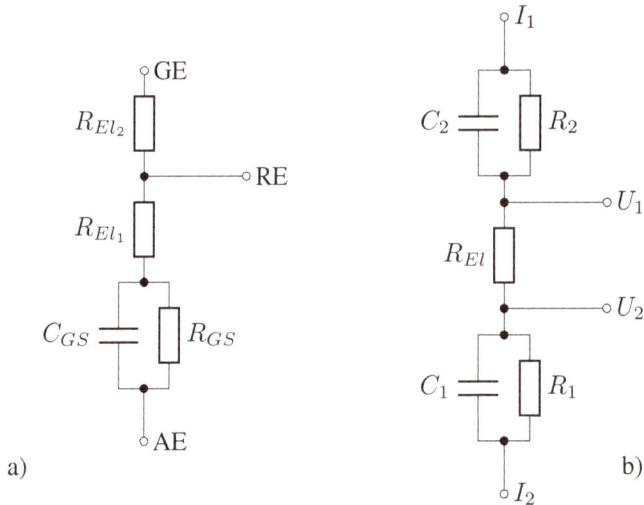

Abb. 4.25.: Dummy-Zellen: Hardwarenachbildung
  a) einer amperometrischen Messzelle b) einer Leitfähigkeitsmesszelle

diesem Kapitel angegebenen Ersatzschaltungen, wobei die Werte der verwendeten Widerstände und Kondensatoren an die Werte der jeweiligen Messzelle und des Messgutes anzupassen sind.

4.7. Zur Anwendung elektrochemischer Messverfahren

Die breite Anwendung elektrochemischer Messverfahren in Wissenschaft, Technik, Medizin und Umwelt kann hier nur erwähnt und an Hand weniger Beispiele illustriert werden.

Titration mit elektrochemischer Detektion/Endpunktanzeige Die Titration ist ein Verfahren zur quantitativen Bestimmung der Konzentration eines bekannten Stoffes A, der gelöst in einer Lösung L_A vorliegt. Beim Titrieren wird einem genau bekannten Volumen der Lösung L_A eine Maßlösung L_M definiert zugegeben und der Endpunkt, das ist die vollständige Umsetzung des Stoffes A, wird detektiert. Die Erkennung des Endpunktes kann mit verschiedenen elektrochemischen Messmethoden als Nachweisverfahren erfolgen. Je nach der verwendeten elektrochemischen Methode unterscheidet man [MMHKJ22]

- potentiometrische Titration,
- amperometrische Titration,
- konduktometrische Titration,
- coulometrische Titration.

Je nach Verfahren wird ein jeweils charakteristischer Parameter (Potential, Strom, Leitfähigkeit, Ladung) als Funktion der Menge einer zugegebenen Maßlösung bzw. eines elektrochemisch erzeugten Reagenzes registriert. Die so entstehenden Titrationskurven werden zur Erkennung des Äquivalenzpunktes genutzt.

Beurteilung der Wasserqualität Für die Beurteilung der Wasserqualität können verschiedene Parameter herangezogen werden. Zwei auf elektrochemischem Weg leicht bestimmbare Größen sind der pH-Wert und die Leitfähigkeit. Laut Trinkwasserverordnung soll der pH-Wert im Bereich von 6,5 - 9,5 liegen und die Leitfähigkeit $\sigma \leq 2790\ \frac{\mu S}{cm}$ bei $25\,^{\circ}C$ betragen [bun23]. Für beide Messgrößen gibt es zahlreiche, auch sehr einfach handhabbare Messgeräte.

Korrosion von Metallen Metallkonstruktionen, die der Umwelt ausgesetzt sind, werden von allen möglichen Umwelteinflüssen angegriffen. Dabei korrodieren sie oder sie bilden passive Deckschichten. Potentiostate bieten die Möglichkeit, Korrosionsmechanismen, die Kinetik der Passivierung oder die Wirksamkeit bestimmter Modifikationen der Materialoberfläche unter kontrollierten Bedingungen im Labor zu studieren.

5. Elektrochemische Sensoren und ihre Primärelektronik

5.1. Vorbemerkungen

Der Sensorbegriff hat sich im letzten Drittel des 20. Jahrhundert für Messwertaufnehmer herausgebildet, die für das „*elektrische Messen nichtelektrischer Größen*" eingesetzt werden. Dabei wird der Begriff Sensor bevorzugt für miniaturisierte Messwertaufnehmer verwendet. Die Entwicklung der Sensorik ist eng verknüpft mit der Entwicklung der Mikroelektronik und zur Herstellung von Sensoren werden vielfach Technologien der Mikroelektronik genutzt.
Spezielle Bezeichnungen für bestimmte Geräte, wie z.B. Glaselektrode oder Einstabmesskette, wurden durch den Sensorbegriff nicht verdrängt, gleichwohl spricht man bei Glaselektroden und Einstabmessketten oft auch von Sensoren.

Messeffekte elektrochemischer Sensoren Elektrochemische Sensoren für die flüssige Phase nutzen die schon in Kapitel 4 beschriebenen Messeffekte[1]. Neu hinzu kommt der Feldeffekt an Halbleitern, der für potentiometrische Messungen genutzt werden kann. Auf diesen Messeffekten beruhend lassen sich nun potentiometrische und amperometrische Sensoren sowie Leitfähigkeitssensoren entwickeln und herstellen. Dabei kommen vielfach neue Funktionsmaterialien und insbesondere neue Technologien zum Einsatz; letztere sind ein Erfordernis und eine Begleiterscheinung der Miniaturisierung.

5.1.1. Sensortechnologien

Die Miniaturisierung elektrochemischer Sensoren erfordert die Abkehr von großvolumigen Glasgerätschaften, von massiven Elektroden und vom Innenpuffer bei Glaselektroden. Statt dessen kommen zum Einsatz

- Funktionsschichten in Dickschicht- oder Dünnschichttechnologie,
- mittels Feldeffekt elektrochemisch steuerbare Halbleiterstrukturen sowie
- das Handling kleinster Probenmengen mittels Mikrofluidik.

---

[1] Chemische Größen können auch über optische, massesensitive oder thermometrische Messeffekte ermittelt werden, die wir hier aber nicht betrachten.

https://doi.org/10.1515/9783110767254-005

Schichten und Beschichtungsverfahren

Die Schichten werden als planare Strukturen auf einem isolierenden Substrat aus Kunststoff, Glas oder Keramik in Dickschicht- oder Dünnschichttechnologie hergestellt. Für Elektroden, Leiterbahnen und Steckkontakte finden Schichten chemisch inerter guter Leiter wie Gold, Platin oder Kohlenstoff Anwendung, während als Isolierschichten verschiedene Isolierlacke dienen. Leitfähige Schichten werden mitunter galvanisch verstärkt. Die Arbeitselektrode kann zusätzlich mit chemisch oder biologisch aktiven Substanzen beschichtet sein. Geeignete Technologien für Beschichtung und Strukturierung erlauben die gleichzeitige, parallele und dadurch kostengünstige Fertigung einer Vielzahl von Sensoren an sog. Nutzen. Zur Herstellung von Funktionsschichten und Sensorstrukturen finden nachfolgend genannte Technologien bevorzugt Anwendung.

- **Dickschichttechnologie:** Leitfähige und isolierende Schichten mit einer Dicke im Bereich von 5–50 µm können durch Verdrucken spezieller Druckpasten mittels Siebdruck oder Maskendruck und einer pastenabhängigen Nachbehandlung (Trocknen, Brennen) hergestellt werden. Die gewünschte geometrische Struktur einer Schicht wird mittels Sieb bzw. Maske übertragen.
  Als spezielle Beschichtungstechnologie ist hier auch das lokale Auftragen einer definierten Menge eines flüssigen Reagenzgemisches zur Bildung einer löslichen Funktionsschicht, beispielsweise auf die Arbeitselektrode amperometrischer Biosensoren, zu nennen.

- **Dünnschichttechnologie:** Die Herstellung von Schichten mit einer Dicke von wenigen nm bis etwa 100 nm erfolgt mit Vakuumbeschichtungsverfahren (PVD[1] oder CVD[2]). Mit PVD-Verfahren lassen sich von praktisch allen Metallen auf vakuumtauglichen Substraten, wie Keramik, Glas, passiviertem Silizium und bestimmten Polymeren, dünne Schichten mit Schichtdicken im Nanometerbereich abscheiden. Ein bevorzugtes Beschichtungsverfahren ist die Sputtertechnik. In der Regel erfolgt die Beschichtung dabei vollflächig, die Strukturierung und gegebenenfalls ein Abgleich dünner Metallschichten kann nachträglich mittels Laser erfolgen.

Halbleiterstrukturen

Der Strom durch eine MOSFET-Halbleiterstuktur lässt sich mittels Feldeffekt praktisch leistungslos über eine Spannung steuern (siehe Kapitel3.2.7). Elektrochemische Sensoren auf Halbleiterbasis nutzen diesen Effekt. Das erfordert, dass das flüssige Messmedium in direkten Kontakt mit einem definierten, speziell präparierten Teil des Halbleiterchips treten kann. Die so entstehenden Bauelemente sind unter den Namen ISFET, auch ChemFET, bekannt (Kapitel 5.2.1).

---

[1] PVD steht für **P**hysical **V**apour **D**eposition
[2] CVD steht für **C**hemical **V**apour **D**eposition

Flüssigkeitshandling mittels Mikrofluidik

Bestimmte Sensoren müssen mit minimalen Probenmengen im Nanoliter-Bereich auskommen. So geringe Probenmengen können mittels Mikrofluidik gehandelt und in miniaturisierten Messkammern vermessen werden. Eine Gruppe planarer Sensoren nutzt dafür zwei flächig miteinander verklebte Kunststoffteile (Sandwichaufbau). Eines der Kunststoffteile trägt die Elektroden, die Leitbahnen und die Steckkontakte. Im zweiten Kunststoffteil, welches z.B. durch Heißprägen hergestellt werden kann, sind Mikrofluidik-Strukturen zur Aufnahme, zum Transport und zur Verteilung der Probe sowie eine oder mehrere Messkammern mit definiertem Volumen eingearbeitet. Reagenzien für den Nachweis eines Analyten können in einer Messkammer bzw. auf einer Arbeitselektrode als lösliche Schicht deponiert sein. Solche Sensoren sind als Einmalsensoren für die Blutzucker- oder Lactate-Bestimmung millionenfach in Gebrauch (Kapitel 5.2.3).

5.1.2. Primärelektronik und Signalverarbeitung

Die prinzipiellen elektronischen Methoden für die Signalverarbeitung potentiometrischer und amperometrischer Sensoren bzw. von Leitfähigkeitssensoren entsprechen den in Kapitel 4 unter den jeweiligen Messeffekten beschriebenen Lösungen. Dabei entwickelt sich die analoge Elektronik für die Ansteuerung und Abfrage (Primärelektronik) parallel mit den verschiedenen Sensoren weiter und zwar mit der Tendenz, Lösungen für ein Messverfahren bzw. sogar für mehrere Messverfahren möglichst in einem Schaltkreis zu vereinigen. Dafür werden die rein analogen Schaltungsteile durch digitale Schaltungen ergänzt. Solche Lösungen sind als „Analog Front End" (AFE) bekannt. Weitere Integrationsstufen enthalten einen kompletten Mikrocontroller, wie die „Mixed Signal Controller" von Texas Instruments (MSP430-Familie) oder die „Precision Analog Microcontroller" von Analog Devices (siehe Kapitel 5.5).

5.2. Ausgewählte Konzepte elektrochemischer Sensoren

Elektrochemische Sensoren und elektrochemische Biosensoren für die Messung in Flüssigkeiten sind in der Literatur ausführlich beschrieben, beispielsweise in [Gru12, Hon14, HH95]. In diesem Kapitel skizzieren wir einige ausgewählte Konzepte elektrochemischer Dickschicht- bzw. Dünnschichtsensoren und das Prinzip eines elektrochemischen Halbleitersensors. Insbesondere betrachten wir die Primärelektronik und erörtern die elektronische Umschaltung von Elektrodenfunktion sowie elektronische Hilfsfunktionen.

5.2.1. Potentiometrische Sensoren

Der Aufbau einer herkömmlichen Glaselektrode oder Ag/AgCl-Elektrode als stabförmiges Glasgerät mit flüssigem Innenelektrolyt bzw. Innenpuffer (siehe Abb. 4.3a und b), steht einer Miniaturisierung prinzipiell entgegen. Für die Herstellung miniaturisierter Sensoren sind dagegen

Systeme geeignet, die Festkörpermembranen nach Abb. 4.3c verwenden, wenn sich die Membran in Dickschicht- oder Dünnschichttechnologie realisieren und in Verbindung mit einer planaren Ableitung nutzen lässt. Die Eigenschaften solcher Sensoren (Sensitivität, Ansprechverhalten, Steilheit u.a.) werden wesentlich durch die jeweilige sensitive Schicht oder Membran bestimmt.

Es ist seit langem bekannt, dass sich Festkörperelektroden aus Antimon bzw. aus Wismut zur pH-Messung eignen, zumindest in einem eingeschränkten pH-Bereich [Kor34, Sch76]. Das ist unter dem Aspekt der Miniaturisierung von pH-Sensoren von Interesse, denn beide Materialien kann man in dicke und dünne Schichten einbauen.

Dickschichtsensoren   Potentiometrische Dickschichtsensoren werden durch Aufdrucken einer Folge von Dickschichten auf ein planares Substrat hergestellt. Die Schichtfolge umfasst mindestens die potentialbildende ionensensitive Schicht, eine metallisch leitenden Schicht zur Ableitung des Elektrodenpotentials und Isolationsschichten, die das aktive Schichtsystem begrenzen und schützen (Abb. 5.1a).

Mittels spezieller Druckpasten kann auch pH-Glas als Dickschicht gedruckt werden. Bei gedruckten planaren Gaselektroden werden Instabilitäten des Halbzellenpotentials beobachtet, deren Ursache in Phasenübergängen zwischen dem pH-Glas (Ionenleiter) und der metallischen Ableitung gesehen wird. Um solche Instabilitäten zu verhindern, wurde in [VGE$^+$08] eine „gemischt-leitende" Zwischenschicht aus Zinkoxid vorgeschlagen.

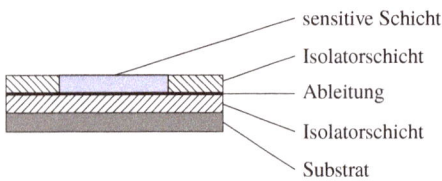

a) Schichtfolge eines Dickschichtsensors

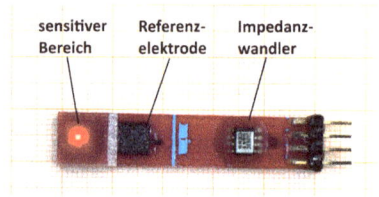

b) Einstabmesskette in Dickschichttechnik
   mit Impedanzwandler (Polysens 1998)

Abb. 5.1.: Potentiometrischer Dickschichtsensor, a) Schichtfolge und b) Einstabmesskette

Das Dickschichtkonzept erlaubt, auch eine Ag/AgCl-Referenzelektrode auf dem gleichen Substrat zu drucken, so dass eine unzerbrechliche Einstabmesskette entsteht. Schließlich kann auf dem Substrat auch Primärelektronik, z.B. in Form eines Impedanzwandlers, integriert werden. Der Impedanzwandler sorgt für einen niederohmigen Ausgang der Einstabmesskette, so dass die in Kapitel 4.2.4 beschriebenen Abschirmmaßnahmen entfallen können.

Die Abb. 5.1b zeigt als Beispiel solch eine Einstabmesskette, wie sie Ende der 1990er Jahre als pH-, Nitrat- und Chlorid-Sensor von der Polysens GmbH hergestellt wurde. In einem Bericht über die Erprobung solcher Einstabmessketten wird festgestellt, dass pH-Messketten über 15 Wochen arbeiten, aber bezogen auf Glaselektroden eine geringere Steilheit besitzen und der Kettennullpunkt verschoben ist [VKD$^+$00]. Das Problem wird mittels Kalibrierung behoben.

Dünnschichtsensoren Nach [VAGD16] besteht ein Schichtsystem für potentiometrische Sensoren aus einer Folge sich überlappender dünner Schichten auf einem planaren Substrat. Dabei bildet Gold oder Platin mit einer Dicke ≥ 50 nm die unterste Schicht und den elektrischen Kontakt. Eine oxidische Schicht aus Antimon oder Wismut oder bestimmten anderen Metallen bildet die abschließende Schicht mit einer Dicke zwischen 4 nm und 20 nm. Diese letzte Schicht hat Kontakt zum Messmedium und bestimmt das Potential.

Ionensensitive Feldeffekttransistoren (ISFET, auch ChemFET) In der Abb. 5.2a ist ein n-Kanal MOSFET dargestellt; Source und Drain bestehen aus stark n-dotierten Bereichen (n^+); sie sind in der Abb. noch nicht beschaltet. Zwischen Source und Drain bildet sich abhängig von der Gatespannung ein n-leitender Kanal, der sich bei Stromfluss einschnürt. Der Drainstrom I_D eines MOSFETs lässt sich leistungslos steuern (siehe Kapitel 3.2.7). Deshalb ist der Eingang eines MOSFETs sehr hochohmig und man kann die Spannung, die sich zwischen einer ionensensitiven Schicht auf dem Gate und einer Referenzelektrode ausbildet, direkt nutzen, um den Drainstrom I_D zu steuern.

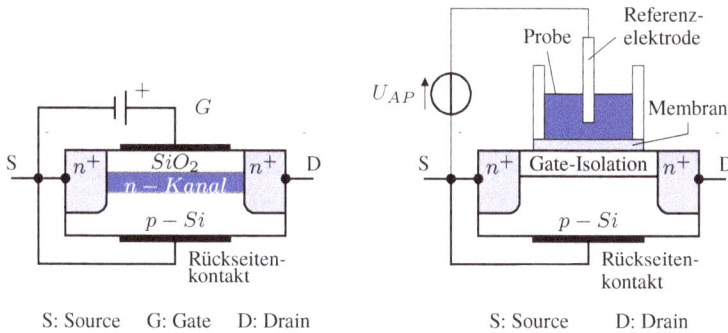

(a) MOSFET mit ausgebildetem Kanals nach Anlegen von U_{GS}

(b) ISFET mit elektrochemisch angeregtem Kanal

Abb. 5.2.: Struktur eines MOSFET und eines ISFET im Vergleich, schematisch

Halbleiterbauelemente sind üblicherweise hermetisch gekapselt, um die feinen Strukturen vor Kontamination, äußeren Einflüssen und Zerstörung zu schützen. Trotzdem wurde erfolgreich versucht, entsprechend Abb. 5.2b die Gateelektrode von MOSFETs direkt mit einer ionensensitiven Schicht zu versehen und den Drainstrom anstelle über den Gateanschluss direkt mit dem Potential, welches die ionensensitive Membran in einer Messlösung aufbaut, zu steuern. Damit war der ISFET geboren, ein Feldeffekttransistor, für dessen Steuerung das Potential einer ionensensitiven Membran direkt genutzt wird. Den Potentialbezug stellt eine Referenzelektrode her, die mit dem ISFET eine galvanische Kette bildet. Für die Berechnung des steuernden Potentials gilt die Nernstsche Gleichung. Zur Einstellung des Arbeitspunktes des ISFETs ist die separate Gleichspannungsquelle U_{AP} vorgesehen.

Der pH-ISFET ist am Markt längst eingeführt und auch für weitere Ionen (K^+, Na^+, Ca^{2+}, Na^+, Cl^- u.a.) gibt es technologische Lösungen. An Vor- und Nachteilen für ISFET-Sensoren sind zu nennen:

- ISFET sind Festkörper-Elektroden und durch Verzicht auf Glas unzerbrechlich,
- ein Kabel vom Sensorelement zur Eingangsstufe der Elektronik entfällt,
- die Lebensdauer der ISFET ist kürzer als die herkömmlicher Elektroden (für pH-ISFET wird eine Lebensdauer von über 200 Betriebsstunden angegeben). Obwohl der Halbleiter bis auf den Wechselwirkungsbereich mit der Messlösung gekapselt ist, stellt der direkte Kontakt eines Chipbereiches mit dem flüssigen Messmedium ein Problem dar.

5.2.2. Planare Leitfähigkeitssensoren

Ein planarer Leitfähigkeitssensor besitzt wie eine Leitfähigkeitsmesszelle vier Elektroden, zwei für die Einspeisung des Wechselstromes und zwei Potentialsonden für die Auskopplung des Messsignals. Bei einem planaren Sensor sind diese Elektroden auf einem ebenen isolierenden Substrat in Dickschicht- oder in Dünnschichttechnik aufgebracht und bestehen aus einem inerten Leiter, z.B. aus Gold, Platin oder Kohlenstoff. Zur Ansteuerung des Sensors kann eine Schaltung nach Abb. 4.21 verwendet werden, während zur Auswertung der Messsignale von den Potentialsonden bzw. vom Widerstand zur Strommessung eine Schaltung mit hochohmigem Verstärker und anschließender Gleichrichtung entsprechend dem Blockschaltbild Abb. 4.23 dienen kann. Des Weiteren ist ein Widerstand zur Temperaturmessung vorgesehen.

Die Abb. 5.3a zeigt eine mögliche Elektrodenanordnung solch eines Sensors und Abb. 5.3b einen Dünnschicht-Leitfähigkeitssensor der Fa. IST AG auf einem Keramiksubstrat. Zwischen den Potentialsonden ist ein abgeglichener Widerstand R_ϑ angeordnet, der als Widerstandsthermometer zur Temperaturmessung direkt in der Probe dient.

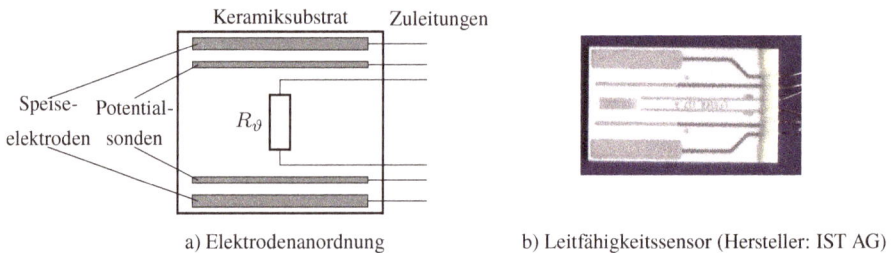

a) Elektrodenanordnung   b) Leitfähigkeitssensor (Hersteller: IST AG)

Abb. 5.3.: Planarer Sensor für Leitfähigkeitsmessungen

Bei einer klassischen Leitfähigkeitsmesszelle sind Messvolumen und Geometrie definiert und die jeweilige Zelle ist durch eine Zellkonstante beschrieben. Ein planarer Leitfähigkeitssensor muss nach Einbau in ein Messsystem kalibriert werden, um die jeweilige dreidimensionale Messgeometrie zu berücksichtigen.

5.2.3. Planare amperometrische Sensoren

Ein planarer amperometrischer Sensor umfasst analog zu Abb. 4.8 drei Elektroden, die Arbeitselektrode (AE), die Gegenelektrode (GE) und die Referenzelektrode (RE). Die Abb. 5.4a zeigt
beispielhaft eine mögliche Anordnung der Elektroden und Kontakte. Die Elektroden können als
Dickschicht oder Dünnschicht ausgeführt sein. An die Stelle der Luggin-Kapillare tritt hier die
ebenfalls planare Referenzelektrode (RE). Die gut leitenden Elektroden aus einer Kohlenstoff-,
Gold- oder Platin-Schicht sind aus elektrischer Sicht jeweils eine Äquipotentialfläche.

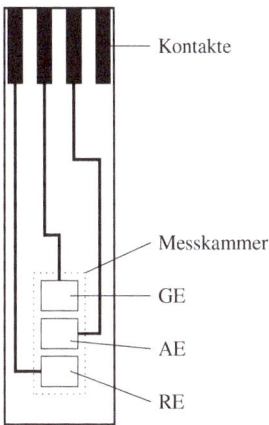

a) Schema der Elektroden und Kontakte   b) Präparationsstufen amperometrischer Dickschicht-Sensoren

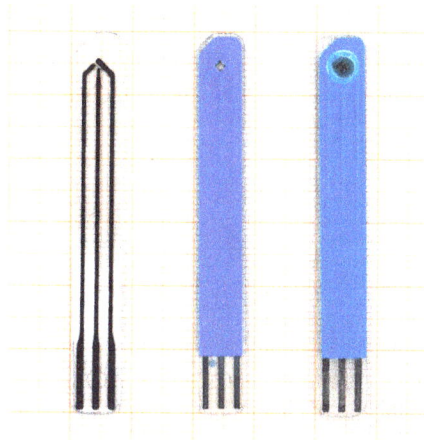

Abb. 5.4.: Planare amperometrische Sensoren und Biosensoren

Der in Abb. 5.4a nicht mit einer Elektrode verbundene Kontakt wird über Gegenkontakte im
Messgerät ausgewertet. Er ermöglicht es, in Abhängigkeit von seiner Geometrie oder seines
Widerstandes vorbestimmte Erkennungs- oder Schaltfunktionen im Messgerät selbsttätig aus-
zuführen (siehe auch Kapitel 5.4).

Amperometrische Biosensoren   Biosensoren nutzen die Reaktionen einer biologisch aktiven
Komponente mit einer nachzuweisenden Substanz und detektieren diese Reaktion bzw. Reaktionsprodukte. Die biologische Komponente kann z.B. ein Enzym sein, welches auf der Arbeitselektrode immobilisert und während des Messprozesses aktiv ist. Dabei erfolgt ein Elektronen-
übergang und es fließt ein Strom, der als analytisches Signal zu messen ist.
In Abb. 5.4b sind verschiedene Präparationsstufen eines älteren Testmusters eines amperometrischen Dickschicht-Biosensors dargestellt. Man erkennt von links nach rechts den Trägerstreifen
mit gedruckten Leiterbahnen / Elektroden, den Isolationsdruck und das fertige Testmuster.

Die ersten amperometrischen Biosensoren als Einmalgebrauchssensoren (Teststreifen) wurden
1987 von der Firma Medisense zusammen mit dem Messgerät „ExacTech" zum Auslesen der

Sensoren (Abb. 5.8) auf den Markt gebracht. Die Teststreifen arbeiteten mit einem Dreielektrodensystem und immobilisierter Glucoseoxidase sowie Ferrocen als Elektronenakzeptor und Kohlenstoffschichten zur Ableitung des Stromes. Nach Auftragen einer Blutprobe von 20 µL musste sofort die Polarisationsspannung manuell zugeschaltet werden [Hol90]. Der generierte Strom ist proportional zur Glucosekonzentration in der Blutprobe.

Amperometrische Biosensoren werden als Einmalgebrauchssensoren zur Selbstanwendung für die Glucose- oder Laktatmessung im Blut inzwischen weltweit millionenfach angewandt. Als Beispiel solcher Einmalgebrauchssensoren zeigt die Abb. 5.5 Laktatsensoren der Fa. SensLab GmbH, Leipzig, zusammen mit ihrem Liefergefäß.

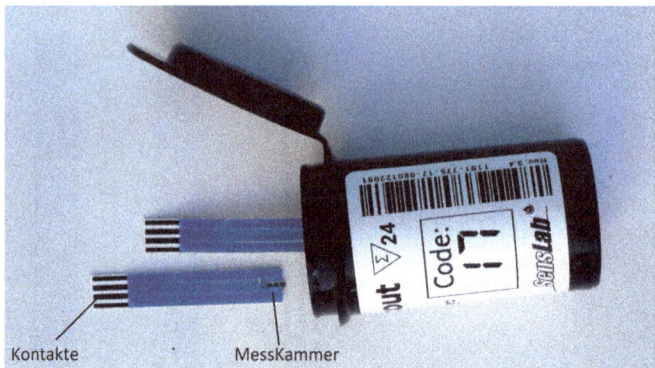

Abb. 5.5.: Lactate-Sensoren der Fa. SensLab GmbH, Leipzig

5.2.4. Mehrfachnutzung von Elektroden

Die erwünschte Kleinheit des Sensors erfordert eine Beschränkung der Anzahl der planaren Elektroden und Steckkontakte. Es gelingt, die Funktion eines Sensors zu erweitern, indem Elektroden mehrfach genutzt werden. Dazu werden einzelne Elektroden gemultiplext, d.h., während der Messung wird die Funktion einer Elektrode geändert. Wir geben dazu zwei Beispiele.

Schalterfunktion des Messmediums   Die Elektroden in der Messzelle eines amperometrischen Messsystems seien wie in Abb. 5.6 angeordnet. Wenn das Messmedium, z.B. Blut, in Pfeilrichtung einströmt, werden zuerst die Referenzelektrode und die Arbeitselektrode miteinander elektrisch verbunden und danach die Gegenelektrode mit den beiden anderen Elektroden. Das einströmende Messmedium liefert damit praktisch zwei Schalterfunktionen, die die angeschlossene Elektronik auswerten und z.B. zur Steuerung des Messprozesses nutzen kann.

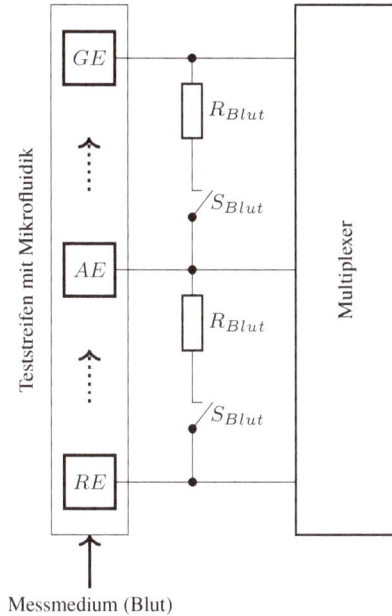

Abb. 5.6.: Ersatzschaltung zur Schalterfunktion des Messmediums

Umschaltung zwischen Konzentrations- und Leitfähigkeitsmessung   Der oben beschriebene planare amperometrische Sensor kann so erweitert werden, dass er abhängig von der Stellung elektronischer Schalter entweder als amperometrisches Dreielektrodensystem oder als ein Vier-Elektroden-System zur Messung der Leitfähigkeit arbeitet. Dazu werden, wie in Abb. 5.7 schematisch dargestellt, unmittelbar neben der Gegenelektrode die Potentialsonde LF_1 und neben der Referenzelektrode die Potentialsonde LF_2 angeordnet und über elektronische Analogschalter S_2 und S_3 der jeweiligen Funktion zugeteilt.

Für die amperometrische Messung (gezeichnete Schalterstellung) gilt

- Gegenelektrode GE und Spannungssonde LF_1 sind über S_2 zusammengeschaltet und leiten den vom Regelverstärker $V1$ kommenden Strom in die Messkammer ein,
- Referenzelektrode RE und Spannungssonde LF_2 sind zusammengeschaltet und koppeln die Ist-Spannung für den Regler aus; dabei ist S_4 geöffnet, so dass RE hochohmig bleibt;
- die Arbeitselektrode AE wird über den Schalter S_1 mit dem I/U-Wandler verbunden und
- über S_5 und S_6 wird der Regelkreis geschlossen.

In dieser Konfiguration arbeitet die Anordnung wie ein amperometrisches Dreielektrodensystem.

Für die Leitfähigkeitsmessung werden alle dargestellten Schalter umgeschaltet, so dass sich folgende Funktionen ergeben:

- die Arbeitselektrode AE ist abgeschaltet, um die Leitfähigkeitsmessung nicht zu stören,

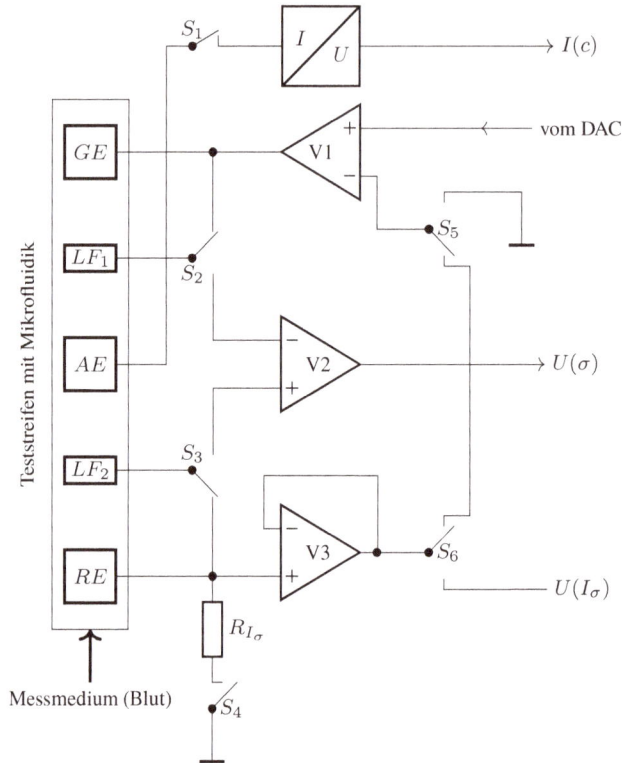

Abb. 5.7.: Umschaltung amperometrische Messung/Leitfähigkeitsmessung

- die Gegenelektrode dient der Einspeisung der von einem DAC generierte Wechselspannung,
- über die Referenzelektrode und den Widerstand R_{I_σ} ist der Stromkreis geschlossen und an R_{I_σ} wird die stromproportionale Spannung über den Verstärker V1 hochohmig abgegriffen,
- die Potentialsonden L_1 und L_2 sind mit den hochohmigen Eingängen des Instrumentenverstärkers V_3 verbunden,
- aus $U(\sigma)$ und $U(I(\sigma))$ wird die Leitfähigkeit ermittelt.

Um die Leitfähigkeitsmessung in solch einer doppelt genutzten Zelle nicht zu verfälschen, darf für die amperometrische Messung kein Leitsalz eingebracht werden.

5.3. Handmessgeräte

Elektrochemische Sensoren haben viele Messprozesse vereinfacht und der elektrochemischen Messtechnik zahlreiche Einsatzbereiche außerhalb des Chemielabors erschlossen. Bestimmte

Messsysteme, damit sind Sensoren und die dazugehörigen Messgeräte gemeint, werden direkt für die Anwendung durch Laien konzipiert. Das gilt insbesondere für Glucose- oder Laktat-Sensoren und dazugehörige Handmessgeräte für die Eigenanwendung.

Solchen Handmessgeräten, speziell für die Blutzucker- und Laktatmessung, wenden wir uns nun zu und betrachten zuerst das „ExacTech" der Firma MediSense (Abb. 5.8). Dieses stiftför-mige Gerät kam 1987 auf den Markt. Es arbeitete mit einer Betriebsspannung von 9 V, verfügte nur über eine einfache Messwertanzeige und die Polarisationsspannung musste nach dem Ein-stecken des Sensors von Hand zugeschaltet werden.

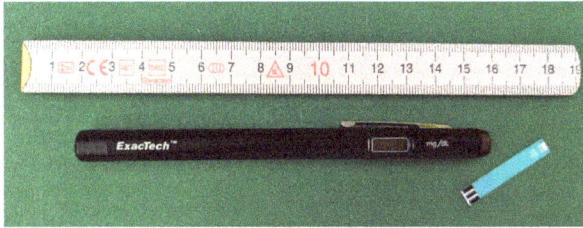

Abb. 5.8.: Messgerät „ExacTech" von MediSense und planarer amperometrischer Biosensor (Bildquelle: Diabetes-Museum München)

Die Entwicklung verbesserter Handmessgeräte für die Glucose- und Laktatmessung war und ist gekoppelt an die Verfügbarkeit weiterentwickelter elektronischer Bauelemente.

Die Bauelementeentwicklung der letzten Jahrzehnte lässt sich in Stichworten wie folgt kurz umreißen:

- Reduktion der Baugröße passiver Bauelemente,
- Reduktion von Baugröße, Betriebsspannung und Stromverbrauch aktiver Bauelemente,
- Displaytechnik: 7-Segment-Anzeige $\longrightarrow$ alphanumerisches Display $\longrightarrow$ Grafikdisplay,
- Eingabeelemente: Tasten, Scrollrad $\longrightarrow$ Touchscreen, Spracheingabe,
- Mikrocontroller:
  - Reduktion von Baugröße, Betriebsspannung und Stromverbrauch,
  - Erhöhung der Taktfrequenz und Verarbeitungsbreite (8, 16, 32 Bit),
  - Erweiterung des Speicherausbaus (RAM, FRAM, EEPROM, ...),
  - Integration peripherer Module (Displaycontroller, ADC, DAC, Operationsverstär-ker, ...) und
  - für bestimmte Zwecke: Schaffung von System-in-Package-Lösungen (SIP)

Die Entwicklung der Bauelemente, speziell der Mikrocontroller und Displays, hat sich deutlich in Design, Schaltungstechnik und Bedienkomfort der Handmessgeräte niedergeschlagen. So konnten einerseits komplexere Funktionen auf kleinem Raum realisiert werden und andererseits vereinfachte sich die Hardware.

In den beiden folgenden Kapiteln betrachten wir zuerst Hilfsfunktionen zur Unterstützung und Begleitung der Messung und danach integrierte Schaltkreise, die speziell elektrochemische

Messprozesse unterstützen und zur Reduzierung des Hardwareumfanges beitragen. Einige dieser Lösungen sind in [RG08] beschrieben.

5.4. Hilfsfunktionen für die Messung mit amperometrischen Biosensoren

Während der Anwender beim „ExacTech" (Abb. 5.8) die Polarisationsspannung manuell innerhalb von 3 s zuschalten musste, sind solche Prozesse längst automatisiert. Die Steuerung des Messprozesses erfolgt teils ereignisgesteuert, teils zeitplangesteuert und der Anwender wird über ein Menü so durch den Messprozess geführt, dass Fehlbedienungen weitgehend ausgeschlossen sind und die Messung erfolgreich durchgeführt werden kann. Eine Bedienerführung umfasst z.B. Hinweise auf einen nächsten Prozessschritt, die Anforderung einer Nutzeraktion, eine Fortschrittsanzeige, eventuell Warnungen etc. Diese Abfolge ist in einer Software hinterlegt, die ein Mikrocontroller abarbeitet. Dabei fußen notwendige Informationen für die Bedienerführung auf vorgeschalteten oder begleitenden analogen Messungen von Hilfsgrößen. Um einen so gesteuerten Messablauf zu diskutieren, betrachten wir beispielhaft ein Multisensor-Handmessgerät für verschiedene, ansteckbare amperometrische Sensoren mit Mikrofluidik und analysieren, wie ein Handmessgerät elektronisch die Antwort auf folgende Fragen findet, die für den Messprozess relevant sind:

- Ist ein Sensor angesteckt?
- Welcher Sensortyp ist angesteckt?
- Ist der Sensor unbenutzt und trocken?
- Liegt die Umgebungs- bzw. Probentemperatur im zulässigen Bereich?
- Ist der Sensor korrekt befüllt?
- Ist der Messprozess beendet?

5.4.1. Sensorerkennung

Das Messgerät muss in einem ersten Schritt erkennen, ob ein Sensor überhaupt angesteckt ist. Das gelingt im einfachsten Fall, indem auf dem Sensor eine Leiterbahn vorgesehen ist, die zwei Kontakte im Handmessgerät überbrückt. Damit kann das Gerät auch eingeschaltet werden.

Etwas aufwändiger ist eine selbsttätige Unterscheidung zwischen baugleichen Sensoren für verschiedene Analyte in einem zweiten Schritt. Dabei ist das Ziel, nach Erkennung des Sensortyps bestimmte im Messgerät für den Sensortyp hinterlegte Arbeitsparameter (Polarisationsspannung, Schwellwerte, Zeitregime) für den Sensor einzustellen. Für die Sensorerkennung eignen sich unterschiedliche Lösungen, von denen wir nachfolgend einige angeben:

Kodierung über die Steckverbindung   Wenn wenigstens drei Steckkontakte und zwei Mikro-controllereingänge zur Verfügung stehen, kann man über entsprechende Leiterbahnen auf dem Sensor drei verschiedene Sensoren detektieren und das Gerät auch einschalten. Dazu wird z.B. über einen Kontakt das Massepotential oder alternativ die Betriebsspannung auf den Sensor geführt und eine Brücke zu einem bzw. beiden anderen Kontakten auf dem Sensor hergestellt, so dass ein Pegel im Gerät abgefragt werden kann.

Kodierung über einen Indikatorwiderstand   Wenn auf baugleichen Teststreifen für verschie-dene Analyte ein Indikatorwiderstand vorgesehen wird, dessen Widerstandswert für einen Ana-lyt charakteristisch ist, kann über eine Widerstandsmessung im Handmessgerät die Sensor-art erkannt werden. Als Indikatorwiderstand kann sogar ein für die Temperaturmessung nach Abb. 5.10 vorgesehener Widerstand dienen, wenn dieser einen vom Sensortyp abhängigen Grundwert besitzt (z.B. $100\,\Omega$, $250\,\Omega$, $500\,\Omega$ jeweils bei der Nenntemperatur).

Kodierung über Farbflächen   Eine weitere Möglichkeit besteht darin, auf dem Sensor definiert Farbflächen anzubringen und diese mit einer optoelektronischen Anordnung am eingesteckten Sensor im Messgerät vor der Messung zu analysieren und daraus die Art des Sensors abzuleiten. Das Prinzip solch eine Anordnung mit zwei weißen Leuchtdioden und einem RGB-Farbsensor ist in Abb. 5.9 dargestellt [RSW05].

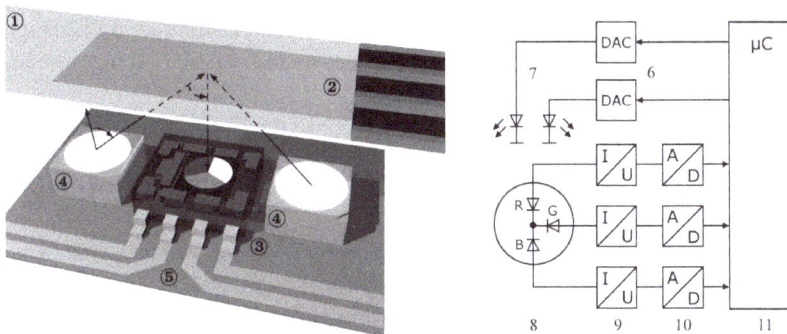

Abb. 5.9.: Sensoridentifizierung mittels Farbmarken nach [RSW05]

TEDS und Korrekturcodes   An dieser Stelle sei noch das TEDS-Verfahren erwähnt. TEDS steht für **T**ransducer **E**lectronic **D**ata **S**heet und ist nach IEEE 1451.4 standardisiert. Für die Realisierung dieses Verfahrens benötigt der Sensor einen kleinen Speicher (EEPROM), in wel-chem wichtige Sensordaten eingetragen sind. Bei Benutzung des Sensors wird der Speicher vom Messgerät selbsttätig ausgelesen [iee07].

Für Einmalgebrauchssensoren ist dieses Verfahren aus Kostengründen kaum geeignet. Ein Weg, bei solchen Sensoren trotzdem herstellungsbedingte Parameterstreuungen ausgleichen und bei der Messung berücksichtigen zu können, besteht darin, Sensoren chargenweise durch einen

Sensorcode zu charakterisieren. Solch ein Code kann z.B. eine Anstiegs-, eine Offset- oder auch eine Temperaturkorrektur beinhalten und wird menügeführt in das Gerät eingegeben.

5.4.2. Messung der Temperatur

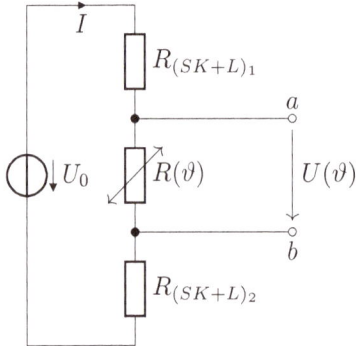

Abb. 5.10.: Widerstandsthermometer (Vierleiterschaltung)

Wie schon mehrfach erwähnt, hängen die Ergebnisse elektrochemischer Messungen von der Temperatur ab und für die Messung mit Biosensoren ist ein vom Hersteller angegebener Temperaturbereich einzuhalten, da die Aktivität von Enzymen temperaturabhängig ist. Mit einer Temperaturmessung kann sichergestellt werden, dass die Messung in einem erlaubten Temperaturbereich stattfindet und gleichzeitig kann nach der Messung der Messwert bezüglich der Temperatur korrigiert werden.

Die Temperatur kann direkt auf dem Sensor bestimmt werden, wenn dort, wie beim Leitfähigkeitssensor (Abb. 5.3) ein Widerstandsthermometer vorgesehen ist. Die Temperaturmessung erfolgt bevorzugt in Vierleitertechnik nach Abb. 5.10. Mit der Vierleitertechnik kann $R(\vartheta)$ exakt bestimmt werden, denn der Spannungsabfall über die Zuleitungen und Steckkontakte $R_{(SK+L)_1}$ und $R_{(SK+L)_2}$ wird eliminiert und tritt nicht störend in Erscheinung. Der Strom I muss klein sein und soll nur kurzzeitig fließen, so dass an $R(\vartheta)$ keine störende Eigenerwärmung eintritt.

5.4.3. Sensorzustand, Befüllung der Messkammer und Messbeginn

Ein Einmalgebrauchssensor kann und darf nicht ein zweites Mal verwendet werden und er muss vor der Messung trocken sein. Um das zu prüfen, kann am eingesteckten, aber noch nicht befüllten Sensor bei zugeschalteter Polarisationsspannung der Strom über die Arbeitselektrode gemessen werden. Dieser Strom ist nicht Null, er muss aber unterhalb einer bestimmten Schwelle von wenigen nA liegen. Nur wenn diese Bedingung erfüllt ist, darf der Sensor benutzt werden und der Nutzer wird per Menüführung zum nächsten Schritt weitergeleitet und zur Aufgabe einer Blutprobe aufgefordert.

Ein Teststreifen mit Mikrofluidik befüllt sich selbsttätig, wenn die Eintrittsöffnung mit einem Blutstropfen in Kontakt gebracht wird. Der Teststreifen saugt über den Kapillareffekt das Blut an und transportiert es in die Messkammer. Bevor die Messung beginnen kann, muss die Messkammer vollständig befüllt sein. Das kann man auf elektrischem Weg messen, indem die Probe als Schalter benutzt und der Anstieg des Stromes über die Arbeitselektrode verfolgt und bei einem bestimmten Triggerwert der Zeitplan der Messung gestartet wird. Dazu ist eine Reihenfolge der Elektroden wie in Abb. 5.6 notwendig, so dass die über die Mikrofluidik einströmende

Probe den Stromkreis zwischen Arbeitselektrode und Gegenelektrode erst schließt, wenn die Messkammer praktisch gefüllt ist.

5.4.4. Kontrolle des Ablaufs einer Messung

Nachdem vorbereitende Schritte erfolgreich waren und die Messkammer befüllt ist, erfolgt die eigentliche Messung selbsttätig nach einem sensorspezifischen Zeitplan oder ereignisgesteuert und umfasst beispielsweise

- das Einstellen der Polarisationsspannung,
- die Abfrage von Stromwerten,
- die Bestimmung des Endes der Messung,
- das Abschalten des Messkanals,
- die Berechnung der Konzentration unter Berücksichtigung notwendiger Korrekturen (Sensorcode, Temperatur u.a.),
- die Anzeige des Konzentrationswertes und die Speicherung,
- das Abschalten des Gerätes nach einer vorgegebenen Wartezeit ohne Nutzeraktivität.

Die Steuerung des Ablaufs einer Messung wird entsprechend komplexer, wenn ein Sensor mehrere, voneinander unabhängige elektrochemische Messkanäle umfasst, z.B. um separat einen Hämatokritwert und Interferenzen zu bestimmen, wie in [GRW$^+$] vorgeschlagen.

Neben der Abarbeitung eines Zeitplanes besteht auch die Möglichkeit, aus dem Amplituden-Zeit-Verlauf eines Sensorsignals, welches in Echtzeit automatisch analysiert wird, Reaktionen, wie z.B. das Beenden einer Messung, abzuleiten [WPB$^+$01].

5.5. Analog-Front-End-Schaltkreise

Die unmittelbare Schnittstelle zwischen Sensorelement und Elektronik ist bei analog arbeitenden Sensoren eine mehr oder weniger komplexe Analogschaltung (Primärelektronik), die eventuell benötigte Anregungssignale liefert, die Sensorsignale aufbereitet, also z.B. verstärkt, filtert, gleichrichtet oder wandelt, und fortlaufend ausgibt. Diese Analogschaltung ist eingangsseitig direkt an die Erfordernisse des jeweiligen Sensorelementes angepasst und liefert ausgangsseitig definierte Analogsignale in einem bestimmten Pegelbereich.
Für viele Sensoren, elektrochemische und andere, die in großer Zahl eingesetzt werden, sind in den letzten Jahren eine Vielzahl spezialisierte integrierte Schaltkreise entwickelt worden, die das gesamte analoge Interface zum Sensor, also die Primärelektronik, beinhalten. Solche Schaltkreise sind unter dem Namen Analog-Front-End (AFE) bekannt. Sie beinhalten oft auch in Auflösung und Geschwindigkeit an den Messprozess angepasste ADC und DAC. Solche Schaltkreise sind vollständig digital ansteuerbar und auslesbar und vereinfachen die Entwicklung und den Aufbau entsprechender Messgeräte, sparen Platz auf der Leiterplatte und machen schließlich Geräte auch ausfallsicherer.

Schaltkreishersteller sind längst noch einen Schritt weiter gegangen und integrieren in den AFE-Schaltkreis einen Mikrocontroller, dessen Leistungsfähigkeit und Schnittstellen an eine vorgesehene Messaufgabe angepasst sind und die z.B. auch ein Displaycontroller-Modul beinhalten können. Eine frühe Stufe dieser Entwicklung ist die **M**ixed-**S**ignal-**P**rozessoren-Familie MSP430 von Texas Instruments. Diese Controller-Familie wurde 1993 eingeführt und umfasst dank ständiger Weiterentwicklung heute mehr als 570 Derivate, die auf unterschiedlichste Anwendungsfälle zugeschnitten sind.

Für bestimmte elektrochemische Messverfahren bzw. für verschiedene elektrochemische Sensoren, die in großer Stückzahl eingesetzt werden, sind spezielle AFE, sogenannte **chemical AFE**, entwickelt worden. Auch chemical AFE mit Mikrocntroller im gleichen Schaltkreisgehäuse, von einem Hersteller „Analog Microcontroller with Chemical Sensor Interface" genannt, sind inzwischen auf dem Markt. Die Anpassung an den jeweiligen Messprozess verlagert sich damit weitgehend auf die Softwareentwicklung, Programmierung und Testung.

Die beschriebene Schaltungsintegration führt zu monolitischen Schaltkreisen mit sehr vielen externen Anschlüssen. Um solche Schaltkreise trotzdem klein zu halten, kommen spezielle Gehäusebauformen, wie BGA[1]- oder LGA[2]-Gehäuse, zum Einsatz. Da bei diesen Gehäusebauformen alle Anschlüsse an der Unterseite des Schaltkreises liegen, können solche Schaltkreise nur noch von Spezialisten verarbeitet werden, die über eine entsprechende Bestückungs- und Löttechnologie verfügen.

Ein Weg, solche vielpoligen Schaltkreise leichter handhabbar zu machen, ist die heterogene Integration mit notwendigen externen Bauelementen zu sogenannten System-in-Package-Lösungen (SIP). Der später zu besprechende EmStat-pico ist eine solche Lösung.

Wir betrachten nachfolgend einige dieser Schaltkreise im Überblick und zwar

- den LMP91200 [tex16b], ein AFE für potentiometrische Messungen, z.B. pH-Messungen,
- den LMP91002 [tex15], ein AFE-Potentiostat,
- den LMP90100 [tex16a], ein AFE für Widerstandsthermometer,
- den ADuCM355 [ana20], einen „Microcontroller mit Analog-Interface für chemische Sensoren".

Voranstellen wollen wir eine Einchip-Lösung für amperometrische Biosensoren auf Basis eines MSP430-Derivates.

5.5.1. Einchip-Biosensormessgerät mit MSP430-Derivat

Als einen Schritt auf dem Weg zum heutigen chemical AFE kann man einige Derivate der Prozessor-Familie MSP430 betrachten. Alle Varianten des MSP430FG461x (x= 6...9 beschreibt verschiedene Speicherausstattungen) beinhalten folgende Komponenten [tex06]:

- drei per Software konfigurierbare Operationsverstärker,
- mehrere Analogmultiplexer für das Routing des Analogsignals,

---

[1] **B**all **G**rid **A**rray
[2] **L**and **G**rid **A**rray

- einen mehrkanaligen 12 Bit ADC,
- zwei 12 Bit DAC,
- eine Refernzspannungsquelle,
- 16 Bit-Timer.

Diese Ausstattung ist ausreichend, um zusammen mit den digitalen Baugruppen des Schaltkreises ein komplettes, digital anzeigendes Messgerät für einkanalige amperometrische Biosensoren zur Blutzucker- oder Laktatmessung als Einchip-Lösung aufzubauen und führt zu einer radikalen Verringerung der Anzahl der benötigten Bauelemente.
Die drei Operationsverstärker des MSP430FG461x können dabei wie folgt verwendet werden

- OV1 Regelverstärker,
- OV2 Impedanzwandler,
- OV3 umschaltbarer I/U-Wandler.

Zusammen mit den beiden DAC, dem ADC und der Referenzspannungsquelle lässt sich mit wenigen externen passiven Bauelementen eine einfache Potentiostatenschaltung, wie in Abb. 4.14 auf Seite 114 als Blockschaltbid dargestellt, aufbauen und per Software konfigurieren.

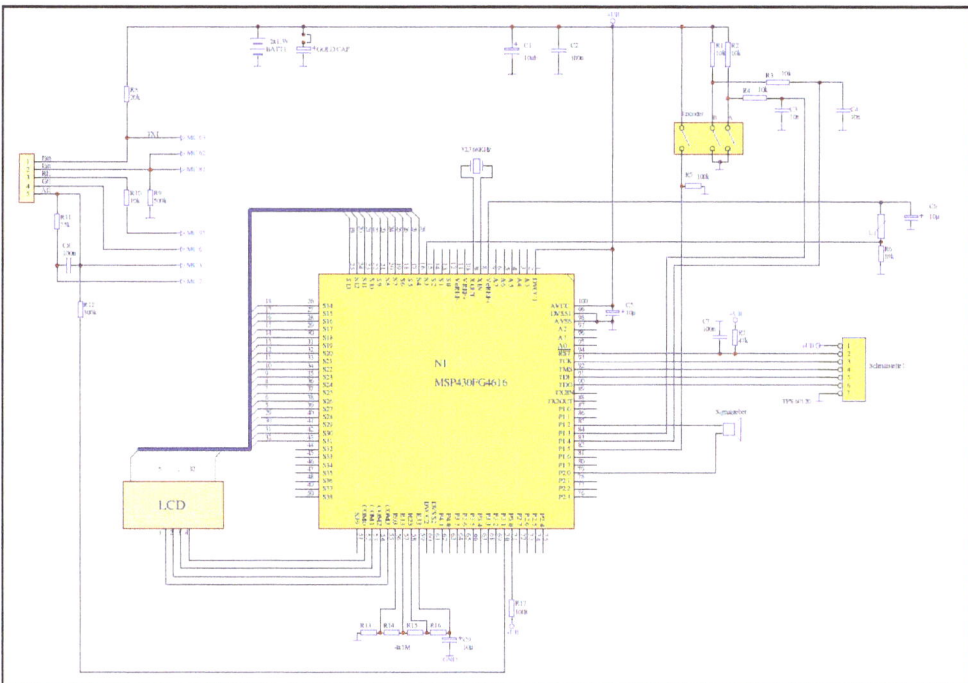

Abb. 5.11.: Schaltung eines Ein-Chip-Messgerätes für amperometrische Biosensoren mit dem Mixed-Signal-Mikrocontroller MSP430FG4616 (Studie MLU, Halle 2009)

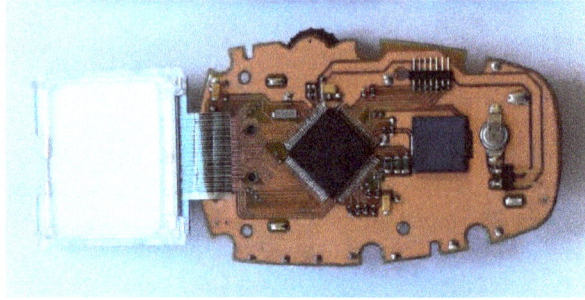

Abb. 5.12.: Laboraufbau des Messgerätes nach Abb. 5.11 (Studie MLU, Halle 2009)

Die Schaltung eines nach diesem Konzept entworfenen Handmessgerätes ist in Abb. 5.11 dargestellt, während die Abb. 5.12 den Aufbau eines Mustergerätes zur Messung der Glucosekonzentration mit Sensoren der Fa. SensLab zeigt [Wei09].

5.5.2. Ausgewählte Analog-Front-End-Schaltkreise

LMP91200 – ein AFE für potentiometrische Messungen

Der Schaltkreis LMP91200 umfasst zwei direktgekoppelte Verstärker und keine digitalen Komponenten. Ein Verstärker mit hochohmigen Eingang arbeitet als Impedanzwandler. Er ist für die Erfassung kleiner Spannungen, wie sie bei pH-Sensoren oder anderen potentiometrischen Sensoren auftreten, ausgelegt. Der zweite Verstärker kann eine Abschirmung auf definiertem Potential halten [tex16b]. Der Schaltkreis arbeitet mit einer Betriebsspannung im Bereich 1,8–6 V und kann beispielsweise als Analogschaltung in einem digital anzeigenden pH-Meter nach Abb. 3.15 eingesetzt werden.

LMP91002 – ein Sensor-AFE-Potentiostat

Der Schaltkreis LMP91002 beinhaltet eine komplette Mikropower-Potentiostatenschaltung und arbeitet mit einer Betriebsspannung im Bereich von 2,7–3,6 V [tex15]. Er kann einen Strom bis 750 µA durch die Messzelle treiben, was für amperometrische Biosensoren ausreicht. Die Polarisationsspannung wird durch Teilung aus der Versorgungsspannung oder einer Referenzspannung abgeleitet und ist nur in 3 Stufen wählbar, was die Anwendbarkeit für amperometrische Biosensoren einschränkt. Der Messbereich (Vollausschlag) des I/U-Wandlers ist in 7 Stufen zwischen 5 µA und 750 µA umschaltbar. Die Umschaltung erfolgt digital über einen I^2C-Bus.

LMP90100 – ein AFE zur Temperaturmessung

Die Temperatur ist eine der am häufigsten gemessenen physikalischen Größen. Sie ist bei elektrochemischen Messungen eine wichtige Einflussgröße und wird deshalb meist mitgemessen, um den Messwert einer Konzentration oder Leitfähigkeit bezüglich der Temperatur korrigieren zu können oder um beim Einsatz von Biosensoren Temperaturgrenzen einzuhalten. Zur Temperaturmessung umfassen elektrochemische Sensoren oft einen Temperatursensor, meist ein Widerstandsthermometer, wobei die Widerstandsmessung bevorzugt in 4-Leiter-Schaltung erfolgt, um den Einfluss von Leitungs- und Kontaktwiderständen zu eliminieren.

Für die Ansteuerung und Auswertung von Temperatursensoren sind AFE wie der LMP90100 entwickelt worden. Die Abb. 5.13 zeigt die Innenschaltung des AFE als Blockschaltbild und vermittelt einen Eindruck von der Komplexität solcher Schaltkreise [tex16a].

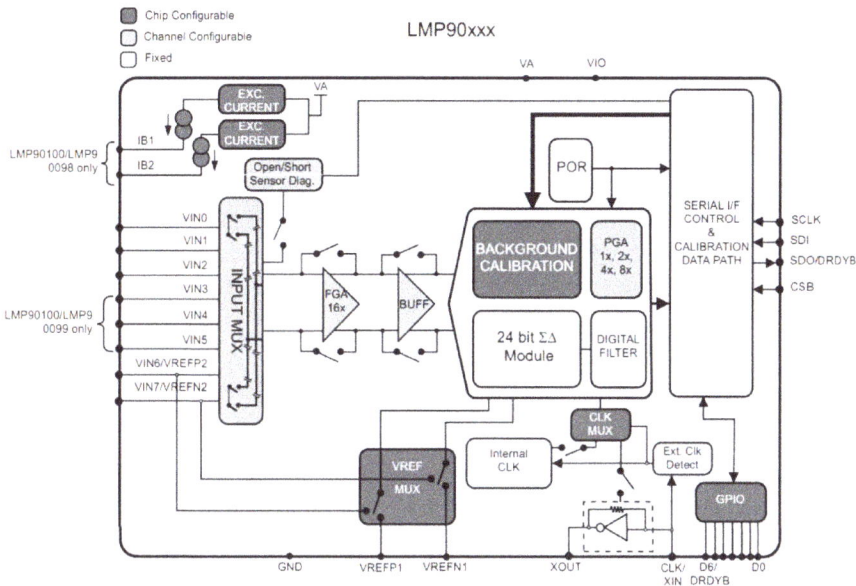

Abb. 5.13.: Blockschaltbild des LMP90100, AFE für Temperaturmessungen [tex16a]

5.5.3. ADuCM3xx – „Precision Analog Microcontroller" mit verschiedenen Interfaces

Unter der Bezeichnung „Precision Analog Microcontroller" bietet die Firma Analog Devices eine Reihe von Schaltkreisen an, die einen ARM Cortex M3 oder ARM Cortex M33 Mikrocontrollerkern mit Analog Front End für verschiedene Anwendungsbereiche kombinieren (siehe Tabelle 5.1).In Weiterentwicklungen dieser Schaltkreise Neben ADC unterschiedlicher Auflösung und DAC beinhalten diese Schaltkreise weitere, auf die Zielanwendung zugeschnittene Analogkomponenten, wie programmierbare Verstärker, Multiplexer und eine Referenzspannungsquelle. In unserem Zusammenhang ist der ADuCM355 von besonderem Interesse, denn hier ist das Analoginterface speziell für elektrochemische Messungen ausgelegt.

Tabelle 5.1.: Precision Analog Microcontroller ADuCM3xx – Kurzbeschreibung der AFE-Komponenten

Typ	Zielanwendung	ADC-Auflösung	DAC-Auflösung
ADuCM320	optische Netzwerke	14 Bit	12 Bit
ADuCM350	Low Power Meter	16 Bit	12 Bit
ADuCM355	Chemische Sensoren	16 Bit	12 Bit
ADuCM360 & 361	Präzisionssensorsysteme	24 Bit	12 Bit
ADuCM410	optische Netzwerke	16 Bit	12 Bit

Potentiostaten-Modul „EmStat Pico"

Auf Basis des ADuCM355 haben die Firmen Analog Devices und Palmsense ein miniaturisiertes Potentiostaten-Modul mit der Bezeichnung „EmStat Pico" entwickelt (siehe Abb. 5.14). Das Modul besitzt zwei Potentiostaten-Kanäle und ist für verschiedene elektrochemische Messverfahren vorprogrammiert. Das kompakte SMD-Modul misst 18 x 30 x 2,6 mm und wird für die automatische Bestückung und Verarbeitung gegurtet geliefert. Die Schaltung umfasst nach [SHBC21] neben dem ADuCM355 folgende weitere Schaltkreise

- einen InstrumentenVerstärker (AD8606),
- einen LDO-Regler (ADP166) sowie
- einen I^2C-Temperatur-Sensor (ADT7420).

Für die Produktion größerer Gerätestückzahlen, wird der ADuCM355, wie im EmStat Pico vorprogrammiert, als „EmStat Pico core"angeboten.

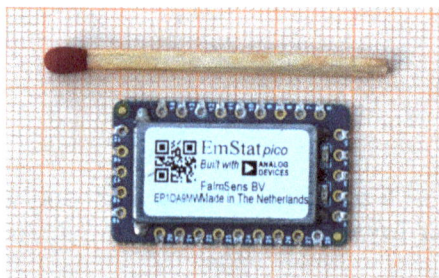

Abb. 5.14.: Potentiostaten-Modul „EmStat pico"

Die digitale Kommunikation zwischen dem EmStat Pico und einem steuernden Gerät erfolgt über eine serielle Schnittstelle (UART). Für die Kommunikation auf Schaltkreisebene sind auch eine SPI- und eine I^2C-Schnittstelle vorhanden.

Weitere Daten und Einzelheiten können dem Datenblatt [pal21] und der Beschreibung [pal20] entnommen werden.

5.6. Steuerung und Datenpräsentation

Die Steuerung der Analogschaltung und die Verrechnung der Messdaten erfolgt mit einem geeigneten Mikrocontroller. In einem Handmessgerät übernimmt dieser Mikrocontroller auch die Speicherung und die Präsentation der Daten auf einem alphanumerischen Display oder einem Grafikdisplay. Er stellt ferner eine oder mehrere Schnittstellen wie beispielsweise Bluetooth, USB und NFC[1] zu einem übergeordneten Gerät bereit.

Größe und Gewicht üblicher Handmessgeräte sind gering. Solche Messsysteme sind genau wie ein Handy für den mobilen Einsatz gedacht und geeignet.
Als Handys über Grafikdisplays und hinreichende Rechenleistung verfügten, lag es deshalb nahe, ein Handy mit einem Handmessgerät zu koppeln und zur Präsentation und Ablage der Messdaten oder sogar zur Steuerung des Messprozesses selbst zu verwenden. In diesem Sinne wurden schon vor etlichen Jahren Handys mit USB-OTG-Schnittstelle[2] benutzt, um auch elektrochemische Sensoren zu betreiben. Dazu war allerdings ein spezieller Adapter erforderlich, der alle analogen Messfunktionen, die AD-Wandlung und die Stromversorgung übernahm [RR09].

Inzwischen verfügen Smartphones über hohe Rechenleistung, große Grafikdisplays und geeignete Schnittstellen wie USB-C, Bluetooth und NFC. Sie können damit ohne zusätzliche Hardware Daten mit einem Handmessgerät austauschen und Steuerfunktionen übernehmen. Eine Nebenbedingung ist, dass das Handmessgerät selbst über eine passende Schnittstelle verfügt.
Die Kopplung zwischen (Hand-) Messgerät und Smartphone verlagert sich damit weitgehend auf die Softwareebene und die Programmierung. So existiert beispielsweise für das oben beschriebene Potentiostatenmodul „EmStat pico" das Programm „PStouch", welches den Betrieb des Moduls an einem Android-Smartphone oder Android-Tablet ermöglicht.

---

[1] Near Field Communication
[2] USB On-The-Go ist ein USB-Anschluss mit eingeschränkten Möglichkeiten

6. Stromversorgung mit elektrochemischen Stromquellen

In diesem Kapitel betrachten wir zuerst elektrochemische Stromquellen selbst. Danach skizzieren wir deren Einsatzgebiete und erörtern schließlich elektronische Komponenten, die erforderlich sind, um mit elektrochemischen Stromquellen elektronische Geräte versorgen zu können. Dabei beschränken wir uns weitgehend auf die Versorgung von Geräten mit kleiner Leistung.

6.1. Elektrochemische Stromquellen

Elektrochemische Stromquellen wandeln chemische Energie in elektrische Energie; sie dienen der Stromversorgung unterschiedlichster Gerätschaften und Objekte vom Herzschrittmacher bis zum Elektroauto. Zu den elektrochemischen Stromquellen zählen

- Primärzellen (Batterien),
- Sekundärzellen (Akkumuatoren, geläufige Kurzform Akku) und
- Brennstoffzellen.

Wenn eine der genannten Zellen Strom liefert, läuft in der Zelle unter Verringerung der freien Enthalpie freiwillig eine Redoxreaktion ab. Der Elektronenaustausch erfolgt über den äußeren Stromkreis, wobei die Energie aus der Zelle genutzt wird, um im äußeren Stromkreis elektrische Arbeit zu leisten. Beim Laden eines Akkumulators läuft der Prozess umgekehrt ab, dann wird aus einem äußeren Stromkreis elektrische Energie in die Akkuzelle eingeleitet und mittels Elektrolyse als chemische Energie gespeichert. Der Stromfluss ist stets mit chemischen Veränderungen der Elektroden und auch des Elektrolyten verbunden.
Doppelschichtkondensatoren, die auch Energiespeicher mit Elektrolytbeteiligung sind, betrachten wir separat in Kapitel 7.3.2, denn in ihnen laufen keine Redoxreaktionen ab.

Elektrochemische Stromquellen sind aus elektrischer Sicht aktive Zweipole und besitzen folgende gemeinsame Merkmale

- zwei flächenhaft oder räumlich ausgedehnte Elektroden,
- die in einen Elektrolyten eintauchen und
- eine nur ionenleitende elektrische Verbindung zwischen Anoden- und Katodenraum.

Elektrochemische Stromquellen liefern auf Grund ihrer Funktionsweise prinzipiell eine Gleichspannung bzw. einen Gleichstrom. Dabei ist die Spannung pro Zelle bei allen elektrochemischen Stromquellen relativ gering und liegt in der Größenordnung von 1–3 V (siehe Tabellen

https://doi.org/10.1515/9783110767254-006

6.1, 6.2 und 6.3). Anders als Batterien, die ihre mit der Herstellung installierte chemische Energie aufbrauchen, und Akkus, die elektrisch nachgeladen werden können, benötigen Brennstoffzellen während ihres Betriebes dauernd die Zufuhr des Brennstoffs sowie des Oxidationsmittels und erfordern den Abtransport der Reaktionsprodukte.

Batterien und Akkus waren und sind eine Voraussetzung für den netzunabhängigen Betrieb zahlloser transportabler oder frei beweglicher Systeme. Sie wurden schon vor mehr als 100 Jahren zum Antrieb von Elektrofahrzeugen [Rol14], zum Betrieb von Fernmeldeanlagen [Har27] sowie zur Stromversorgung von Röhrenradios eingesetzt [Spr24].
Heute versorgen Primärzellen allerlei mobile Kleingeräte von der Taschenlampe über Herzschrittmacher oder Hörgeräte bis hin zu Messgeräten. Außerdem dienen sie der netzunabhängigen Versorgung von Sicherheitssystemen, wie Rauchmeldern.
Akkus liefern die Energie für Smartphones, Elektrowerkzeuge, elektrisch angetriebene Fahrzeuge und Arbeitsmaschinen. Sie dienen weiter als Energiespeicher in unterbrechungsfreien Stromversorgungen. In Photovoltaik- oder Windkraftanlagen, die Strahlungsenergie bzw. Windenergie in elektrische Energie umsetzen, gleichen Akkumulatoren als Pufferspeicher die Schwankungen zwischen Anfall und Verbrauch der Energie aus.

Auf Grund der verschiedenen Einsatzgebiete wird die Entwicklung leistungsfähiger Batterien und Akkus von divergierenden Interessen in ganz verschiedenen Richtungen betrieben; auf der einen Seite erfordern Anwendungen von Mikroelektronik und Sensortechnik Kleinstbatterien mit langer Lebensdauer und auf der anderen Seite werden schnell ladbare Hochleistungsakkus für den Fahrzeugantrieb benötigt. Diese Entwicklungen werden von breit angelegten Forschungsaktivitäten begleitet und betreffen Zellen mit neuer Zellchemie, neue Elektrodenmaterialien, neue Elektrolyte, neue Separatoren und andere neuartige Komponenten [bat15, Gel15]. Die Vielfalt der Zellen ist erdrückend; wir skizzieren hier nur knapp einfache exemplarische Beispiele und verweisen ansonsten auf die umfangreiche Literatur zu diesem Gebiet, wie z.B. [WGS81, TR98, Kur16]. Schon 1908 wurde eine Übersicht zu damals verfügbaren elektrochemischen Stromquellen publiziert [Gri08].

Die Nutzung elektrochemischer Stromquellen erfordert oft ein Systemdenken sowie in der Regel periphere Elektronikkomponenten, die die gelieferte Spannung aufbereiten und die Quelle überwachen bzw. im Falle eines Akkus nachladen oder bei einer Brennstoffzelle die mechanischen Transportvorgänge steuern. Nur ganz einfache Anwendungen, wie z.B. eine Taschenlampe, kommen ohne zusätzliche Elektronik aus.

6.1.1. Primärzellen (Batterien)

Eine Primärzelle entsteht, indem zwei verschiedene Halbzellen zusammenschaltet werden, wie in Abb. 3.48 für das Daniell-Element beispielhaft dargestellt. Anstelle eines Stromschlüssels verwenden technische Primärzellen zur Trennung von Anoden- und Katodenraum einen Separator, der ionenleitend sein muss und dem basischen oder sauren Elektrolyt widerstehen muss. Für technische Primärzellen eignen sich aus verschiedenen Gründen, wie Kosten, Nennspannung, Gebrauchseigenschaften und Umweltaspekte, nur bestimmte Materialkombinationen, aus denen Zellen mit verschiedenen Kapazitäten in genormten Geometrien, z.B. als Rundzellen,

Knopfzellen oder prismatische Zellen, kommerziell in großer Zahl hergestellt werden. Durchgesetzt haben sich Zellen mit Zinkanode und Zellen mit Lithiumanode. Die Anode ist bei galvanischen Zellen der negative Pol, denn hier findet die Oxidation statt und das unedle Metall geht in Lösung.

Primärelemente mit Zinkanode

Schon Volta verwendete Zink als Elektrodenmaterial in seiner Voltaschen Säule (Abb. 2.1). Das noch heute verwendete Zink-Kohle-Element fußt auf dem historischen Leclanché[1]-Element. Beide, das Zink-Kohle-Element und das Leclanché-Element, arbeiten mit einer Zinkanode in Becherform, eingedicktem Ammoniumchlorid (NH_4Cl) als Elektrolyt und einem Kohlestab (Graphit) als Katode, wobei die Katode von Braunstein (MnO_2) als Depolarisator umgeben ist. Weitere Primärelemente mit Zinkanode und ihre Nennspannung sind in Tabelle 6.1 aufgelistet.

Tabelle 6.1.: Nennspannungen von Primärelementen (verschiedene Quellen)

Zelltyp	Nennspannung
Leclanché-Element	1,5 V
Zink-Kohle-Zelle	1,5 V
Quecksilberoxid-Zink-Zelle	1,35 V
Silberoxid-Zink-Zelle	1,55 V
Zink-Luft-Zelle	1,5 V
Alkali-Mangan-Zelle	1,5 V

Zink hat ein Standardpotential von -0,76 V. Die Zinkanode wird bei Stromfluss oxidiert und aufgelöst, während gleichzeitig an der Katode Wasserstoff freigesetzt wird:

- Anodenreaktion: $Zn \longrightarrow Zn^{++} + 2\,e^-$
- Katodenreaktion: $2\,H^+ + 2\,e^- \longrightarrow H_2$.

Der an der Katode frei werdende Wasserstoff würde die Elektrode polarisieren und den Strom reduzieren. Der Braunstein (MnO_2), der die Katode umgibt, verhindert die Polarisation, indem er den Wasserstoff bindet:

- Depolarisation: $2\,MnO_2 + H_2 \longrightarrow 2\,MnO(OH)$.

Die Oxidation des Zink kann nur an der Phasengrenze stattfinden. Damit das Zink möglichst gleichmäßig aufgebraucht wird, ist es vorteilhaft, feinkörnige oder poröse Zinkstrukturen mit einer großen Oberfläche zu verwenden. Deshalb wird bei einer moderneren Lösung, den Alkali-Mangan-Zellen, das Zink nicht mehr massiv als Becher sondern fein verteilt eingesetzt. Dabei

---

[1] Georges Leclanché, französischer Physikochemiker, 1839–1882

liegt die pulverförmige Anode innen, so dass deren Zersetzung nicht mehr zum Auslaufen der Zelle führt [TR98].

Vermeidung von Quecksilber   Früher wurden Quecksilberoxid-Zink-Knopfzellen für Hörgeräte verwendet. Wegen des Quecksilbergehalts sind diese durch Zink-Luft-Zellen ersetzt worden. Eine Zink-Luft-Zelle besitzt als Katode (Pluspol) eine Gasdiffusionselektrode (siehe Seite 160), durch welche Luftsauerstoff als Oxidationsmittel in die Reaktionszone gelangt. Dazu ist die Zelle mit Öffnungen ausgestattet, die aber bis zum Erstgebrauch verschlossen bleiben. Die Zinkanode besitzt eine poröse Struktur, z.B. in Form von Zinkschwamm, und als Elektrolyt dient in Wasser gelöstes Kaliumhydroxid (Kalilauge).

Primärelemente mit Lithium als Anode – Lithium-Batterien

Die Geschichte der Lithium-Batterien begann 1962 [Kor13]. Seit etlichen Jahren nimmt Lithium einen besonderen Platz als Elektrodenmaterial bei Batterien und auch bei Akkumulatoren ein[1]. Lithium (Ordnungszahl 3) ist das leichteste Metall und hat mit -3,040 V das negativste Standardpotential.

Tabelle 6.2.: Leerlauf- und Lastspannung von Lithium-Primärelementen nach [ano22]

Zelltyp		$U_{Leerlauf}$	U_{Last}
Lithium-Thionylchlorid	$Li - SOCl_2$	3,7 V	3,4 V
Lithium-Mangandioxid	$Li - MnO_2$	3,5 V	3 V
Lithium-Schwefeldioxid	$Li - SO_2$	3 V	2,7 V
Li-Kohlenstoffmonofluorid	$Li - (CF)n$	3,2–3 V	3,1–2,5 V
Lithium-Iod	$Li - I_2$	2,8 V	2,7 V
Lithium-Eisensulfid	$Li - FeS_2$	1,8 V	1,5 V
Lithium-Luft	$Li - O_2$	3,4 V	

Lithiumzellen zeichnen sich deshalb durch eine hohe Energiedichte aus und werden aus diesem Grund für viele Anwendungen bevorzugt. Je nach der verwendeten Elektrodenkombination und dem Elektrolyten variiert die Zellchemie und es ergeben sich verschiedene Leerlauf- und Lastspannungen (Tabelle 6.2). In Lithiumzellen müssen nichtwässrige Elektrolyte verwendet werden, denn einerseits liegt die Zellspannung über der Zersetzungsspannung von Wasser und andererseits reagiert Lithium mit Wasser unter Bildung von Lithiumhydroxid und Wasserstoff.

---

[1]   Für Arbeiten zu Lithium-Batterien erhielten John B. Goodenough, M. Stanley Whittingham, Akira Yoshino 2019 den Nobelpreis für Chemie

Anwendungsaspekte

Primärzellen sind heute auslaufsicher gebaut und es ist keine Tiefentladung zu berücksichtigen wie beim Akkumulator. Mit zunehmender Entladung einer Batterie wächst deren innerer Widerstand und folglich sinkt die Klemmenspannung. Sie sinkt um so stärker, je kleiner der Lastwiderstand ist. Die Abb. 6.1 zeigt das schematisch, wobei für die Widerstände $R_2 < R_1$ gilt. Primärzellen können genutzt werden, bis die chemische Energie aufgebraucht ist bzw. bis die Klemmenspannung unter Last einen Wert unterschreitet, bei dem das zu versorgende Gerät nicht mehr arbeitet. Das kann z.B. die Startspannung eines nachgeschalteten DC/DC-Wandlers sein, der für eine konstante Betriebsspannung der Elektronik sorgt (siehe Kapitel 6.4.1).

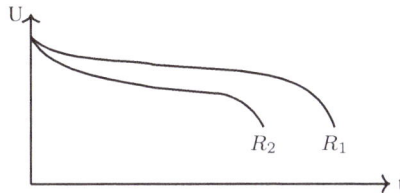

Abb. 6.1.: Zeitverlauf der Klemmenspannung einer Batterie unter Last, schematisch

6.1.2. Sekundärzellen (Akkumulatoren)

Akkumulatoren ermöglichen es, die Erzeugung und den Verbrauch elektrischer Energie zeitlich und räumlich zu trennen. Unabhängig vom elektrochemischen System und der Bauart eines Akkumulators können drei Arbeitsphasen unterschieden werden

- Ladung des Akkus: es fließt Strom in den Akku hinein und elektrische Energie wird in chemische Energie umgewandelt bis die Ladeschlussspannung erreicht ist;
- Speicherung der Energie: es fließt weder Strom in den Akku hinein noch heraus; die Energie bleibt als chemische Energie gespeichert, wobei infolge Selbstentladung die Energie mit der Zeit doch abnimmt;
- Entladung des Akkus: es fließt Strom aus dem Akkumulator ab, gespeicherte chemische Energie wird in elektrische Energie umgesetzt; Strom kann ohne Schaden für den Akku entnommen werden, bis die Entladeschlussspannung erreicht ist.

Akkumulatorarten – Was für Akkus gibt es?

Akkumulatoren werden mit verschiedenen Elektrodenmaterialien und ganz verschiedenen Elektrolyten hergestellt; sie arbeiten folglich mit unterschiedlichen chemischen Reaktionssystemen, werden aber allgemein nach den eingesetzten Metallkomponenten benannt. Einige bekannte und am Markt verfügbare Akku-Typen sind in Tabelle 6.3 zusammen mit der jeweiligen Nennspannung angegeben.

Tabelle 6.3.: Sekundärelemente und ihre Nennspannungen/Zelle [JW19]

Zelltyp	Nennspannung
Nickel-Cadmium-Zelle	1,2 V
Nickel-Metallhydrid-Zelle	1,2 V
Bleidioxid-Blei-Zelle	2 V
Lithium-Zellen (verschiedene Katodenmaterialien)	2,9–3,7 V

Kenndaten Bei der Auswahl eines Akkutyps für eine bestimmte Anwendung sind folgende Kenndaten wichtig, die den Akku elektrisch charakterisieren

- die Nennspannung in V
- die Kapazität in A h
- der Einsatztemperaturbereich,
- die Energiedichte in $\frac{W\,h}{kg}$ oder in $\frac{W\,h}{L}$
- die wahrscheinliche Lebensdauer in Anzahl der Lade-/Entladezyklen.

Mit der Wahl einer bestimmten Art und Baugröße sind wesentliche Eigenschaften eines Akkus anhand der Kenndaten festgelegt, wobei die Kapazität mit der Zeit abnimmt und die Lebensdauer von den Betriebsbedingungen abhängt.

Die größte Energiedichte besitzen Lithium-Akkus, da, wie schon erwähnt, Lithium sowohl das betragsmäßig größte Halbzellenpotential besitzt als auch das leichteste Metall ist. Aus diesem Grunde werden Lithium-Akkus sowohl für tragbare Geräte, wie Smartphones oder Fotoapparate, als auch als „Antriebsbatterie" in elektrisch betriebenen Kraftfahrzeugen bevorzugt verwendet.

Lithium ist knapp und teuer. Deshalb wird nach Alternativen gesucht. Eine in der Entwicklung befindliche neue Akkuart mit großem Potential ist der Natrium-Ionen-Akku. An dieser Akkuart wird intensiv geforscht, denn Natrium ist ein häufiges Element und steht in großer Menge zur Verfügung.

Grenzwerte Neben den Kenndaten sind die einzelnen Akkutypen auch durch ihre jeweiligen Grenzwerte zu beschreiben, die im Interesse der Lebensdauer beim Gebrauch eines Akkumulators zu beachten sind und z.B. durch eine periphere Elektronik sichergestellt bzw. bei der Handhabung berücksichtigt werden müssen. Zu den Grenzwerten zählen

- die Ladeschlussspannung in V,
- die Entladeschlussspannung in V,
- der maximale Ladestrom in A,
- die minimale und die maximale Temperatur in °C.

Die Grenzwerte sind von Akkutyp zu Akkutyp verschieden, können jedoch mit Hilfe eines sog. Batteriemanagementsystems überwacht und eingehalten werden (siehe Kapitel 6.4.4).

Bleiakkumulatoren

Als erstes Beispiel betrachten wir den Bleiakku näher. Wie in Kapitel 2.2.4 erwähnt, wurde das Prinzip des Bleiakkumulators schon 1854 erfunden. Noch heute finden Bleiakkumulatoren als „Starterbatterie" in Kraftfahrzeugen mit Verbrennungsmotoren weltweit millionenfach Anwendung.

Aufbau und Chemie des Bleiakkus Eine Bleiakku-Zelle besteht aus zwei Bleielektroden, die von einem Separator getrennt, in einem säurefesten Gehäuse eingebaut sind; als Elektrolyt dient sogenannte „Akkusäure", das ist verdünnte Schwefelsäure (H_2SO_4). Im geladenen Zustand bildet eine Elektrode aus metallischem Blei den Minuspol[1] des Akkus, während die Oberfäche der anderen Elektrode mit Blei(IV)-Oxid (PbO_2) bedeckt ist und den Pluspol bildet.
Während seiner langen Verwendungsdauer hat der Bleiakku zahlreiche technische Verbesserungen erfahren, die den mechanischen Aufbau und die Fixierung des Elektrolyten in Vlies[2]-Akkus und Gel-Akkus betreffen. Beim Blei-Vlies-Akku speichert ein mit Akkusäure gesättigtes Glasfaservlies die Säure und beim Blei-Gel-Akku ist die Akkusäure in einem Kieselgel ($SiO_2 \cdot nH_2O$) gebunden. Vlies- und Gel-Akkus sind auslaufsicher.

Bei geschlossenem äußeren Stromkreis fließt ein elektrischer Strom und der Akku wird entladen. Dabei wandern SO_4^{2-}-Ionen zur Pb-Elektrode und H^+-Ionen zur PbO_2-Elektrode. Infolge Oxidation bzw. Reduktion entsteht bei der Entladung an beiden Elektroden Bleisulfat $PbSO_4$, während die Konzentration der Säure dabei abnimmt. An der Blei- bzw. Bleioxid-Oberfläche der Elektroden laufen folgende elektrochemischen Vorgänge ab:

- Blei (Minuspol, e^--Donator): $Pb + SO_4^{--} \longrightarrow PbSO_4 + 2\,e^-$

- Bleioxid (Pluspol, e^--Akzeptor): $PbO_2 + SO_4^{--} + 4\,H_3O^+ + 2\,e^- \longrightarrow PbSO_4 + 6\,H_2O$.

Beim Laden des Akkus wird von einer externen Spannungsquelle eine höhere Spannung an die Klemmen des Akkus angelegt, so dass ein Strom in die Zelle hinein fließt (Elektrolyse). Dabei laufen die oben skizzierten Vorgänge in der umgekehrten Richtung ab und es wird elektrische Energie gespeichert. Für beide Prozesse, Laden und Entladen, kann man deshalb schreiben

$$Pb + PbO_2 + 2\,H_2SO_4 \rightleftharpoons 2\,PbSO_4 + 2\,H_2O, \qquad (6.1)$$

wobei der obere Pfeil für die Entladung (galvanische Zelle) und der untere Pfeil für die Aufladung (Elektrolysezelle) steht.

---

[1] Aus elektrochemischer Sicht kann an einem Akku der Pluspol mal Anode und mal Katode sein, je nachdem, ob der Akku gerade Energie liefert oder geladen wird, weil die Bezeichnung an die an der Elektrode ablaufende Reaktion, also Oxidation oder Reduktion, geknüpft ist. So ist die Anode immer die Elektrode, an der eine Oxidation stattfindet; das ist beim Ladevorgang (= Elektrolysezelle) der Pluspol und bei Stromentnahme (= galvanischen Zelle) der Minuspol. Wir verwenden deshalb hier bevorzugt die Begriffe Pluspol und Minuspol.

[2] textiles Flächengebilde

Im Bleiakku wird ein wässriger Elektrolyt verwendet. Daher ist die elektrolytische Zersetzung des Wassers, die nach Gleichung 3.75 oberhalb 1,23 V beginnt, eine unerwünschte Nebenreaktion. Die Wasserelektrolyse ist im Bleiakku stark gehemmt, was eine Voraussetzung dafür ist, dass er überhaupt funktionieren kann.

Elektrische Eigenschaften des Bleiakkus   Die Nennspannung einer Zelle beträgt 2 V (siehe Tabelle 6.3). Jedoch sinkt die abgegebene Spannung mit zunehmender Entladung, sie kann zwischen ca. 2,4 V (Ladeschlussspannung) und 1,75 V (Entladeschlussspannung) liegen.

Wegen der geringen Zellspannung werden meist mehrere Zellen in Serie geschaltet. Bleiakkus sind oft an die Bordspannung von Fahrzeugen angepasst und umfassen dann 3 oder 6 in Serie geschaltete Zellen, so dass die Nennspannung 6 V bzw. 12 V beträgt. Bei den oft verwendeten 12 V-Bleiakkus mit 6 in Reihe geschalteten Zellen kann die abgegebene Spannung also zwischen 10,5 V und 14,8 V liegen.

Schließlich hat jede Zelle einen inneren Widerstand, der mit sinkender Temperatur wächst und nicht bei allen in Reihe geschalteten Zellen gleich sein muss. Dieser Innenwiderstand ist bei Blei-Gel-Akkus höher als bei klassischen Bleiakkus oder Blei-Vlies-Akkus. Bei Stromentnahme entsteht über den Innenwiderstand der Zelle immer ein Spannungsabfall und damit eine Eigenerwärmung und ein Verlust an nutzbarer Energie.

Alkalische Akkumulatoren

Neben dem Blei-Säure-Akku wurde eine Anzahl verschiedener Akkumulatorarten mit alkalischem Elektrolyten entwickelt [JE94]. Von diesen Akkuarten erlangten der Nickel-Cadmium-Akku und der Nickel-Metall-Hydrid-Akku technische Bedeutung und eine große Verbreitung. Wegen des Cadmiumgehalts steht der NiCd-Akku aus Umweltsicht in der Kritik.

Jede dieser Akkuarten ist durch ihre typspezifischen Kenndaten und Grenzwerte aus elektrischer Sicht hinreichend charakterisiert und jede Akkuart besitzt ihre spezifische Chemie, auf die wir hier nicht eingehen (siehe dazu z.B. [KD18]).

Lithium-Ionen-Akkumulatoren

Die ersten Lithium-Ionen-Akkumulatoren kamen 1991 auf den Markt [Kor17]. In Lithium-Ionen-Akkus werden unterschiedliche Elektrodenmaterialien verbaut und verschiedene Elektrolyte eingesetzt. Das Funktionsprinzip ist jedoch immer gleich, genutzt wird die Interkalation[1] und die Deinterkalation von Li^+-Ionen in den Elektroden.

Aufbau und Funktionsprinzip von Lithium-Ionen-Akkus   Die negative und die positive Elektrode bestehen aus verschiedenen Materialien, die jeweils die Interkalation von Li^+-Ionen erlauben. Zwischen den Platten befindet sich ein nichtwässriger Elektrolyt, der Li^+-Ionen enthält,

---

[1]   reversible Einlagerung von Ionen in Leerstellen einer Wirtsmatrix

und ein Separator, der die Platten voneinander trennt. Die Energiespeicherung bzw. Energieabgabe erfolgt dadurch, dass

- beim Laden unter dem Einfluss einer außen angelegten Spannung

    - Li^+-Ionen an der positiven Elektrode ausgelagert (deinterkaliert) werden, zur negativen Elektrode driften und dort interkaliert werden,
    - wobei gleichzeitig im äußeren Kreis Elektronen von der positiven Elektrode zur negativen Elektrode fließen;

- beim Entladen

    - Li^+-Ionen von der negativen Elektrode ausgelagert werden, zur positiven Elektrode wandern und dort interkaliert werden,
    - wobei im äußeren Kreis Elektronen von der negativen zur positiven Elektrode fließen und dabei Arbeit im äußeren Kreis leisten.

Diese wechselseitige Ein- und Auslagerung der Li^+-Ionen an den Elektroden wird „Schaukelstuhlprinzip" genannt.

Fragen der Elektrodenmaterialien, der Elektrolyte und Separatoren von Lithiumionenakkus sind in [Kor13, Kor17] umfassend dargestellt, worauf wir uns nachfolgend beziehen.

Elektroden und aktive Elektrodenmaterialien für Lithium-Ionen-Akkus Die Elektroden werden als Verbundelektroden gebaut, wobei auf einem metallischem Träger das aktive Elektrodenmaterial aufgebracht ist. Die aktiven Elektrodenmaterialien müssen für die Interkalation von Lithium geeignet sein. Geeignete Materialien sind solche, die ein Schichtgitter besitzen, wie Graphit oder Chalkogenide[1] der Übergangsmetalle[2].

Negative Elektrode: Als negative Elektrode eignet sich Graphit oder amorpher Kohlenstoff, welcher auf eine Kupferfolie als Ableiter aufgetragen ist [We13].

Positive Elektrode Für die positive Elektrode werden verschiedene Lithium-Übergangsmetall-Verbindungen eingesetzt, z.B. Oxide mit schichtartiger Struktur, wie $LiCoO_2$ oder $LiMn_2O_4$ und etliche andere. Diese aktive Verbindung ist ebenfalls auf einen metallische Ableiter, hier Aluminium, aufgetragen. Eine Folge der verschiedenen Elektrodenmaterialien sind verschiedene Arbeitsspannungen, die zwischen $3,4\,V$ und $4,1\,V$ liegen (nach Tabelle 4.1 in [Gra13]).

Elektrolyte für Lithium-Ionen-Akkus Der Elektrolyt besteht aus einem Lösungsmittel, in dem ein Lithiumsalz gelöst ist. Forderungen an das Lösungsmittel sind u.a. [HS13]

- es muss polar sein und das Lösungsmittel-Molekül darf keine funktionelle Gruppe besitzen, die Wasserstoff abspaltet,
- es muss Lithium-Salze in ausreichender Konzentration lösen,
- es muss inert sein gegenüber allen Teilen, mit denen es im Akku in Kontakt kommt,

---

[1] Verbindung mit Elementen der 6. Hauptgruppe: O, S, Se, Te
[2] Elemente mit den Ordnungszahlen 20-28, 38-46, 56-78 [Sch74b]

- es soll eine geringe Viskosität, einen niedrigen Schmelzpunkt und einen hohen Siede-
punkt besitzen usw.

Bestimmte Ether, Ester, Gemische davon und organische Carbonate wie Propylencarbonat $C_4H_6O_3$ erfüllen diese komplexen Anforderungen mehr oder weniger gut.

Als Lithiumsalz wird Lithiumhexafluorophosphat $LiPF_6$ eingesetzt und diverse andere Li-Salze werden erprobt.

Separatoren für Lithium-Ionen-Akkus   Die Aufgabe eines Separators ist die Trennung der positiven von der negativen Elektrode zur Vermeidung eines Akku-internen Kurzschlusses. Gleichzeitig muss die Ionenleitung gewährleistet und der Widerstand gering sein. Als Separatoren benutzt werden chemisch stabile Flächengebilde mit einer Dicke im Mikrometerbereich, etwa zwischen $25\,\mu m$ und $40\,\mu m$, und einer Porosität von 40%. Die Separatorfolie muss vom eingesetzten Elektrolyt gut benetzbar sein und diesen auch speichern können. Das leisten z.B. bestimmte Vliese, die noch beschichtet sein können [WR13].

Resume   Lithium-Ionen-Akkumulatoren sind High-Tech-Produkte, die mit verschiedenen aktiven Elektrodenmaterialien und verschiedenen Elektrolyten realisiert werden. Es bestehen hohe Anforderungen an die Reinheit der Materialien. Die Entwicklung der Lithium-Ionen-Akkus war und deren Weiterentwicklung ist an die Materialforschung und an die Weiterentwicklung teils unkonventioneller Materialien und Elektrolyte geknüpft.

Natrium-Ionen-Akkumulator

Die Seltenheit und der hohe Preis von Lithium sind Anlass nach weiteren und kostengünstigeren Akkumulatorkonzepten zu suchen. Ein solches Konzept ist der Natrium-Ionen-Akkumulator, an dem seit einigen Jahren gearbeitet wird. Analog zum Lithium-Ionen-Akkumulator verwendet auch der Natrium-Ionen-Akkumulator die Interkalation und Deinterkalation von Na^+-Ionen in den Elektroden („Schaukelstuhlprinzip"). Natürlich erfordert Natrium wieder eine eigene Materialbasis für Elektroden und Elektrolyt, woran intensiv geforscht wird. Insbesondere wird versucht Natrium-Ionen-Akkumulatoren mit gut leitfähigen Festelektrolyten zu bauen. Dafür werden spezielle Keramiken und ionenleitende Folien entwickelt, z.B. auf der Basis eines Ionenleiters namens NASICON[1] [Naq19].

Arbeitszyklus eines Akkumulators

Vor der ersten Inbetriebnahme muss ein Akkumulator aufgeladen werden. Im normalen Betrieb kann man dann folgende drei Arbeitszyklen unterscheiden:

- Ruhezustand – es findet eine geringe Selbstentladung statt,

---

[1]   Kurzwort für **Na**trium **S**uper **I**onic **Con**ductor mit der Summenformel $Na_3Zr_2Si_2PO_{12}$

- Entladung – der Akku liefert Strom; dabei sinkt die Klemmenspannung
  - mit der entnommenen Ladungsmenge zuerst langsam und später drastisch (Abb. 6.2),
  - wegen des Spannungsabfalls über den inneren Widerstand, der mit sinkender Temperatur wächst;
- Aufladung – aus einer Ladevorrichtung fließt Strom in den Akku und es wird Energie gespeichert (siehe Kapitel 6.4.3).

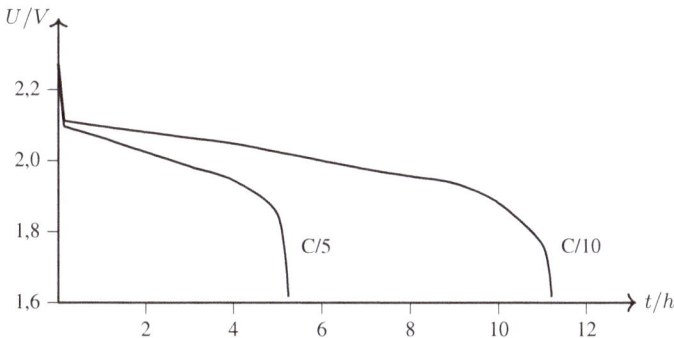

Abb. 6.2.: Entladekurven einer Blei-Akku-Zelle mit 2 verschiedenen Strömen (in Anlehnung an Cyclon Application Manual 2008)

6.1.3. Brennstoffzellen

Brennstoffzellen sind ebenfalls galvanische Zellen. Anders als Primärzellen, die ihre chemische Energie aufbrauchen, oder Sekundärzellen, die elektrisch nachgeladen werden können, benötigen Brennstoffzellen für ihren Betrieb dauernd eine geregelte Zufuhr des Brennstoffs und des Oxidationsmittels sowie die Ableitung der Reaktionsprodukte. Der Brennstoff wird in einer Brennstoffzelle direkt in elektrische Energie umgesetzt, ohne den Weg über eine offene Verbrennung. Ausgehend von den ersten Beobachtungen im 19. Jahrhundert wurden verschiedene Arten von Brennstoffzellen entwickelt, die in [Kur16] dargestellt sind. Wir beschränken uns nachfolgend auf das grundlegende Prinzip und skizzieren dieses am Beispiel einer Wasserstoff-Sauerstoff-Brennstoffzelle.

Wasserstoff-Sauerstoff-Brennstoffzelle (Knallgaszelle)

Wasserstoff und Sauerstoff bilden ein explosives Gemisch, Knallgas. Bei der Reaktion von Wasserstoff mit Sauerstoff entsteht Wasser und es wird schlagartig thermische Energie freigesetzt. Für diese Reaktion gilt die Gleichung

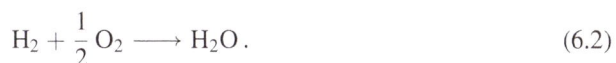

$$H_2 + \frac{1}{2} O_2 \longrightarrow H_2O \, . \tag{6.2}$$

In einer Knallgaszelle dient Wasserstoff als Brennstoff und Sauerstoff ist das Oxidationsmittel. Die Oxidation des Wasserstoffs und die Reduktion des Sauerstoffs sind durch einen Elektrolyt räumlich getrennt und laufen kontrolliert an den Elektroden ab, die in den Elektrolyt eintauchen. Als Elektroden können prinzipiell Platinbleche dienen, deren Oberfläche durch aufgetragenes Platinmoor vergrößert ist, wobei eine Elektrode von gasförmigem Wasserstoff und die andere von gasförmigem Sauerstoff umspült wird, so dass sich an jeder Elektrode eine Dreiphasengrenze Metall | Elektrolyt | Gas ausbildet. An den Phasengrenzen jeder Elektrode finden Austauschreaktionen statt und wie in Kapitel 3.3.4 beschrieben, bilden sich Halbzellenpotentiale aus. Zwischen den beiden Elektroden der Zelle kann die Differenz der Halbzellenpotentiale als Spannung abgegriffen werden.

Als technische Elektroden benutzt man poröse Gasdiffusionselektroden, die jeweils einen Katalysator, z.B. Platin, beinhalten. Über ein Kanalsystem an der Rückseite der Elektroden erfolgt die Zufuhr des Wasserstoffs bzw. des Sauerstoffs. Der Abtransport des entstandenen Wassers erfolgt vom Entstehungsort vor der Katode. Beide Elektroden sind durch einen Separator getrennt, der einen Ionenaustausch zulässt, z.B. eine sog. Ionenaustauschmembran.

Wenn der äußere Stromkreis geschlossen ist, so dass ein Elektronenaustausch über den äußeren Kreis stattfinden kann, laufen an den Elektroden die folgenden chemischen Reaktion ab:

- Oxidation an Anode (Minuspol): $2\,H_2 \longrightarrow 4\,H^+ + 4\,e^-$

- Reduktion an Kathode (Pluspol): $O_2 + 4\,H^+ + 4\,e^- \longrightarrow 2\,H_2O$

- Gesamtreaktion: $2\,H_2 + O_2 \longrightarrow 2\,H_2O$

Die Gesamtreaktion entspricht der Gleichung 6.2.

Gasdiffusionselektroden   Gasdiffusionselektroden sind ein zentraler Bestandteil von Brennstoffzellen, aber auch von Metall-Luft-Batterien. Diese Elektroden bestehen aus Funktionsmaterialien mit einem offenen Porensystem, welches einerseits Gasdiffusion und andererseits Elektrolytkontakt zulässt, so dass die für die Energiewandlung notwendigen Dreiphasengrenzen entstehen. Gasdiffusionselektroden können als kunststoffgebundene Elektroden oder als Sinterwerkstoff ausgebildet sein und Kanäle für die Verteilung der Gase umfassen. Solche Systeme werden aktuell intensiv untersucht[1].

Es sei erwähnt, dass für die Modellierung der elektrischen Leitungsvorgänge an porösen Elektroden sog. Kettenleitermodelle benutzt werden. Diese Modelle fußen auf der Theorie der Leitungen [Hah22], die wir in Kapitel 3.1.20 skizziert haben.

Leerlaufspannung und U-I-Kennlinie   In Abb. 6.3 ist der Verlauf der $U(I)$-Kennlinie einer Knallgaszelle schematisch dargestellt. Die theoretische Leerlaufspannung ergibt sich aus der Thermodynamik zu 1,23 V und ist ebenfalls eingetragen. Dieser Wert wird wegen der Bildung sog. Mischpotentiale in der Praxis nicht erreicht.

Der Kennlinienverlauf lässt 3 charakteristische Bereiche A, B und C erkennen, die jeweils aus

---

[1]   „Multiskalen-Analyse komplexer Dreiphasensysteme", Projekt der Deutschen Forschungsgemeinschaft (DFG) - Projektnummer 276655287

Zellen-internen Vorgängen resultieren. Im Bereich A, also bei geringer Stromdichte, sinkt die Klemmenspannung rasch mit wachsendem Strom auf Grund der Durchtrittsreaktion. Mit wachsender Stromdichte kommt der stromproportional wachsende Spannungsabfall über den inneren Widerstand der Zelle dazu (Bereich B). Bei hoher Stromentnahme im Bereich C verursachen Diffusionsprozesse einen weiteren Spannungsabfall.

Beim Vergleich mit Abb. 6.1 beachte man, dass in Abb. 6.3 die Spannung als Funktion des Stromes dargestellt ist.

Als Nennspannung gilt ein Wert von 0,6 V. Um eine praktisch leicht verwertbare Spannung bereitstellen zu können, müssen mehrere Zellen in Serie geschaltet werden.

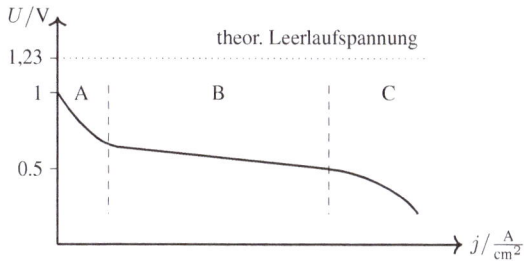

Abb. 6.3.: U(I)-Kennlinienverlauf einer Knallgas-Zelle, schematisch

6.1.4. Elektrische Charakterisierung elektrochemischer Stromquellen

Elektrisches Zellmodell Elektrochemischen Quellen sind reale Strom- bzw. Spannungsquellen, für deren elektrische Charakterisierung wir auf die Überlegungen in Kapitel 3.1.18 zurückgreifen können und die wir mit einer Ersatzschaltung, wie in Abb. 3.13 auf Seite 48 angegeben, beschreiben können. Charakteristische elektrische Größen der Ersatzschaltung sind

- die Leerlaufspannung in V,
- der Kurzschlussstrom in A und
- der Innenwiderstand in Ω.

Batterien und Akkumulatoren haben einen begrenzten Energieinhalt. Diese Erschöpflichkeit wird mit der Kapazität der Quelle ausdrückt, aber vom Ersatzschaltbild nicht widerspiegelt. Vom Hersteller werden als elektrische Nennwerte angegeben

- die Nennspannung in V und
- die Nennkapazität in A h.

Bestimmung der Ersatzgrößen Die Größen der Ersatzschaltung können ermittelt werden, indem die jeweilige Zelle unter verschiedenen Bedingungen (Ladungszustand, verschiedene Lasten, verschiedenen Temperaturen usw.) vermessen wird, wobei sich entsprechende Kurvenscharen ergeben.

Die Messung von Leerlaufspannung bzw. Klemmenspannung ist einfach. Sie erfolgt, indem die

Spannung an den Batterieklemmen ohne bzw. mit angeschlossener Last mit einem hochohmigen Voltmeter gemessen wird. Die Messung des Kurzschlussstromes kann mit einem niederohmigen Amperemeter, welches kurzzeitig ebenfalls direkt an die Batterieklemmen angeschlossen wird, erfolgen, wenn der Kurzschlussstrom nur einige 100 mA oder wenige A beträgt. Bei

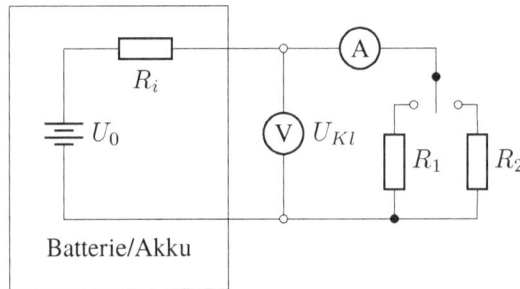

Abb. 6.4.: Schaltung zur Messung des Innenwiderstandes einer Zelle

Akkumulatoren darf dabei der maximale Entladestrom nicht überschritten werden, damit der Akku keinen Schaden nimmt. Für leistungsstarke Akkumulatoren, wie z.B. eine „Starterbatterie" in Kraftfahrzeugen, die Ströme in der Größenordnung von einigen 100 A liefern muss, ist das direkte Verfahren deshalb nicht geeignet. Man kann hier zuerst Leerlaufspannung und Innenwiderstand bestimmen und daraus den Kurzschlussstrom berechnen. Der Innenwiderstand des Akkus kann mit einer Anordnung nach Abb. 6.4 ermittelt werden. Dazu werden nacheinander zwei z.B. um den Faktor 10 verschiedene Lasten R_1 und R_2 angeschlossen. Die Ströme I_1 und I_2 sowie die dazugehörigen Klemmenspannungen U_{Kl_1} und U_{Kl_2} werden gemessen. Damit erhält man zwei Gleichungen

$$U_{Kl_1} = U_0 - I_1 \cdot R_i \qquad \text{und} \qquad U_{Kl_2} = U_0 - I_2 \cdot R_i$$

aus denen sich nach einer elementaren Umstellung der Innenwiderstand ergibt

$$R_i = \frac{U_{Kl_1} - U_{Kl_2}}{I_2 - I_1}. \qquad (6.3)$$

Aus Innenwiderstand und Leerlaufspannung kann man unter Verwendung von Abb. 3.13b den Kurzschlussstrom ermitteln.
Die Anforderungen an Batterien und Akkumulatoren sind sehr vielfältig und hängen vom Einsatzgebiet ab. Je nach Einsatz und Art der Last kann man verschiedene Fälle der Entladung unterscheiden, nämlich die Entladung

- über einen konstanten Widerstand,
- mit konstantem Strom und
- mit konstanter Leistung.

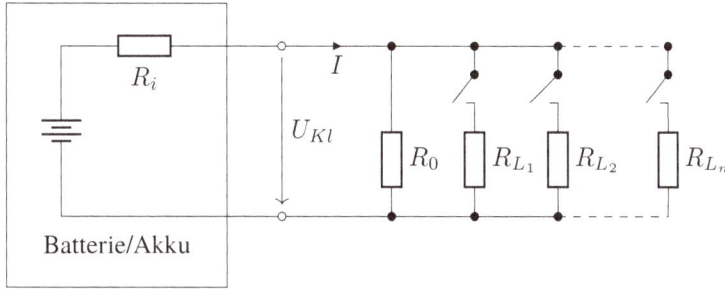

Abb. 6.5.: Spannungsquelle mit Innenwiderstand R_i, Grundlast R_0 und zuschaltbaren Lasten $R_{L_1} \dots R_{L_n}$

Die Entladung kann kontinuierlich, nach einem Zeitschema oder impulsartig erfolgen. In jedem Fall sinkt die Klemmenspannung mit der Entladung.

Um eine ganze $U(I)$-Kennlinie, wie in Abb. 6.3 schematisch dargestellt, aufzunehmen, sind mehrere, hinreichend fein abgestufte Lastwiderstände oder eine steuerbare elektronische Last erforderlich. Das Prinzip mit verschiedenen Lastwiderständen R_{L_i} zeigt die Abb. 6.5.

6.2. Einsatz elektrochemischer Stromquellen

Die Eigenschaften einer elektrochemischen Stromquelle, insbesondere Nennspannung und Kapazität, oft auch Gewicht und Volumen, müssen an die zu versorgende Last und die Einsatzbedingungen angepasst sein. Primärzellen und Akkumulatoren haben sich in den Jahrzehnten ihrer Verfügbarkeit in zahllosen Einsatzgebieten etabliert. Brennstoffzellen sind noch seltener im Einsatz und nur vereinzelt in Serienanwendungen.

Primärzellen und Akkuzellen werden als einzelne Zellen oder, wenn eine höhere Klemmenspannung benötigt wird, in Reihe geschaltet verwendet. Wenn die in Reihe geschalteten Zellen als Baueinheit in einer gemeinsamen Hülle oder einem Gehäuse angeordnet sind, spricht man von einem Batterie- bzw. Akkupack. Solche Batterie- bzw. Akkupacks haben den Vorteil der Kompaktheit des Batteriesatzes, erfordern aber andererseits auch einen entsprechend großen Bedarf solcher Baueinheiten und gleichartige Kontaktierung bei den Anwendungen.

6.2.1. Primärzellen und elektronische Lasten

Primärzellen werden eingesetzt, wenn der mittlere Strombedarf nicht zu groß und die Nutzungsdauer der Zellen hinreichend lang ist und außerdem auf eine Vorrichtung zum Nachladen verzichtet werden soll. So kann zum Beispiel eine Bedingung lauten, dass ein Überwachungssystem mindestens ein oder mehr Jahre wartungsfrei arbeiten muss oder dass die Batterie in einem Handmessgerät eine Mindestzahl von z.B. 1000 Messungen garantieren muss.

Einzelzellen vs. Batteriepack

Einzelzellen   Die typabhängige Spannung einer einzelnen Zelle liegt zwischen 1,35 V und 3,7 V. Moderne elektronische Bauelemente und Schaltungen arbeiten oft schon mit Betriebsspannungen von 1,4–3,0 V. Für den Betrieb solcher Schaltungen reicht vielfach die Spannung entsprechender Einzelzellen, die in Standardbaugrößen als Mono-, Baby, AA-, AAA-Zelle oder Knopfzelle „von der Stange" verfügbar und preisgünstig sind. Einzelzellen finden z.B. Anwendung in Armbanduhren, Hörgeräten und einfachen Testgeräten.

Für viele Anwendungen ist die Spannung einer Zelle jedoch zu gering. Indem zwei bzw. mehrere gleichartige Einzelzellen in Reihe geschaltet werden, ergibt sich die doppelte bzw. mehrfache Klemmenspannung der Einzelzelle. Die Zusammenschaltung mehrerer Zellen lässt sich auf verschiedenen Wegen realisieren. Ein Weg besteht darin, dass die Einzelzellen in entsprechende Batteriehalterungen eingelegt werden und die Reihenschaltung der Zellen über die Verdrahtung im Gerät erfolgt. Zahllose Fernbedienungen, Kofferradios und Messgeräte nutzen dieses Konzept.

Batteriepacks   Im obigen Sinn sind die klassische 4,5 V-Flachbatterie und die 9 V-Blockbatterie Batteriepacks. In diesen Batteriepacks sind 3 bzw. 6 Einzelzellen zusammengeschaltet und diese besitzen eine gemeinsame Umhüllung. Auch die Anodenbatterie in Abb. 2.7 mit 76 zusammengeschalteten Einzelzellen ist ein Batteriepack. Hier wird ein Vorteil des Batteriepacks deutlich, die einfache Handhabung, denn es ist kaum vorstellbar, 76 Einzelzellen anstelle einer Batterie in eine entsprechende Halterung einzulegen.

Aufbereitung der Spannung

Nach Abb. 6.1 sinkt mit der Zeit bzw. mit zunehmender Entladung die Klemmenspannung von Primärzellen ab. Moderne elektronische Schaltungen erfordern aus unterschiedlichen Gründen meist eine oder mehrere Betriebsspannungen, die eng toleriert sind und die oft nicht mit der Klemmenspannung der Batterie übereinstimmen. Um solchen Anforderungen gerecht zu werden, wird zwischen Batterie und Last ein DC/DC-Wandler geschaltet, der eine oder mehrere konstante Gleichspannungen liefert, die höher oder niedriger als die Klemmenspannung der Batterie sein können. Die Abb. 6.6 zeigt das Schema. In Fällen, in denen die Spannung an der

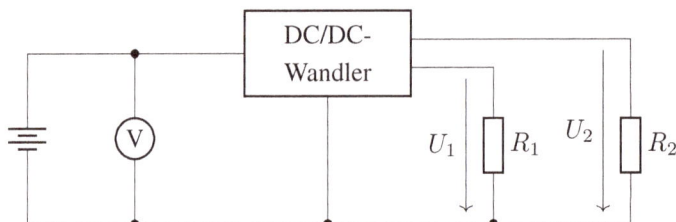

Abb. 6.6.: Batterie mit Verbrauchern an verschiedenen konstant gehaltenen Spannungen

Last kleiner als die kleinste noch verwendete Klemmenspannung der Batterie ist, kann auch ein Linearregler geeignet sein. Schaltungsbeispiele betrachten wir in Kapitel 6.4.1.

6.2.2. Einsatz von Sekundärzellen

Bei Akkumulatoren ist zwischen mobilen und stationären Anwendungen zu unterscheiden. Neben den elektrischen Eigenschaften spielen bei mobilen Anwendungen Volumen und Gewicht der Akkumulatoren eine entscheidende Rolle. Typische mobile Anwendungen sind:

- Lithiumakkumulatoren als Stromquelle in Smartphones,
- Bleiakkus als „Starterbatterie" in Kraftfahrzeugen mit Verbrennungsmotor,
- Lithiumakkumulatoren als „Traktionsbatterie" in Elektro-Kraftfahrzeugen.

Zu den ortsfesten Anwendungen zählen

- Bleiakkumulatoren zur Notstromversorgung,
- Lithiumakkumulatoren als Speicher in unterbrechungsfreien Stromversorgungen,
- Blei- oder Lithiumakkumulatoren als Speicher in lokalen Solaranlagen.

In den genannten Beispielen besteht zeitweise ein relativ hoher Strombedarf und es ist eine Möglichkeit vorgesehen, die Akkumulatoren wieder zu laden. In machen Fällen dienen Akkus überhaupt der vorübergehenden Speicherung lokal erzeugter elektrischer Energie.
Das Laden eines Akkus erfordert eine an Nennspannung und Kapazität des Akkus angepasste Ladevorrichtung. Die Ladevorrichtung soll den Ladestrom begrenzen und bei Erreichen der Ladeschlussspannung den Prozess beenden. Für die Stromentnahme müssen Akku und Last aufeinander abgestimmt sein bzw. zwischen Akku und Last wird zur Anpassung eine Elektronik, also z.B. ein Linearregler, ein DC/DC-Wandler oder ein Wechselrichter, geschaltet (siehe dazu Kapitel 6.4).

Akkupacks

Akkupacks gibt es von allen gebräuchlichen Akkuarten für eine Vielzahl verschiedenster Einsatzbereiche. Wir skizzieren einige verbreitete Anwendungen von Lithium- und Bleiakkupacks, wie sie bei Arbeitsgeräten und im KFZ-Bereich verwendet werden.

Akkupacks für Arbeitsgeräte   Zahllose, kabellos-elektrisch betriebene Arbeitsgeräte, wie Rasenmäher, Handbohrmaschinen, Staubsauger usw. arbeiten mit gerätespezifischen Akkupacks, meist auf Lithium-Basis. Die Nennspannung beträgt je nach Anzahl der Zellen ein Vielfaches von 3,6 V, wobei die Kapazität dieser Akkupacks und die Zellenanzahl auf die Anforderungen des jeweiligen Gerätes abgestimmt sind.

Akkumulatoren als „Starterbatterie"   Bleiakkumulatoren haben durch die jahrzehntelange Verwendung im KFZ-Bereich große Verbreitung gefunden und sind als „Autobatterie" bzw. „Starterbatterie" bekannt. Die Nennspannung von KFZ-Bordnetzen ist an die zu versorgenden Verbraucher angepasst und beträgt 6 V, 12 V oder 24 V, also jeweils Vielfache der Nennspannung einer Bleiakkuzelle. Dementsprechend gibt es „Starterbatterien" mit diesen Nennspannungen und unterschiedlichen Kapazitätswerten. Wir haben schon erwähnt, dass sich neben dem klassischen geschlossenen Bleiakku mit freiem, nachfüllbarem Elektrolyt neue technische Lösungen etabliert haben, nämlich

- Akkus mit in Glasfaservlies immobilisiertem Elektrolyt und
- Akkus mit in Gel immobilisiertem Elektrolyt.

Diese neueren Lösungen zeichnen sich durch Vereinfachung der Handhabung und Wartung aus. Starterbatterien sind für die kurzzeitige Abgabe hoher Ströme ausgelegt, sie müssen beim Anlassen des Motors auch bei niedrigen Temperaturen für einige Sekunden Ströme bis zu einigen 100 A liefern. An diese Belastungssituation angepasst gibt es für Starterbatterien spezielle Prüfvorschriften, wie die Hochstromprüfung und den Kälteprüfstrom [vde19].

- Hochstromprüfung: Der voll geladene Akku wird für 10 s mit einem Strom belastet, der ca. dem dreifachen Wert der Nennkapazität entspricht: Ein 60 A h-Akku muss dabei 180 A liefern, ohne dass die Spannung zusammenbricht.

- Kälteprüfstrom: Der Akku wird bei $-18\,°C$ mit einem von Akkutyp und -kapazität abhängigem Strom belastet. Dabei darf die Spannung in einer festgelegten Zeit nicht unter die Entladeschlussspannung sinken.

Akkumulatoren für den Fahrzeugantrieb   Für elektrisch angetriebene Kraftfahrzeuge finden bevorzugt Akkus auf Lithiumbasis Anwendung, da ihre Energiedichte größer ist als jene von Bleiakkus. Diese sog. „Traktionsbatterien" haben eine Spannung von etwa 400 V oder mehr. Man wählt so hohe Spannungen, um den Querschnitt der Kupferleitungen und damit deren Gewicht und die ohmschen Verluste über die Leitungen klein zu halten. Eine so hohe Spannung erfordert die Reihenschaltung von mehr als 100 Lithiumionenzellen. Elektrisch angetriebene Kraftfahrzeuge nutzen für diese hohe Spannung ein separates Bordnetz, das sogenannte Hochvoltbordnetz.

Reihenschaltung von Akkuzellen   Bei der Reihenschaltung gleichartiger Akkuzellen in einem Akkupack ist zu berücksichtigen, dass die einzelnen Zellen nicht identisch sind, sondern dass die Kapazität der Zellen streut und dass die Zellen unterschiedlich altern. Die sich daraus ergebenden Probleme und deren Behandlung betrachten wir in Kapitel 6.4.4.

6.2.3. Zum Einsatz von Brennstoffzellen

Das Prinzip von Brennstoffzellen ist seit langem bekannt und an ihnen wird schon seit Jahrzehnten geforscht. Trotzdem findet man Brennstoffzellen noch nicht verbreitet im Einsatz. Vielfach werden Brennstoffzellen in Versuchsanlagen oder in Versuchsfahrzeugen eingesetzt. Als Anwendungsbeispiele werden u.a. genannt [TLW17]

- Energiequelle für elektrisch betriebene Kraftfahrzeuge,

- Strom- und Wärmequelle in sog. Blockheizkraftwerken (Kraft-Wärme-Kopplung),

- autarke Quelle elektrischer Energie in Forschungs- oder Wetterstationen.

Eine Brennstoffzelle benötigt für ihren Betrieb eine kontinuierliche und geregelte Versorgung mit Brennstoff und Oxidationsmittel. Nach Abb. 6.3 ist die abgegebene Spannung gering und stark lastabhängig. Um akzeptable Spannungswerte zu generieren, wird eine größere Anzahl Zellen hintereinander geschaltet. Außerdem ist für einen stabilen Betrieb ein Akku als Pufferspeicher zwischen Brennstoffzelle und Last erforderlich. Der Akku liefert den Strom an die möglicherweise stark schwankende Last und wird von der Brennstoffzelle kontinuierlich nachgeladen. In Abb. 6.7 ist eine solche Anordnung in Funktionsblöcken schematisch dargestellt.

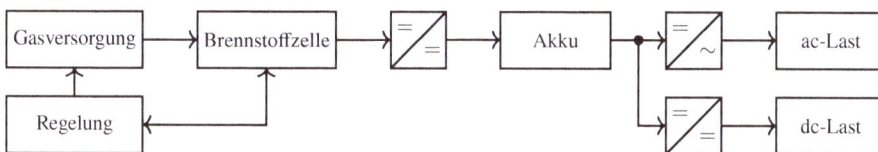

Abb. 6.7.: Brennstoffzelle mit Betriebsumgebung und verschiedenen Lasten

Bereitstellung von Brennstoff und Oxidationsmittel Wasserstoff als Brennstoff muss zunächst durch Elektrolyse von Wasser großtechnisch gewonnen werden. Dafür bietet es sich an, entsprechende Elektrolyseure in der Nähe von Solar- oder Windkraftwerken zu errichten und mit diesen zu koppeln. Schließlich muss für Wasserstoff ein entsprechendes Versorgungsnetz aufgebaut werden.
Die Versorgung mit dem Oxidationsmittel Sauerstoff ist unter atmosphärischen Bedingungen unproblematisch, denn da ist Sauerstoff überall vorhanden.

Fahrzeuge mit Brennstoffzellen im Straßenverkehr Abschließend nennen wir zwei konkrete Beispiele für die Anwendung von Brennstoffzellen in Kraftfahrzeugen, das sind

- der Mercedes-Benz-Bus „Citaro FuelCELL-Hybrid", der mit zwei Brennstoffzellenstacks ausgestattet ist, die aus je 396 in Serie geschalteten Zellen bestehen und eine Leistung von je 60 kW pro Stack besitzen, sowie

- der PKW „Toyota Mirai", der als Serienfahrzeug seit 2014 hergestellt wird.

Die Fahrzeuge besitzen jeweils einen leistungsstarken Akkumulator als „Traktionsbatterie", der von der Brennstoffzelle geladen wird und zurück gewonnene Bremsenergie speichert. Ein Problem für solche Fahrzeuge ist das derzeit sehr dünne Wasserstoff-Tankstellennetz.

6.3. Batterie oder Akku – Überlegungen zur Auswahl bei Geräteentwicklungen

Seit Beginn der Entwicklung tragbarer elektronischer Geräte gibt es wechselseitige Überlegungen und Entwicklungen, die das Zusammenspiel von verfügbaren galvanischen Zellen und elektronischen Bauelementen betreffen und optimieren. Ein frühes Beispiel ist die Entwicklung spezieller Batterieröhren (Kapitel 2.3) verbunden mit der Entwicklung passender Anodenbatterien (Kapitel 2.2.4).

Damit ein Gerät möglichst lange ohne Batteriewechsel bzw. Nachladen des Akkus betrieben werden kann, muss, gemessen an der Versorgungsaufgabe, einerseits der Energieinhalt der Batterie möglichst groß und andererseits die Stromentnahme möglichst gering sein. Die erste Forderung ist durch geeignete Auswahl der Batterie bzw. des Akkus zu erfüllen, die Zweite durch energiesparende Auslegung der Schaltung, ein geeignetes Energiemanagement und, sofern möglich, durch Energierückgewinnung oder Energy Harvesting.

Für einen Entwickler schnurlos betriebener elektrischer Geräte ergeben sich damit Fragen der folgenden Art:

- Wie hoch ist der Energiebedarf eines Gerätes in welchen Zeitintervallen?
- Wie lange kann eine bestimmte Batterie bzw. eine Akkuladung ein Gerät versorgen?
- Wie kann die Nutzungsdauer einer Batterie verlängert bzw. der Stromverbrauch eines Gerätes reduziert werden?

Antworten auf die genannten Fragen hängen vom Leistungsbedarf und Nutzungsprofil des jeweiligen Gerätes ab. Für Arbeitsgeräte, die mechanische Arbeit leisten und einen hohen Stromverbrauch haben, ist nur der Einsatz von Akkupacks zweckmäßig. Für transportable Messgeräte sind Primärzellen oder Akkus prinzipiell geeignet. Hier können Fragen wie Gewicht, Kosten oder Sicherheit ausschlaggebend sein. Zu bedenken ist, dass Akkumulatoren zwingend eine Möglichkeit der Wiederaufladung erfordern, während Primärzellen leicht nachgekauft werden können und sofort einsatzbereit sind.

Mit der Festlegung auf einen bestimmten Batterie- oder Akkusatz steht fest, wie viel Energie maximal zur Verfügung steht. Aus dem Strombedarf einzelner Baugruppen eines Gerätes und deren mittlerer Einschaltzeit kann man den mittleren Strombedarf pro Zeitintervall und daraus die ungefähre Betriebszeit eines Batteriesatzes abschätzen.

Um eine Entscheidung über eine optimale Lösung zur Stromversorgung für ein neu zu entwickelndes Gerät treffen zu können, ist ein Anforderungsprofil für das Gerät erforderlich, dem notwendige Informationen für die Wahl der Stromquelle entnommen werden können. Als Beispiel betrachten wir ein handheld-Messgerät, welches im Feldeinsatz verwendet werden soll. Für solch ein Gerät sind vor Beginn der Entwicklung beispielsweise Fragen folgender Art zu klären:

- Primärzellen oder Akkupack?
- Gibt es Lademöglichkeiten während des Feldeinsatzes und wie lange würde eine Ladung dauern?

- Welche Betriebsspannungen erfordert das Gerät, welche Quellen haben eine passende Nennspannung?
- Welche Betriebsdauer bzw. Anzahl von Messungen ohne Eingriff wird mindestens gefordert?
- Wie wird Strom entnommen, kontinuierlich, intermittierend oder impulsartig?
- Bei welchen Temperaturen muss das Gerät noch sicher arbeiten?
- Welche Geometrie, Maße und Gewicht von Batterie bzw. Akku sind akzeptabel?
- Wie hoch sind Kosten und Verfügbarkeit der Stromquelle?

Bei Handmessgeräten können am Ende Fragen der Geometrie, des Gewichtes und der Verfügbarkeit der Batterie bzw. des Akkus ausschlaggebend sein, wenn Standardbatterien oder -akkus verwendet werden sollen.

6.4. Elektronische Funktionsgruppen

Die Verwendung elektrochemischer Stromquellen erfordert in den meisten Fällen zusätzliche elektronische Funktionsgruppen, die je nach Quelle und Einsatz folgende Aufgaben erfüllen

- die Bereitstellung konstanter Betriebsspannungen,

- die Wandlung von Gleich- in Wechselstrom,

- das sichere Laden von Akkumulatoren sowie

- die Sicherheit von Akkumulatoren.

Wir betrachten diese Punkte nun nacheinander, wobei nur die Bereitstellung konstanter Betriebsspannungen Batterien und Akkumulatoren betrifft, während die restlichen Punkte nur für Akkumulatoren relevant sind.

6.4.1. Bereitstellung konstanter Betriebsspannungen

Während die Klemmenspannung einer Batterie im Verlaufe der Entladung sinkt (Abb. 6.1), ist die Klemmenspannung am Akku von der Betriebsphase abhängig und kann zwischen Entladeschlussspannung und Ladeschlussspannung liegen. Um eine konstante Betriebsspannung für eine zu versorgende Elektronik zu gewinnen, kann man Linearregler oder DC/DC-Wandler einsetzen. Für beide Lösungen gibt es für unterschiedliche Strom- und Spannungsbereiche eine große Zahl integrierter Schaltkreise, die nur noch eine minimale externe Beschaltung erfordern. Aus Batterien kann ohne Rücksicht auf die Klemmenspannung Strom entnommen werden, solange die zu versorgende Elektronik noch funktioniert. Bei Akkumulatoren soll die Entladung höchstens bis zur Entladeschlussspannung erfolgen. Bei Erreichen dieser Spannung soll die Stromentnahme abgebrochen werden, damit der Akku keinen Schaden nimmt (Schutz vor Tiefentladung).

Linearregler Ein Linearregler arbeitet wie ein sich selbsttätig nachstellender Spannungsteiler. Beim Regelvorgang entsteht über den Regler immer ein Spannungsabfall. Die niedrigste tolerierte Klemmenspannung der Batterie muss deshalb mindestens um den Spannungsabfall über den Regler höher sein, als die bereitzustellende Betriebsspannung. Bei integrierten LDO[1]-Linearreglern ist dieser Spannungsabfall kleiner als $500\,\text{mV}$. Die Innenschaltung solch eines Reglers umfasst einen Längstransistor, eine Spannungsreferenz, eine Regelschaltung sowie Temperatur- und Überlastschutzschaltungen.

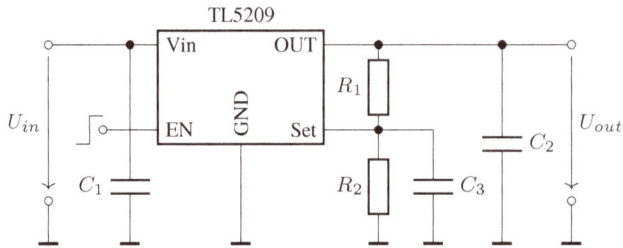

Abb. 6.8.: Integrierter Linearregler mit Beschaltung

Die Abb 6.8 zeigt als Beispiel einen LDO-Regler vom Typ TL5209 mit Beschaltung. Dieser Regler arbeitet mit Eingangsspannungen zwischen $2,5\,\text{V}$ und $16\,\text{V}$ und kann einen Ausgangsstrom von maximal $500\,\text{mA}$ liefern. Die Ausgangsspannung darf höchstens $6,5\,\text{V}$ betragen und wird mit dem Spannungsteiler R_1/R_2 eingestellt. Über einen H-Pegel am Anschluss EN (enable) wird der Regler eingeschaltet, wenn die geregelte Spannung benötigt wird. Ausgeschaltet benötigt der Regler nur einen kleinen shut-down-Strom (maximal $3\,\mu\text{A}$).
Bei sog. Festspannungsreglern sind die Teilerwiderstände R_1/R_2 schon im Schaltkreis integriert, so dass die externen Widerstände R_1, R_2 entfallen.

DC/DC-Wandler Ein DC/DC-Wandler setzt die gegebene Batteriegleichspannung zunächst in eine Wechselspannung hoher Frequenz um und gewinnt aus dieser Wechselspannung eine neue, konstante Gleichspannung der gewünschten Höhe. Hochintegrierte DC/DC-Wandler beinhalten einen Leistungsschalter, dessen Ansteuerung, eine Regelschaltung, eine Spannungsreferenz, einen Temperatur- und Überstromschutz sowie eine Enable-Schaltung. Extern ist stets eine Induktivität als Speicher erforderlich. DC/DC-Wandler können als Aufwärtsregler eine höhere Spannung oder als Abwärtsregler eine niedrigere Spannung als die von der Batterie bereitgestellte Spannung liefern. Aufwärts-/Abwärts-Wandler können beides. Moderne DC/DC-Wandler erlauben es, einer Batterie solange Energie zu entnehmen, wie die start-up-Spannung nicht unterschritten wird. Bei vielen DC/DC-Wandlern beträgt die start-up-Spannung $0,7\,\text{V}$ oder $0,5\,\text{V}$; beim LTC3108 liegt sie sogar unter $100\,\text{mV}$.

Die Abb. 6.9 zeigt als Beispiel einen Aufwärtsregler vom Typ TPS61220 mit Beschaltung [tex14]. Dieser Wandler arbeitet mit Eingangsspannungen zwischen $0,7\,\text{V}$ und $5,5\,\text{V}$. Er ist

---

[1] LDO steht für low-dropout, das ist der Spannungsabfall über dem Regler

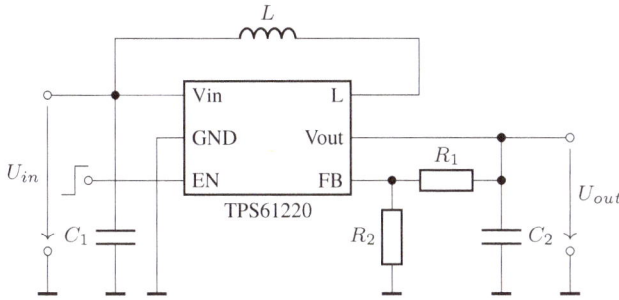

Abb. 6.9.: Integrierter DC/DC-Wandler mit Beschaltung (Aufwärtsregler)

damit für den Betrieb an einer Li-Zelle bzw. an einer oder zwei in Serie geschaltete Alkalizellen geeignet und kann eine Ausgangsspannung im Bereich von 1,8 V bis 6 V liefern. Der Wert der Ausgangsspannung wird über den Spannungsteiler R_1/R_2 eingestellt. Der maximal entnehmbare Strom hängt von den Betriebsbedingungen ab, insbesondere von der Temperatur, und liegt in der Größenordnung von $I = 10\,\mathrm{mA}$. Um die Batterie zu schonen, wird der Wandler nur bei Bedarf über den Anschluss EN (enable) eingeschaltet. Im ausgeschalteten Zustand fließt nur ein geringer shut-down-Strom.

6.4.2. Umsetzung von Gleichstrom in Wechselstrom – Wechselrichter

Die Wandlung von Gleich- in Wechselstrom ist immer dann erforderlich, wenn ein Akkumulator als Speicher in einem Wechselstromnetz verwendet wird oder zur Speisung von Wechselstromlasten dient, wie in unterbrechungsfreien Stromversorgungen (Abb. 6.10).

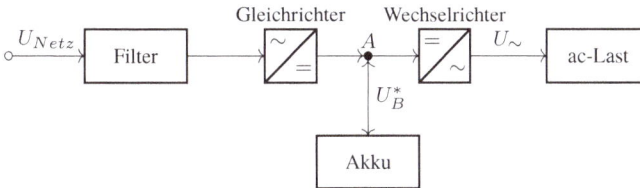

Abb. 6.10.: Unterbrechungsfreie Stromversorgung (Wechselstrom)

Ein älterer Weg zur Umsetzung von Gleichstrom in Wechselstrom waren rotierende Umformer. Das sind Gleichstrommotor-Wechselstromgenerator-Einheiten, die ähnlich aufgebaut sind, wie das System in Abb 2.11, jedoch mit Gleichstromeingang und Wechselstromausgang. Heute nutzt man elektronische Schaltungen, sogenannte Wechselrichter.

Das einfachste elektronische Prinzip zur Umsetzung von Gleich- in Wechselstrom ist die periodische Umschaltung einer Leitung zwischen zwei verschieden gepolten Batterien mit gemeinsamer Masse, wie in Abb. 6.11 dargestellt. Die Schaltung erzeugt einen rechteckförmigen

Wechselstrom, der nicht für alle Lasten geeignet ist und auch nicht ins Wechselstromnetz eingespeist werden kann.

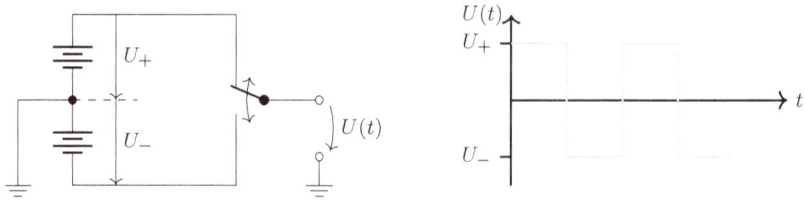

Abb. 6.11.: Erzeugung einer Rechteckspannung

Bei einer elektronischen Lösung wird der Umschalter durch Leistungshalbleiter, beispielsweise durch IGBTs ersetzt (Abb. 6.12). Die IGBTs müssen im Schalterbetrieb arbeiten, denn in einem linearen Betrieb wären die Verluste zu hoch. Damit ein sinusförmiger Wechselstrom entsteht, werden die IGBTs von einer Steuerlogik im Wechsel durchgeschaltet, während die Logik die Ausgangsspannung mit einer Referenz-Wechselspannung vergleicht und daraus ein Steuersignal für jeden der Transistoren bildet. Ergebnis des Vergleichs sind von der momentanen Phasenlage der Referenz-Wechselspannung abhängige Einschaltzeiten von T_1 bzw. T_2, also eine Pulsbreitenmodulation, die einer D/A-Wandlung entspricht. Nach einer Filterung steht am Ausgang ein sinusförmiger Wechselstrom zur Verfügung steht.

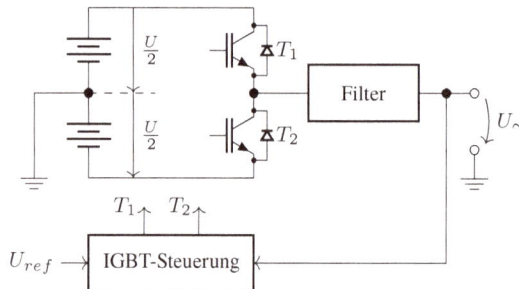

Abb. 6.12.: Prinzip der Erzeugung einer Sinusspannung mittels geschalteter IGBTs

Die Nachfrage nach Halbleiterbauelementen für immer höhere Leistungen führte zur Entwicklung spezieller IGBT-Module. Wir nennen als Beispiel das Modul FZ1800R45HL4-S7 von Infineon, welches eine Kollektor-Emitter-Spannung von 4500 V, einen Kollektorstrom von 1800 A und einen Impulsstrom von 3600 A zulässt.

6.4.3. Laden von Akkumulatoren

Ladevorrichtungen

Für das Laden von Akkumulatoren werden Ladevorrichtungen (Ladegeräte oder Ladesäulen) verwendet, deren Parameter und Anschlussart an die jeweiligen Akkumulatoren angepasst sind.

Die Leistung solcher Ladevorrichtungen kann zwischen etwa 1 W und einigen 100 kW liegen, wobei die Ausgangsspannung wenige Volt bis zu einigen hundert Volt betragen kann. So findet man Kleinladegeräte in der Größe einer Zigarettenschachtel neben ortsfesten, übermannshohen Ladesäulen für elektrisch betriebene Kraftfahrzeuge (Abb. 6.13).

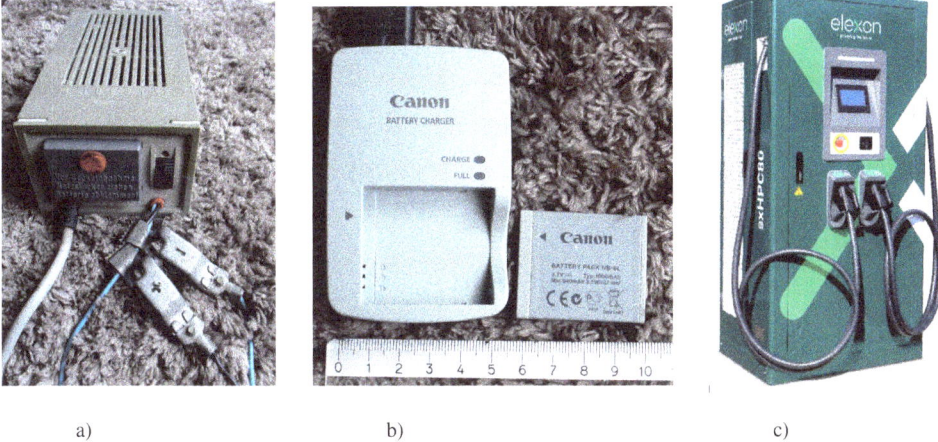

a)   b)   c)

Abb. 6.13.: Verschiedene Ladevorrichtungen
a) „Ladefix", älteres Ladegerät für 6 V- und 12 V-Blei-Akkus,
b) Ladegerät für 3,7 V-Li-Akku eines Fotoapparates,
c) 150 kW-DC-Schnellladesäule für Elektro-KFZ, Typ: exHPC80-480-CCS,
Maße: 1000 x 2400 x 1500 mm (B x H x T) (Bildquelle: Elexon GmbH)

Bereitstellung der Ladespannung

Ein Akkumulator kann grundsätzlich nur mit Gleichstrom geladen werden, der auch impulsförmig sein kann. Beim Laden arbeitet die Ladevorrichtung gegen die Spannung des Akkus. Damit Strom in den Akku hinein fließen kann, muss die Ausgangsspannung der Ladevorrichtung stets höher sein, als die aktuelle Spannung des zu ladenden Akkus.

In einer Ladevorrichtung, die aus dem Wechselstromnetz oder bei größeren Leistungen aus dem Drehstromnetz gespeist wird, muss die Netzspannung in den gewünschten Spannungsbereich transformiert und gleichgerichtet werden. Dafür gibt es verschiedene Lösungen.

Klassische Ladegeräte   Klassische Ladegeräte, wie z.B. das in Abb. 6.13a dargestellte „Ladefix", arbeiteten nur mit einem entsprechend dimensionierten 50 Hz-Netztransformator und einem Zweiweggleichrichter.

In Abb. 6.14 sind solch eine einfache Zweiweggleichrichterschaltung und ihre Ausgangsspannung $U_a(t)$ dargestellt. In dem $U_a(t)$-Diagramm wird eine angenommene momentane Spannung des Akkus durch die Linie U_{Akku} repräsentiert. Nur wenn die Gleichrichterausgangsspannung $U_a(t)$ größer ist als die momentane Spannung des Akkus, fließt Strom in den Akku. Das ist nur während eines Teils der Netzperiode T möglich (kleiner Stromflusswinkel). Nachteile dieses einfachen Konzeptes sind das Gewicht und Volumen des Netztransformators sowie der geringe Wirkungsgrad. Außerdem kann regelungstechnisch nicht in den Prozess eingegriffen werden.

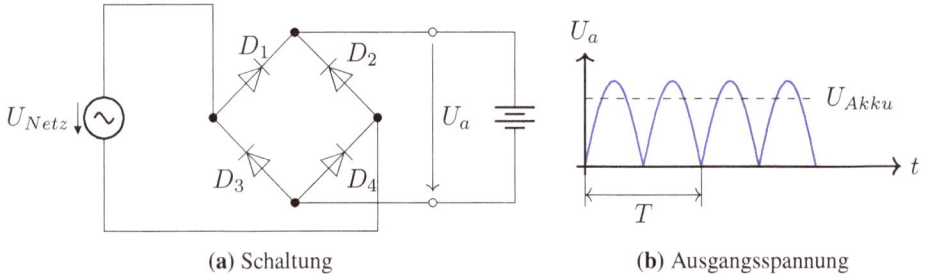

(a) Schaltung   (b) Ausgangsspannung

Abb. 6.14.: Zweiweggleichrichter, Schaltung und Ausgangsspannung

Schaltnetzteiltechnik Die klassische Lösung ist weitgehend durch die Schaltnetzteiltechnik abgelöst worden, denn damit kann man den Wirkungsgrad erhöhen und den Netztrafo eliminieren. In einem Schaltnetzteil wird ein Energiespeicher jeweils kurzzeitig an eine Gleichspannung am Eingang geschaltet, aufgeladen und anschließend auf den Ausgang geschaltet, wo er die Energie abgibt. Die Energiespeicherung kann mit einem Kondensator im elektrischen Feld oder mit einer Induktivität im magnetischen Feld erfolgen. Die Umschaltung des Energiespeichers erfolgt mit schnellen elektronischen Schaltern, bevorzugt mit Feldeffekttransistoren und Dioden, und bei einer hohen Frequenz etwa im Bereich 100 kHz bis 1000 kHz.

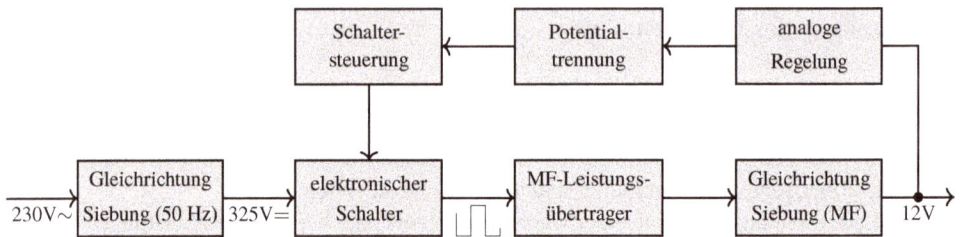

Abb. 6.15.: Blockschaltbild eines Schaltnetzteiles nach [RW21]

Ladegeräte mit Schaltnetzteil besitzen gegenüber solchen mit 50 Hz-Netztransformator bei gleicher Leistung folgende Vorteile

- ein geringeres Gewicht und Volumen,
- geringere Verluste und höherer Wirkungsgrad sowie
- Ausgangsspannung / Strom sind regelbar.

Als Folge der Schaltprozesse entstehen Störimpulse, die durch ein EMV-Filter unterdrückt werden müssen. Wie man dem Blockschaltbild eines Schaltnetzteiles in Abb. 6.15 entnehmen kann, ist der elektronische Aufwand natürlich größer.

Ladeverfahren

Die Ladung eines Akkus kann mit konstanter Spannung, mit konstantem Strom oder in Kombination als Konstantstrom-Konstantspannungs-Verfahren, welches auch als CCCV[1]-Verfahren bekannt ist, erfolgen. Der Ladevorgang soll abgebrochen werden, sobald die Ladeschlussspannung der Zelle erreicht ist.

Laden mit konstanter Spannung Bei Ladung aus einer Quelle mit konstanter Spannung ist eine Strombegrenzung erforderlich, damit der maximale Ladestrom nicht überschritten wird. Wenn zur Strombegrenzung ein in Reihe geschalteter Widerstand dient, das kann z.B. der Innenwiderstand der Quelle selbst sein, ergibt sich ein Spannungsverlauf analog zu Abb. 3.6 auf Seite 39, wobei die Ladekurve bei der aktuellen Akkuspannung beginnt und bei der Ladeschlussspannung endet.

Laden mit konstantem Strom Bei Ladung mit konstantem Strom kann der maximal zulässige Ladestrom eingespeist werden, bis der Akku voll geladen ist. Nach einem Spannungssprung auf Grund des Spannungsabfalls über den inneren Widerstand steigt die Klemmenspannung linear mit der Ladezeit.

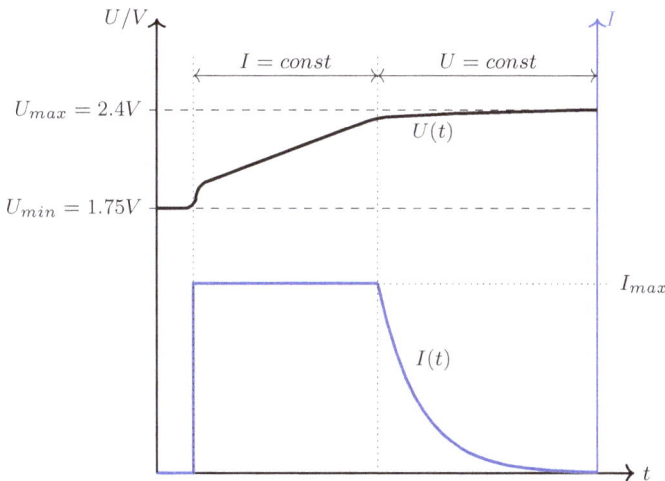

Abb. 6.16.: $U(t)$)- und $I(t)$-Kurven beim CCCV-Ladeverfahren, schematisch

---

[1] CCCV steht für constant current constant voltage

Konstantstrom-Konstantspannungs-Ladeverfahren   Bei diesem Verfahren wird der Akku zuerst mit dem maximalen Ladestrom geladen. Wenn die Ladeschlussspannung fast erreicht ist, wird automatisch auf Konstantspannung umgeschaltet und der Ladevorgang wird beendet, wenn der Ladestrom einen vorgegebenen Schwellwert unterschreitet. In Abb. 6.16 sind die prinzipiellen Strom- und Spannungs-Zeit-Verläufe für eine Bleiakkuzelle mit einer Entladeschlussspannung $U_{min} = 1{,}75$ V und einer Ladeschlussspannung $U_{max} = 2{,}4$ V schematisch dargestellt.

6.4.4. Akkusicherheit und Batteriemanagementsysteme

In einem Akkupack ist die Kapazität der einzelnen in Reihe geschalteten Zellen nicht identisch, da die Zellkapazitäten streuen und die einzelnen Zellen unterschiedlich altern. Die Zelle mit der geringsten Kapazität erreicht beim Laden zuerst die Ladeschlussspannung und beim Entladen zuerst die Entladeschlussspannung. Zellen mit etwas größerer Kapazität können nur soweit geladen bzw. entladen werden, bis die Zelle mit der geringsten Kapazität ihre Grenzwerte erreicht hat. Folglich wird die Leistung der besseren Zellen nicht voll ausgenutzt. Daraus ergeben sich zwei Aufgaben, nämlich einmal die Spannung der Zellen einzeln zu überwachen und zum anderen durch einen Ladungsausgleich zwischen den einzelnen Zellen die Nutzung der maximal möglichen Ladung des Akkupacks zu ermöglichen.

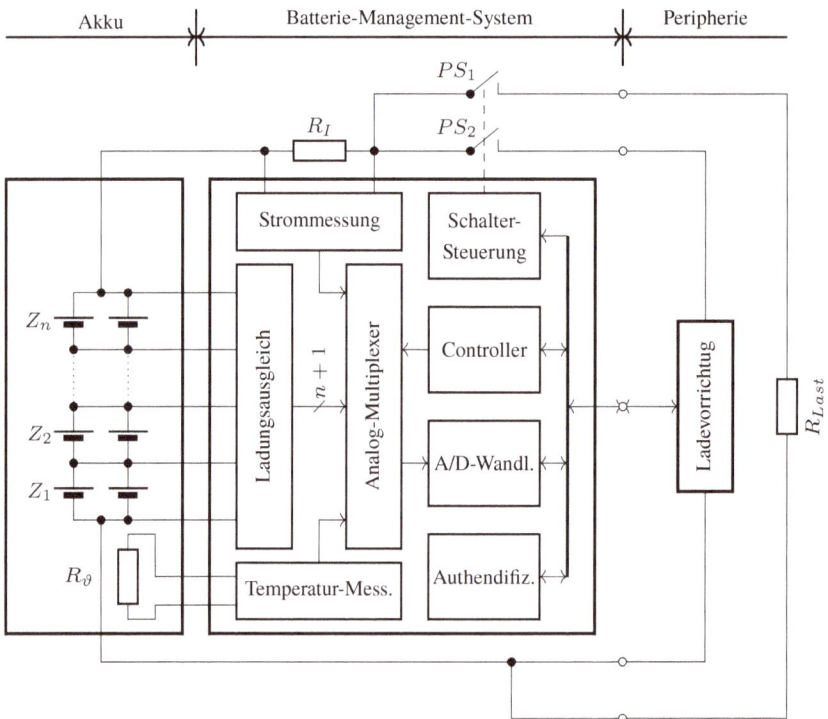

Abb. 6.17.: Komponenten eines Batterie-Management-Systems

Zur Lösung dieser Aufgaben besitzen Li-Akkupacks eine eigene zentrale Steuereinheit, das sog. Batterie-Management-System (Abb. 6.17). Solch ein Batterie-Management-System überwacht und steuert mit elektronischen Mitteln und eigener Software den gesamten Akkubetrieb; es

- sichert für jede Zelle die Einhaltung von Lade- und Entladeschlussspannung,
- sorgt für einen Ladungsausgleich zwischen den Zellen,
- vermeidet eine Überschreitung des maximalen Lade- bzw. Entladestromes,
- überwacht die Temperatur des Akkupacks,
- kann den Akkupack fälschungssicher machen und
- tauscht mit der Ladevorrichtung Daten aus.

Für die umrissenen Aufgaben wurden zahlreiche spezielle Schaltkreise mit unterschiedlichem Funktionsumfang entwickelt. Ein Batterie-Management-IC kann nur eine bestimmte Anzahl von Li-Zellen überwachen. Beispielsweise gibt es solche Schaltkreise für 3 bis 5 Li-Zellen (BQ77915, Texas Instruments) oder 8 Li-Zellen (BQ77908A, Texas Instruments). Für Akkus mit einer großen Zahl in Serie geschalteter Li-Zellen können solche Schaltkreise kaskadiert werden, wobei natürlich die maximal zulässige Betriebsspannung des Schaltkreises zu berücksichtigen ist.

Überwachung von Spannung, Strom und Ladezustand   Zur Überwachung der Zellspannung dient im Batterie-Management-IC ein ADC mit vorgeschaltetem Analogmultiplexer, der nacheinander die zugeordneten Zellen mit einer Genauigkeit von einigen mV vermisst und das Resultat einem internen Controller übermittelt. Damit schützt das System den Akku vor Schäden durch Verletzung der Spannungsgrenzen.

Zur Strommessung können verschiedene Verfahren dienen. So kann der Spannungsabfall über einen Widerstand ausgewertet werden (R_I in Abb. 6.17). Die Messung kann auch galvanisch getrennt über das vom Strom erzeugte Magnetfeld erfolgen. Dafür eignen sich z.B. Fluxgate-Sensor-ICs wie der DRV425 von Texas Instruments. Bei Überschreitung zulässiger Stromwerte kann das System mittels der Leistungsschalter PS_1 bzw. PS_2 den Akku von der Last oder dem Ladegerät trennen.

Indem der Strom, der in den Akku hinein bzw. heraus fließt, über die Zeit integriert wird, kann auch der aktuelle Ladezustand bestimmt und angezeigt werden.

Ladungsausgleich (cell balancing)   Der Ladungsausgleich kann passiv oder aktiv erfolgen. Bei passivem Ladungsausgleich kann beim Laden ein Teil des Ladestromes durch einen zu einer schwachen Zelle parallel geschalteten Widerstand deren Ladezeit verlängern oder es kann eine überschüssige Restladung einer starken Zelle durch Parallelschalten eines Widerstandes in Wärme umgesetzt werden (Abb. 6.18a).

Bei aktivem Ladungsausgleich erfolgt eine Umverteilung der Ladung zwischen den Zellen so, dass nach dem Ladungsausgleich alle Zellen die gleiche Spannung haben. Aktiver Ladungsausgleich ist mit geschalteten Energiespeichern möglich. Ein Möglichkeit mit geschalteten Kapazitäten verdeutlicht die Abb. 6.18b. Es können auch geschaltete Induktivitäten oder ein ge-

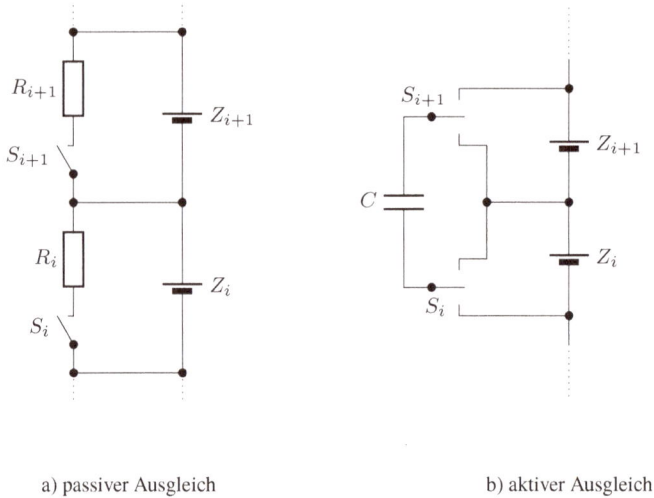

a) passiver Ausgleich   b) aktiver Ausgleich

Abb. 6.18.: Möglichkeiten zum Ladungsausgleich

schalteter Transformator (Sperrwandlerkonzept) eingesetzt werden. Aktive Verfahren sind natürlich deutlich aufwendiger als ein passives Verfahren, sie verbessern aber die Energiebilanz.
Ein Kompromiss besteht nach [But13] darin, dass die Akkuzellen zu Gruppen zusammengefasst werden und innerhalb der Gruppen ein passiver und zwischen den Gruppen ein aktiver
Ladungsausgleich erfolgt.

Temperaturkontrolle   Die Betriebstemperatur von Akkumulatoren wird mit Temperatursensoren kontrolliert. Dafür ist in Abb. 6.17 der resistive Temperatursensor R_ϑ vorgesehen. Der
Temperatursensor kann zusammen mit der zugehörigen Auswerteelektronik (Referenzspannung, Verstärker, ADC) in einem Schaltkreis integriert sind. Solche Schaltkreise messen die
Temperatur auf einige Zehntel Grad genau und liefern direkt ein digitales Signal. Ein Beispiel
solch eines ICs ist der TMP1826 von Texas Instruments, der über eine Datenleitung seriell
ausgelesen wird und für den der Hersteller eine Genauigkeit von $\pm 0{,}3\,°C$ angibt.

Identifizierung und Authentifizierung   Akkupacks können mit einem Sicherheitsschaltkreis
ausgestattet sein, der die Identifizierung und Authentifizierung des Akkupacks ermöglicht. Der
Sicherheitsschaltkreis enthält einen kleinen Speicher (1 bis 4 kBit, EPROM oder EEPROM),
in dem ein Code hinterlegt ist, und einen Kommunikationscontroller, der über eine Leitung
seriell mit dem übergeordneten Gerät die Identifizierung und Authentifizierung z.B. mittels
Hash-Algorithmus (SHA-2) ermöglicht. So wird sichergestellt, dass in einem bestimmten Gerät
nur Originalakkumulatoren verwendet werden und diese fälschungssicher sind. Als Beispiele
solcher ICs nennen wir den BQ2026 und den TMP1827, beide von Texas Instruments. Dabei
enthält der TMP1827 zugleich einen Temperatursensor.

7. Elektronische Bauelemente mit Elektrolytbeteiligung

Als Bauelemente mit Elektrolytbeteiligung sind dem Elektroniker die Elektrolytkondensatoren geläufig (siehe Kapitel 7.3.1). In den Anfangsjahren der Elektronikentwicklung spielten auch Elektrolytdioden und Elektrolytgleichrichter eine Rolle. Wir betrachten das Funktionsprinzip dieser heute vergessen Gleichrichter rückblickend in Kapitel 7.2. EC-Display und ECRAM wiederum markieren Produkte bzw. Ziele neuerer Entwicklungen, auf die wir in Kapitel 7.4 und 7.5 eingehen.

Die genannten Bauelemente beinhalten einen bestimmten Elektrolyt als nicht austauschbare, immanente Komponente. Ihnen liegen Effekte an der Grenzflächen Elektrolyt | Festkörper zugrunde, die wir bislang nicht betrachtet haben und auf die wir in Kapitel 7.1 eingehen.

Der ionensensitive Feldeffekttransistor (Kapitel 5.2.1) könnte auch als elektronisches Bauelement mit Elektrolytbeteiligung gesehen werden. Jedoch ist beim ISFET der Elektrolyt Messgut, damit beliebig austauschbar und nicht Teil des Bauelements selbst.

7.1. Bauelemente-relevante Grenzflächeneffekte

7.1.1. Sperrschichtbildung an Ventilmetallen

Unedle Metalle oxidieren in Gegenwart von Sauerstoff. Wenn das entstehende Oxid porös ist oder Risse bildet, z.B. weil es eine andere Kristallstruktur als das Metall hat, bleibt es für Sauerstoff bzw. Wasser durchlässig, und der Oxidationsprozess schreitet voran. Dieses Verhalten ist bei Eisen als Korrosion wohlbekannt.

Einige Metalle, wie Aluminium, Titan, Tantal und Niob bilden in Gegenwart von Sauerstoff oder Wasser an ihrer Oberfläche jedoch spontan eine unlösliche, dünne und dichte Oxidschicht. Metalle, die solch eine Schicht bilden, heißen Ventilmetalle. Dieser Effekt wurde von E. Ducretet[1] an Aluminium entdeckt und schon 1875 beschrieben.

Anodische Oxidation   Die Oxidschicht auf Ventilmetallen ist zunächst nur wenige nm dick, dicht und gut isolierend. Sie kann elektrochemisch bis zu einigen µm Dicke verstärkt werden, wenn das Metall in eine Elektrolytlösung taucht und als Anode geschaltet ist. Eine Voraussetzung für das Schichtwachstum auf der Anode ist, dass die sich bildende Deckschicht für Ionen

---

[1] Eugène Ducretet, französischer Erfinder und Industrieller, 1844 – 1915

https://doi.org/10.1515/9783110767254-007

des Substratmetalls bzw. des Elektrolyten durchlässig ist. Aufwachsende Deckschicht, Metall und Elektrolyt sind dabei als ein Dreiphasensystem zu betrachten.

In Abb. 7.1 ist eine Prinzipschaltung zur anodischen Oxidation skizziert, in der das Elektrolytgefäß zugleich als Katode dient.

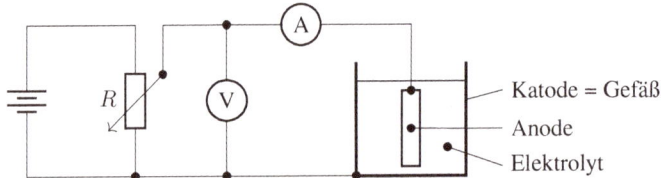

Abb. 7.1.: Prinzipschaltung zur anodischen Oxidation

Das Wachstum von Al_2O_3-Schichten durch anodische Oxidation in Elektrolyten und die Schichteigenschaften wurden vielfach untersucht. Ergebnisse sind u.a. in [GB52, Loh04, Sie16] beschrieben. Nach [Loh04] laufen an den Elektroden folgende elektrochemische Prozesse während des Schichtwachstums ab:

- an der Anode:

$$2\,Al \longrightarrow 2\,Al^{3+} + 6\,e^- \quad und \quad 2\,Al^{3+} + 9\,H_2O \longrightarrow Al_2O_3 + 6\,H_3O^+$$

- an der Katode

$$6\,H_3O^+ + 6\,e^- \longrightarrow 3\,H_2 + 6\,H_2O \ .$$

Eigenschaften und Qualität anodischer Aluminiumoxidschichten sind wesentlich vom verwendeten Elektrolyten und den Verfahrensparametern abhängig. Nach [Hah73] erreicht man nur mit wenigen Elektrolyten die geforderten hochwertigen Schichten. Verfahren, Elektrolyte und Parameter waren daher Gegenstand verschiedener Patentanmeldungen.

Die gut isolierende dünne Oxidschicht auf dem Aluminium wirkt elektrisch gesehen bis zu einer bestimmten Spannung als Sperrschicht, wenn das Metall als Anode geschaltet ist. Diese Eigenschaft war früher die Funktionsgrundlage elektrochemischer Gleichrichter und wird heute bei Elektrolytkondensatoren verbreitet genutzt. Für die Anwendung in Elektrolytkondensatoren ist außer der Spannungsfestigkeit auch die relative Dielektrizitätskonstante ϵ der Oxidschichten eine wichtige Größe (siehe Tabelle 7.1 auf Seite 184).

7.1.2. Der elektrochrome Effekt

Unter dem elektrochromen Effekt versteht man die Fähigkeit bestimmter Verbindungen, die optischen Eigenschaften auf elektrochemischem Wege definiert und reversibel zu ändern. Dabei ändert sich chemisch gesehen im Verlaufe einer Redoxreaktion die Oxidationsstufe einer Komponente der elektrochromen Verbindung und zum Ladungsausgleich werden Fremdionen reversibel ins Kristallgitter bzw. in die Verbindung eingebaut (interkaliert). Physikalisch gesehen führt die Redoxreaktion je nach Richtung z.B. zur Bildung bzw. Auflösung von Farbzentren, wodurch sich die optischen Eigenschaften (Transmission, Reflexion, Farbe) ändern.

Als Beispielsubstanz betrachten wir Wolframoxid (WO_3) in Form einer dünnen Schicht. Die dünne Wolframoxidschicht ist farblos und transparent, wenn Wolfram im 6-wertigen Zustand vorliegt, mit Wolfram in der Oxidationsstufe +5 ist die Schicht jedoch blau. Um die Wolframoxidschicht elektrochemisch zu beeinflussen, wird sie als Elektrode in einer elektrochemischen Zelle eingesetzt, wie das in Abb. 7.3 auf S. 188 dargestellt ist. Die Wolframoxidschicht steht direkt in Kontakt mit einem Li-Ionen-haltigen Elektrolyt, z.B. LiPON[1].
Wird die Wolframoxidschicht als Katode in der Zelle geschaltet, dann ändert sich die Oxidationsstufe des Wo (Reduktion) und gleichzeitig werden Li^+-Ionen reversibel in die Wolframoxidschicht eingelagert. Auf Basis dieses Effektes können Anzeigen, elektrochrome Displays, gebaut werden (siehe Kapitel 7.4).

Die Einlagerung von Li^+-Ionen in die Wolframoxidschicht hat einen interessanten Nebeneffekt: die Li^+-Ionen sind Ladungsträger und haben in der Schicht eine gewisse Beweglichkeit, wodurch sie die elektrische Leitfähigkeit der Schicht erhöhen. Dies wird bei elektrochemischen RAMs (ECRAMs) genutzt (siehe Kapitel 7.5).

7.2. Funktionsprinzip elektrolytischer Gleichrichter

Damit auf elektronischem Weg ein Gleichrichtereffekt, also eine Vorzugsrichtung für den elektrischen Strom entstehen kann, muss die Strom-Spannungs-Kennlinie nichtlinear sein, sie muss z.B. einen Knick besitzen oder mindestens gekrümmt sein. Bei den in Kapitel 2.2.3 beschriebene elektrochemischen Gleichrichtern bzw. Dioden wurden dazu zwei ganz verschiedene Effekte genutzt.

Aluminium-Elektrolytgleichrichter Ein elektrolytischer Gleichrichter war eine Elektrolysezelle mit zwei Elektroden aus verschiedenen Metallen, wobei eine Elektrode aus einem Ventilmetall bestand, während die zweite Elektrode aus einem Metall bestehen musste, welches im verwendeten Elektrolyten keine Deckschicht bildet. Für die Nichtlinearität der Kennlinie sorgt hier die Oxidschicht auf dem Ventilmetall. Die Gleichrichterwirkung beispielsweise in einem Al-Fe-Elektrolytgleichrichter entsteht durch anodische Oxidation der Aluminiumoberfläche. Der Strom fließt vom Eisen durch den Elektrolyten zum Aluminium und die Al_2O_3-Schicht wirkt als Sperrschicht.
Solche Gleichrichter arbeiteten nicht wartungsfrei, denn während des Betriebes zersetzt sich sowohl die Aluminiumanode wie auch das Lösungsmittel Wasser, wobei Knallgas entsteht. Aluminiumelektrode und Elektrolyt mussten nach einer bestimmten Betriebszeit ersetzt werden und das entstehende Gas musste abgeführt werden.

---

[1] LiPON ist eine Abkürzung und steht für „Lithium phosphorus oxynitride"; dies ist ein Synonym für Materialien mit der Zusammensetzung $Li_x PO_y N_z$.

Elektrolytische Diode   In der detaillierten Beschreibung der elektrolytische Diode in [RW21] S. 429 - 431 wird explizit auf die extrem unterschiedlich großen Flächen von Anode und Katode hingewiesen. Trotz gleichen Materials (Pt) ergeben sich aus Gründen des Flächenverhältnisses für beide Elektroden verschiedene Stromdichten und Polarisationswiderstände. Daraus resultiert eine Nichtlinearität der Kennlinie und bei entsprechender Wahl eines Arbeitspunktes der damals genutzte Gleichrichtereffekt. Im Arbeitspunkt floss dabei immer ein kleiner Gleichstrom.

7.3. Elektrochemische Kondensatoren

Zu den elektrochemischen Kondensatoren zählen die Elektrolytkondensatoren und die Doppelschichtkondensatoren; letztere sind auch unter den Namen Superkondensator, Super-Cap oder Ultrakondensator bekannt.

Auch für elektrochemische Kondensatoren gelten die in Kapitel 3.1.13 beschrieben allgemeinen Regeln. Die Kapazität berechnet sich nach Gleichung 3.24, die im Kondensator gespeicherte elektrische Energie nach Gleichung 3.25, für die Ladung an konstanter Spannung über einen ohmschen Widerstand gilt Gleichung 3.28 und für die Entladung, ebenfalls über einen ohmschen Widerstand, Gleichung 3.29. Die Besonderheiten elektrochemischer Kondensatoren liegen im jeweiligen Aufbau und in der Beteiligung elektrochemische Prozesses bei ihrer Herstellung und Funktion. Elektrochemische Kondensatoren sind generell gepolte Kondensatoren, sie werden nur an Gleichspannung betrieben, wobei die Polung der angelegten Spannung der Polung des Kondensators entsprechen muss.

7.3.1. Elektrolytkondensatoren

Elektrolytkondensatoren (gebräuchliche Kurzform: Elko) sind seit Jahrzehnten unverzichtbare passive Bauelemente der Elektronik. Fortschritte bei der Weiterentwicklung von Elkos sind weniger spektakulär als jene bei Halbleiterbauelementen, sie sind uns deshalb weniger bewusst und betreffen z.B. die Erhöhung der Kapazitätsdichte und der Zuverlässigkeit, was zu kleineren Kondensatoren und längerer Lebensdauer führt.

Bei Elektrolytkodensatoren besteht mindestens eine Elektrode, die Anode, aus einem Ventilmetall. Als Dielektrikum dient eine sehr dünne und dichte Oxidschicht auf dem Ventilmetall. Die Oxidschicht wird während der Herstellung durch anodische Oxidation erzeugt; dieser Prozessschritt wird „Formierung"genannt. Die zweite „Platte" des Kondensators bildet der Elektrolyt, so dass sich die Kapazität eines Elektrolytkodensators durch die Schichtfolge

Ventilmetall | Oxidschicht | Elektrolyt

ergibt. Der Elektrolyt kann flüssig, pastös oder fest sein und wird durch eine weitere Elektrode kontaktiert. Um große Kapazitätswerte auf kleinem Raum zu erhalten, muss die elektrisch aktive Oberfläche des Ventilmetalls sehr groß sein. Das erreicht man je nach Material durch

Aufrauen der Oberfläche beim Aluminium oder durch die Verwendung von porenreichen Sinterkörpern bei Tantal und Niob.

Die Kapazitätswerte kommerziell verfügbarer Elektrolytkodensatoren liegen im Bereich von $1\,\mu F$ bis $100\,mF$, die maximal zulässige Gleichspannung, die Nennspannung, kann zwischen wenigen Volt und ca. $500\,V$ liegen. Die hohen Kapazitätswerte und die Eigenschaft, Lastspitzen zu puffern, bestimmen die Einsatzgebiete von Elkos. Solche typischen Einsatzgebiete sind:

- Lade- und Siebkondensatoren in Gleichrichterschaltungen,
- Puffer- oder Stützkondensatoren an integrierten Schaltkreisen zur Glättung von Stromspitzen und zum Ausgleich von Spannungsschwankungen,
- Koppelkondensatoren im Niederfrequenzbereich (Trennung von NF-Signal und Gleichspannung),
- zeitbestimmendes Bauelement in Zeitgliedern.

Beim Einsatz von Elektrolytkodensatoren muss außer der richtigen Polung der Gleichspannung auch die maximal zulässige Höhe der Spannung beachtet werden.

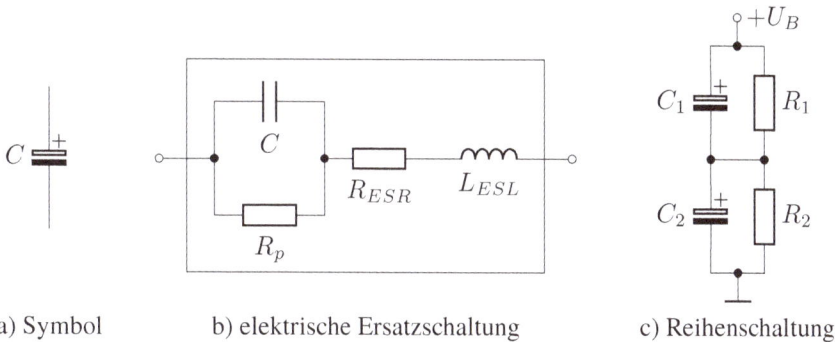

a) Symbol   b) elektrische Ersatzschaltung   c) Reihenschaltung

Abb. 7.2.: Symbol, Ersatzschaltung und Reihenschaltung von Elektrolytkondensatoren

Symbol und Ersatzschaltung Elektrolytkondensatoren werden mit einem eigenen Symbol dargestellt, welches die Polarität hervorhebt (Abb. 7.2a). Um die elektronischen Eigenschaften eines Elektrolytkondensators beschreiben zu können, wird ein Ersatzschaltbild verwendet. Die im Ersatzschaltbild (Abb. 7.2b) verwendeten Ersatzgrößen haben folgende Bedeutung:

- C: Kapazität des Elkos,

- R_p: Leckwiderstand der Sperrschicht,

- R_{ESR}: parasitärer Widerstand (ESR steht für **E**quivalent **S**eries **R**esistance)

- L_{ESL}: parasitäre Induktivität (ESL steht für **E**quivalent **S**eries **I**nductance)

Nennspannung und Reihenschaltung von Elkos   Damit die dünne anodische Oxidschicht nicht zerstört wird, darf die angegebene Nennspannung im Betrieb nicht überschritten werden. Um Elektrolytkondensatoren auch bei höheren Gleichspannungen als deren Nennspannung verwenden zu können, werden in Anwendungsfällen, bei denen die maximal anliegende Gleichspannung höher ist, zwei oder mehr solcher Kondensatoren in Reihe geschaltet. Dabei muss jeder Elko mit einem hinreichend hochohmigen Widerstand überbrückt werden, um die anliegende Spannung zwischen den Kondensatoren gleichmäßig zu verteilen, so dass kein Elko spannungsmäßig überlastet wird (Abb. 7.2c). Dabei gilt als Richtwert, dass der Strom durch die Widerstände etwa 10 mal so groß gewählt werden sollte, wie der Reststrom durch die Elkos ist.

Ventilmetalle in Elektrolytkondensatoren   Als Ventilmetalle für Elektrolytkondensatoren kommen heute Aluminium und Tantal sowie Niob zum Einsatz. Die Namen der Ventilmetalle sind in die Bezeichnung der entsprechenden technischen Kondensatoren eingeflossen; so spricht man von Aluminium-Elkos, Tantal-Kondensatoren und Niob-Kondensatoren. Je nach verwendetem Anodenmaterial unterscheiden sich Aufbau und Technologie der Elkos sowie die elektrischen Werte der jeweils durch anodische Oxidation erzeugten dielektrischen Schichten. Zum Vergleich sind in Tabelle 7.1 die für Elektrolytkondensatoren relevanten Werte der relativen Dielektrizitätskonstante und der Spannungsfestigkeit gegenüber gestellt. Unabhängig davon kann der Elektroniker als Anwender die relevanten Daten der jeweils benutzten Kondensatoren den Datenblättern der Hersteller entnehmen.

Tabelle 7.1.: Elektrische Werte von Ventilmetall-Oxiden in Elektrolytkondensatoren nach [ano23]

Anodenmetall	Dielektrikum	relative Dk	Spannungsfestigkeit V/μm
Aluminium	Aluminiumoxid Al_2O_3	9,6	700
Tantal	Tantal(V)-Oxid Ta_2O_5	26	625
Niob	Niob(V)-Oxid Nb_2O_5	42	455

Abweichende elektrische Werte technischer oxidischer Dielektrika erklären sich z.B. durch unterschiedliche Struktur und Reinheit der jeweiligen Schicht.

Aluminium-Elkos

Die ersten elektrochemischen Kondensatoren waren Aluminium-Elkos. Diese verwendeten in der Anfangszeit gewellte Aluminiumbleche von ca. 1 mm Dicke als Anoden und flüssige Elektrolyte, wie z.B. Ammoniumborat-Lösung. Als zweite Elektrode zur Kontaktierung des Elektrolyten diente das Gehäuse oder Platten einer Al-Si-Legierung, die zwischen den Anodenplatten aufgehängt waren [GB52]. Untersuchungen zur Formierung der Aluminiumoberfläche sind ebenfalls in [GB52] beschrieben. Nach [Rub30] wurden auch andere Materialien als zweite Elektrode erprobt, beispielsweise Kupferlegierungen.

Im Laufe der Entwicklung ging man zu geätzter Aluminiumfolie als Anodenmaterial über und verließ die flüssigen Elektrolyte. Inzwischen werden Aluminium-Elkos durch Aufwickeln von zwei Aluminiumfolien zusammen mit einer elektrolytgetränkten Seperationsfolie als Abstandshalter hergestellt. Der so entstandene Wickel wird z.B. in einen Aluminiumbecher passender Größe eingelegt, wobei der Minuspol meist mit dem Aluminiumbecher verbunden ist. Diese Lösung hat folgende Vorteile

- geätzte Aluminium-Folie hat infolge der Rauigkeit eine deutlich vergrößerte Oberfläche,
- der Folienwickel ist platzsparend und erlaubt große Kapazitätswerte auf kleinem Raum,
- Folie ist materialsparender und leichter als Massivmaterial und
- die Kondensatoren sind auslaufsicher und erfordern keine bestimmte Betriebslage.

Eine besondere Ausführungsform für Tonfrequenzanwendungen sind bipolare Elkos. In diesen Bauelementen werden zwei gleichartige Aluminiumfolien verwendet, die beide bei der Herstellung anodisch oxidiert werden. Elektrisch gesehen, erhält man so zwei gleichartige gegeneinander geschaltete Elkos, wodurch sich die Kapazität halbiert (siehe Gleichung 3.26). Bei diesen Kondensatoren darf der Spitzenwert der angelegten Tonfrequenzspannung die angegebene Nennspannung nicht übersteigen.

Aluminium-Elkos gibt es in großer Vielfalt und in verschiedenen Bauformen, beispielsweise als SMD-Bauelement mit Kapazitätswerten von $1\,\mu F$ bis $1000\,\mu F$ und Nennspannungen von $6{,}3\,V$ bis $400\,V$ (siehe z.B. [AVX22b][1]). Allgemeine Vorschriften und Empfehlungen für die Anwendung von Aluminium-Elkos sind in [Ass99] zusammenfassend dargestellt.

Tantal-Elkos

Bei Tantal-Elkos bildet ein prismatischer oder zylindrischer Tantal-Sinterkörper, der mittels eines durchgehenden Anodendrahtes kontaktiert ist, die Anode. Die Oberfläche des Tantals wird im Produktionsprozess anodisch oxidiert, wobei Tantalpentoxid (Ta_2O_5) entsteht. Danach wird die Anode mit Mangandioxid (MnO_2) als Festelektrolyt beschichtet, imprägniert, kontaktiert und schließlich montiert, vermessen und sortiert. Die Arbeitsschritte sind in [Lan82] genau beschrieben. Die großen Kapazitätswerte auf kleinem Raum resultieren aus der großen Oberfläche des von außen zugänglichen offenen Porensystems [Lan82, Gil22]. Die Prozessschritte Messen und Sortieren sind wegen der Streuung der Kapazitätswerte erforderlich. Die Nennspannungen von Tantal-Elkos ist auf Grund der elektrischer Eigenschaften des Oxids deutlich geringer als die von Aluminium-Elkos. Tantal-Elkos werden zur Zeit als SMD-Bauelement mit Kapazitätswerten von $0{,}1\,\mu F$ bis $2200\,\mu F$ und Nennspannungen von $2{,}5\,V$ bis $50\,V$ angeboten [AVX22c]. Jedoch ist es inzwischen gelungen, auch mit Tantalkondensatoren Nennspannungen $\geq 100\,V$ zu erreichen [ZBP$^+$22].

---

[1] Die zitierten Datenblätter und Technical Paper von Kyocera-AVX sind teilweise ohne Erscheinungsdatum veröffentlicht; sie waren 2022 aktuell. Deshalb ist im Literaturverzeichnis diese Jahreszahl angegeben.

Niob-Elkos

Niob-Elkos sind ähnlich aufgebaut wie Tantal-Elkos. In Niob-Elkos bildet ein porenreicher Niob-Sinterkörper mit großer Oberfläche die Anode. Bei der Herstellung wird die Oberfläche des Niob-Sinterkörpers anodisch oxidiert, so dass sich eine dünne Schicht Niobpentoxid (Nb_2O_5) bildet. Als Festelektrolyt dient wie beim Tantalelko Mangandioxid (MnO_2). Im Vergleich zum Tatalpentoxid zeichnet sich Niobpentoxid durch eine höhere Dielektrizitätskonstante ϵ_r aus, jedoch ist die Spannungsfestigkeit geringer (Tabelle 7.1). Niob-Elkos werden als SMD-Bauelemente mit Nennspannungen von $1,8\,V$ bis $10\,V$ und Kapazitätswerten bis $1000\,\mu F$ bei einer Toleranz von $\pm 20\%$ angeboten [AVX22a].

7.3.2. Doppelschichtkondensatoren (SuperCap)

Doppelschichtkondensatoren, abgekürzt EDLC[1], verwenden als Dielektrikum keine Oxidschicht wie die Elektrolytkondensatoren; sie nutzen direkt die Kapazität der elektrochemischen Doppelschicht, die wir in Kapitel 3.3.4 beschrieben haben. Da der Abstand zwischen den Ladungsansammlungen einmal auf der Metallelektrode und zum anderen im Elektrolyten extrem klein ist (Größenordnung nm), ist die flächenbezogene Kapazität einer Elektrode sehr groß (Größenordnung $\frac{\mu F}{cm^2}$). Die Kapazität eines Doppelschichtkondensators ergibt sich aus der Reihenschaltung der Doppelschichtkapazitäten beider Elektroden; sie ist nach Gleichung 3.26 nur halb so groß wie die Kapazität einer einzelnen Doppelschicht.

Als elektronische Bauelemente werden Doppelschichtkondensatoren mit Kapazitätswerten von etwa $1\,F$ bis etwa $3000\,F$ angeboten, wobei die Spannung pro Zelle bei $2,7\,V$ [kyo20b] liegt. Es gibt spezielle Ausführungen bei denen die Spannung pro Zelle $3,0\,V$ betragen darf [kyo20a] und Ausführungen mit besonders kleinem parasitärem Widerstand $R_{ESR} \leq 10\,m\Omega$ [kyo20c].

Doppelschichtkondensator als Energiespeicher

Doppelschichtkondensatoren eignen sich auf Grund ihrer riesigen Kapazität als Energiespeicher für verschiedenartige Systeme und Leistungsbereiche, beispielsweise für unterbrechungsfreie Stromversorgungen (USV). Die Einbindung eines SuperCap in eine USV kann analog erfolgen, wie in Kapitel 6.4.2 und Abb. 6.10 für Akkus dargestellt. Doppelschichtkondensatoren liegen bezüglich des Energiespeichervermögens zwischen herkömmlichen Elektrolytkondensatoren und Akkumulatoren, sie haben eine höhere Leistungsdichte als Batterien und eine höhere Energiedichte als klassische Kondensatoren. Um größere Leistungen als mit einem einzelnen Kondensator zu erreichen, können Doppelschichtkondensatoren für eine höherer Spannung in Reihe und für eine höhere Kapazität parallel geschaltet werden.

---

[1] EDLC für **E**lectric **D**ouble-**L**ayer **C**apacitor

Betriebsverhalten Auch für Doppelschichtkondensatoren gelten die in Kapitel 3.1.13 für Kondensatoren angegebenen Beziehungen für Ladung, Entladung und gespeicherte Energie. Wir nutzen diese Beziehungen hier wieder, um den Lade- und Entladevorgang einer einzelnen Zelle zu betrachten. Die Supercap-Zelle hat eine Nennspannung von 2,7 V und dient zur Versorgung einer konstanten ohmschen Last. Die Spannung am Doppelschichtkondensator U_{SC} verändert sich mit dem Ladezustand, wie man aus der Definitionsgleichung der Kapazität (Gleichung 3.23) erkennt.

Ladung: Die Ladung des Doppelschichtkondensators kann mit konstanter Spannung oder mit konstantem Strom erfolgen; sie muss abgebrochen werden, sobald die Nennspannung der Zelle erreicht ist.
Bei Ladung aus einer Quelle mit konstanter Spannung ist eine Strombegrenzung erforderlich. Wenn zur Strombegrenzung ein in Reihe geschalteter Widerstand dient, das kann z.B. der Innenwiderstand der Quelle sein, gilt Gleichung 3.28 und es ergibt sich ein Spannungsverlauf entsprechend Abb. 3.6 auf Seite 39. Bei Ladung mit konstantem Strom steigt die Spannung linear mit der Ladezeit.

Entladung: Wird dem Doppelschichtkondensator Strom entnommen, so sinkt die Ladung und damit die Spannung U_{SC}. Wenn die Entladung direkt über einen parallelgeschalteten ohmschen Widerstand erfolgt, so gelten für den Spannungs-Zeit-Verlauf Gleichung 3.29 und Abb. 3.7 auf Seite 39.
Oft ist gefordert, die Last mit einer konstanten Spannung zu versorgen. Um das zu erreichen, muss analog zu den Überlegungen in Kapitel 6.4.1 zwischen Doppelschichtkondensator und Last ein DC/DC-Wandler geschaltet werden. Die Entladung des Doppelschichtkondensators erfolgt dann mit konstanter Leistung und somit schneller.
Bei der Entladung muss sichergestellt werden, dass U_{SC} nicht unter die start-up-Spannung des nachgeschalteten DC/DC-Wandlers sinkt.

Um möglichst viel der im Doppelschichtkondensator gespeicherten Energie nutzen zu können, muss die start-up-Spannung des nachgeschalteten DC/DC-Wandlers möglichst niedrig sein. Auch hier gelten die Überlegungen aus Kapitel 6.4.1 entsprechend.

Reihenschaltung von SuperCap-Zellen SuperCap-Zellen eines Typs sind nicht identisch gleich, sie weisen Streuungen auf und altern individuell. Bei Reihenschaltung mehrerer Zellen muss deshalb analog zur Reihenschaltung von Elkos (siehe Abb. 7.2c) dafür gesorgt werden, dass an keiner Zelle eine zu hohe Spannung auftritt. Das erreicht man entweder durch Parallelschalten einer Widerstandskette oder durch einen Ladungsausgleich mit aktiven Komponenten [KP21].

7.4. Elektrochrome Anzeigeelemente

Um den in Kapitel 7.1.2 besprochenen elektrochromen Effekt für Anzeigen zu nutzen, wird das elektrochrome Material als Elektrode und in Form einer dünnen Schicht in einer an die Anwendung angepassten flachen elektrochemischen Zelle eingesetzt. Eine solche Schichtanordnung nach [Rue07] zeigt die Abb. 7.3. Nachfolgend werden Aufbau und Funktion dieser Anordnung erläutert.

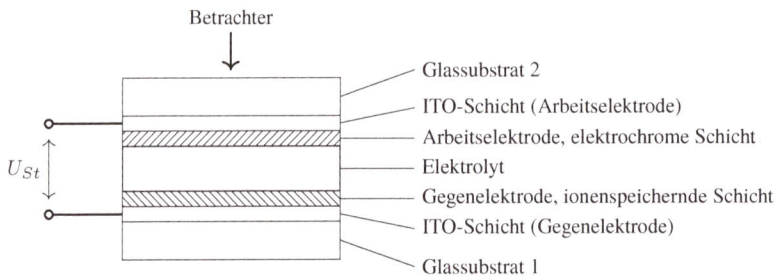

Abb. 7.3.: Schichtfolge eines elektrochemischen Displays

Auf die Glassubstrate in Abb. 7.3 sind mittels geeigneter Vakuumbeschichtungsverfahren dünne Indium-Zinn-Oxid-Schichten (ITO-Schichten) aufgebracht worden. ITO-Schichten sind elektrisch leitfähig und transparent; sie garantieren eine niederohmige Kontaktierung der jeweils darüber liegenden elektrochemisch aktiven Schichten. Die Arbeitselektrode bildet eine dünne elektrochrome Schicht, das ist in diesem Fall Wolframoxid. Die Gegenelektrode bildet eine sogenannte ionenspeichernde Schicht, die Li^+-Ionen enthält. Der Zwischenraum ist mit einem Elektrolyten gefüllt, der ebenfalls Li^+-Ionen enthält.

Beim Anlegen einer Steuerspannung U_{St} zwischen Arbeits- und Gegenelektrode fließt ein Strom. Wenn der negative Pol an der Arbeitselektrode liegt, wandern Li^+-Ionen zur WO_3-Schicht und werden dort eingebaut, wobei sich die Oxidationsstufe des Wolfram ändert und in der Folge färbt sich die Wolframoxidschicht zunehmend blau. Li^+-Ionen werden aus der ionenspeichernden Schicht nachgeliefert.
Bei Umpolung der Spannung läuft der Prozess in umgekehrter Richtung ab, d.h. Li^+-Ionen werden aus der Wolframoxid-Schicht abgesaugt und die Oxidationsstufe des Wolfram ändert sich wieder. Im Ergebnis wird die Schicht wieder transparent.
Für segmentierte Anzeigen müssen die dünnen Schichten der Arbeitselektrode entsprechend strukturiert sein und die Anzeige als Ganzes muss hermetisch gekapselt sein. Ein Vorteil dieser Art von Anzeigen ist, dass nur während des Umschaltens elektrische Energie benötigt wird (Memory-Effekt).

Außerhalb der Elektronik findet der elektrochrome Effekt interessante Anwendungen im Bereich der Gebäudeverglasung ("smart windows") und im Fahrzeugbau (Wärmeschutzfenster, selbstabblendende Spiegel).

7.5. ECRAM – ein elektrochemischer Datenspeicher

PCs, Smartphones und Mikrocontroller verwenden für die Datenspeicherung ganz unterschiedliche Arten von Halbleiterspeichern, denen verschiedene Funktionsprinzipien zugrunde liegen. Die verschiedenen Halbleiterspeicher werden mit Abkürzungen wie ROM, EPROM, EEPROM,

RAM u.a. beschrieben. Unabhängig von der Art der Speicherzelle speichern diese elektronischen Speicher immer jeweils ein Bit pro Zelle, also den Digitalwert „0" oder „1" (siehe z.B. Kapitel 8 in [RW21]).

Eine spezielle und neue Art elektronischer Speicherzellen stellen die ECRAM-Speicherzellen dar. Ein ECRAM ist nach [Tan18] ein nichtflüchtiger elektrochemischer Mehrzustands-Speicher mit wahlfreiem Zugriff (nonvolatile **E**lectro-**C**hemical **R**andom-**A**ccess **M**emory - ECRAM). Der Aufbau einer ECRAM-Speicherzelle ist in Abb. 7.4 schematisch dargestellt. Die Struktur erinnert an einen MOSFET (siehe Abb. 5.2a auf Seite 131) zumal auch die Elektrodenbezeichnungen G (Gate), S (Source) und D (Drain) übernommen wurden. Das Funktionsprinzip ist jedoch vom MOSFET verschieden und wird folgendermaßen beschrieben [Tan18]:

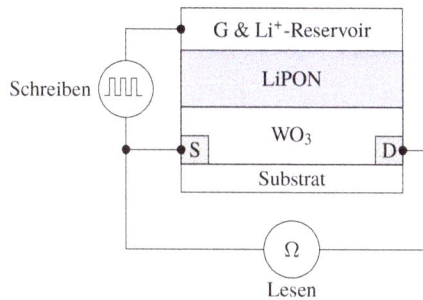

G & Li$^+$-Reservoir

Schreiben — LiPON

WO$_3$

S — Substrat — D

Ω

Lesen

Abb. 7.4.: Speicherzelle eines ECRAM, schematisch nach [Tan18]

Die ECRAM-Speicherzelle umfasst auf einem Substrat eine Wolframoxid-Schicht als Speicherschicht, einen Li$^+$-Ionen enthaltenden Festelektrolyten (LiPON) sowie drei Elektroden Gate, Source und Drain. Die Leitfähigkeit der Wolframoxid-Schicht kann durch Interkalation von Li$^+$-Ionen aus dem Elektrolyten feinstufig verändert werden und repräsentiert den Speicherinhalt der ECRAM-Zelle in Form eines Leitfähigkeits- bzw. Widerstandswertes. Um Li$^+$-Ionen in die Wolframoxid-Schicht auf elektrochemischem Weg einzubauen bzw. wieder zu entfernen, werden zwischen Gate- und Source-Elektrode Spannungsimpulse angelegt. Die Interkalation der Li$^+$-Ionen in die WO$_3$-Schicht erhöht deren Leitfähigkeit definiert und in kleinen Schritten, sie ist obendrein reversibel. Nach [Tan18] kann mit kurzen Schreibimpulsen die Leitfähigkeit der Wolframoxidschicht bis zu 1000 verschiedene diskrete Werte annehmen, was einer Auflösung von fast 10 Bit entspricht. Die Menge der interkallierten Li$^+$-Ionen ist mit den Gate-Stromimpulsen präzise steuerbar und reversibel, d.h. bei Umkehrung der Polung verringert sich die Menge der eingelagerten Li$^+$-Ionen und damit die Leitfähigkeit der Wolframoxid-Schicht. Zum Auslesen des Speicherinhaltes wird der Widerstand der Zelle auf elektronischem Weg bestimmt, wie in Abb. 7.4 mit dem Ohmmeter angedeutet. Für den Schreibvorgang ist eine Schaltung erforderlich, die eine adressierte Zelle nach Bedarf mit einer definierten Anzahl positiver wie auch negativer Impulse ansteuern kann.

Ziel laufender Entwicklungen ist es, mit Arrays von ECRAM-Zellen für rechenintensive Computeranwedungen, wie das maschinelle Lernen, speziell das deep learning, Hardwarestrukturen bereitzustellen, die Rechen- und Speicherfunktionen in sich vereinen und den Lernprozess in künstlichen neuronalen Netzen deutlich beschleunigen. Dazu werden verschiedene weitere

Metalloxid-Elektrolyt-Paarungen untersucht, die neben Wolframoxid und LiPON für ECRAMs geeignet sind. Einige solcher Materialpaarungen sind in dem Review [Kan22] aufgeführt.

7.6. Gedruckte Elektronik mit elektrochemischen Komponenten

Berge von Elektronikschrott waren und sind Anlass über umweltfreundlichere Elektronik nach-zudenken. Ein Weg besteht in der Verwendung gedruckter Elektronikkomponenten. Die Ent-wicklung druckfähiger Tinten und Pasten einerseits und die Entdeckung elektrisch leitfähiger Polymere[1] andererseits eröffneten neue technologische Möglichkeiten zur Herstellung elektro-nischer Schaltungen mit Drucktechniken.

Inzwischen sind druckfähige Tinten und Pasten auf unterschiedlicher Materialbasis verfügbar, die es erlauben, Leitbahnen, Widerstände, Kondensatoren, organische Feldeffekttransistoren (OFET), Sensoren und sogar Batterien und Anzeigen drucktechnisch herzustellen.

Gedruckte Batterien   Seit einigen Jahren wird an der Herstellung gedruckter, flexibler Bat-terien gearbeitet. Ein Anbieter, die Saralon GmbH, bietet ein System an, welches mit sieben verschiedenen Tinten eine Batterie auf starrem oder flexiblem Substrat drucken kann. Abb. 7.5a zeigt solch eine flexible Batterie und in Tabelle 7.2 sind einige Daten vermerkt.

Tabelle 7.2.: Gedruckte Batterien (Saralon GmbH, Chemnitz [Eng23])

Parameter	Wertebereich
System	$Zn-ZnCl_2-MnO_2$
Klemmenspannung	6 V (1,5 V/Zelle)
Kapazität	$\geq 1,5\,mA\,h$
R_i (abhängig von Entladung)	$350\,\Omega$
Dicke	$\leq 0,8\,mm$
Substrat	flexibel oder starr

Gedruckte elektrochrome Anzeigen   Elektrochrome Anzeigen können nach Informationen der Fa. Saraton unter Verwendung von nur vier verschiedenen Tinten drucktechnisch hergestellt werden. Der Druck erfolgt auf ein PET[2]-Substrat. Es sind vier Druckschichten erforderlich, die

---

[1] Alan J. Heeger, Alan G. MacDiarmid und Hideki Shirakawa Nobelpreis für Chemie im Jahr 2000 für die Entdeckung leitfähiger Polymere
[2] Polyethylenterephthalat ist ein thermoplastischer Kunststoff

nacheinander und übereinander gedruckt werden. Eine der Tinten muss elektrochromes Verhalten zeigen. ITO-beschichtete Substrate, wie in Abb. 7.3 dargestellt, sind nicht erforderlich. Die Abb. 7.5b zeigt ein Demonstrationsmuster solch einer gedruckten elektrochromen Anzeige. Durch Anlegen einer Gleichspannung an die mit „+" und „-" bezeichneten Punkte kann der Kontrast der fixen Zifferngruppe eingestellt werden.

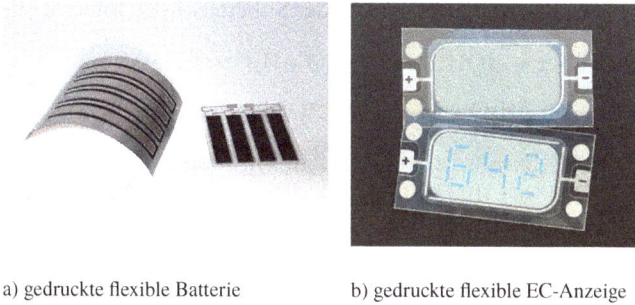

a) gedruckte flexible Batterie   b) gedruckte flexible EC-Anzeige

Abb. 7.5.: Gedruckte Elektronikkomponenten mit Elektrolytbeteiligung
(Bildquelle: Saralon GmbH, Chemnitz)

7.7. Zum Konzept elektrochemischer Aktoren

Neben Grenzflächeneffekten, die wir in Kapitel 7.1 betrachtet haben, tritt bei elektrochemischen Reaktionen auch ein Volumeneffekt auf, wenn durch Zersetzung eines Stoffes Gase entstehen oder durch eine Reaktion Gase gebunden werden. Ein bekanntes Beispiel ist die Erzeugung von Wasserstoff und Sauerstoff durch die Elektrolyse von Wasser und die Aufzehrung beider Gase in der Knallgaszelle, wobei wieder Wasser entsteht. Die Volumenänderung durch Entwicklung bzw. Aufzehrung eines Gases kann man prinzipiell für mechanische Stellvorgänge nutzen, wenn die zugrunde liegende Reaktion reversibel ist.
Das Prinzip elektrochemischer Aktoren besteht nun darin, in einer gasdichten elektrochemischen Zelle, die über ein dehnbares bzw. bewegliches Gehäuseteil verfügt, die Entwicklung bzw. Aufzehrung eines Gases und damit den Gasdruck elektrisch zu steuern und in eine Stellbewegung umzusetzen. Ein bewegliches Gehäuseteil kann z.B. eine Membran oder einen Faltenbalg sein.

Das Prinzip lässt sich in einer geeigneten Anordnung mit Wasser realisieren. Dazu muss durch geeigneten konstruktiven Aufbau in einer hermetisch geschlossenen, dehnbaren Zelle sowohl die Elektrolyse des Wassers als auch die Bildung von Wasser aus den Gasen Sauerstoff und Wasserstoff möglich sein, wobei beide Prozesse nacheinander ablaufen und die beiden Gase separiert zwischengespeichert werden. In solch einer Aktorzelle findet bei Anlegen einer Spannung die Gasentwicklung und Ausdehnung statt; zum Rückstellen werden die Elektroden kurzgeschlossen [Jan13].

Vorteilhaft sind Systeme, die nur mit einem Gas arbeiten. So ist in [Kem92] ein elektrochemischer Aktor vorgeschlagen worden, der eine Elektrode aus feinkörnigem Silber und zwei
Kohlenstoffverbundelektroden verwendet. Zwischen den Elektroden befindet sich ein mit Ka-
liumhydroxidlösung (KOH) getränkter Separator aus einem keramischem Fasermaterial.
Wenn die Kohlenstoffverbundelektroden am Pluspol und die Silberelektrode am Minuspol einer
Gleichspannungsquelle von ca. 2 V liegen, dann bildet sich an den Verbundelektroden gasför-
miger Wasserstoff und gleichzeitig entsteht an der Silberelektrode Silberoxid:

- Silberelektrode: $Ag + 2\,(OH)^- \rightleftharpoons AgO + H_2O + 2\,e^-$,

- Verbundelektroden: $2\,H_2O + 2\,e^- \rightleftharpoons 2\,(OH)^- + H_2$.

Wie in der Gleichung dargestellt, sind die Reaktionen reversibel und laufen nach Umpolung
der Spannung in umgekehrter Richtung ab, d.h. Wasserstoff wird wieder aufgezehrt und der
Aktor entsprechend der geflossenen Ladungen zurückgestellt. Die Menge des gebildeten bzw.
aufgezehrten Wasserstoffs ist jeweils der geflossenen Ladung proportional.

Nach [Jan13] sind elektrochemische Aktoren für die Verstellung von Ventilen oder Drossel-
klappen geeignet, wobei man zwei gleiche Aktorzellen gegeneinander arbeiten lässt. Bei solchen Anwendungen ist der kleine Stellweg und die geringe Stellgeschwindigkeit kein Nachteil.
Trotzdem konnten sich elektrochemische Aktoren gegen andere Systeme nicht durchsetzen.

A. Anhang

A.1. Formelzeichen und Symbole

Für die Formelzeichen wird weitgehend die Symbolik nach DIN 1313:1998-12 [Nor09] genutzt. Griechische Buchstaben sind in einer eigenen Tabelle erfasst. Verwendete Naturkonstanten werden dick dargestellt, sie sind in Anhang A.2 Seite 196 mit ihrem Wert angegeben.

Tabelle A.1.: Häufig verwendete Formelzeichen

Symbol	Bedeutung	Einheit
A	Fläche	m^2
C	Kapazität	F
c	Konzentration	$\frac{mol}{L}$, $\frac{g}{L}$, u.a.
d	Abstand	m
$E, \vec{E}$	elektrische Feldstärke	$\frac{V}{m}$
E^0	Standardpotential	V
e	**Elementarladung**	A s
$F, \vec{F}$	Kraft	N
F	**Faradaysche Konstante**	$\frac{A\,s}{mol}$
f	Frequenz	Hz
G	Leitwert	S
h	**Plancksches Wirkungsquantum**	J s
I	elektrischer Strom	A
$\widehat{I}$	Amplitude bei Wechselstrom	A
$i(t)$	Momentanwert des elektrischen Stromes	A
j	imaginäre Einheit	-
k	**Boltzmann-Konstante**	$\frac{J}{K}$

Fortsetzung auf der nächsten Seite

https://doi.org/10.1515/9783110767254-008

Häufig verwendete Formelzeichen – Fortsetzung

Symbol	Bedeutung	Einheit
L	Induktivität	H
l	Länge	m
m	Masse	kg
n	Ladungsträgerdichte	cm^{-3}
n^+	Ladungsträgerdichte, Kationen	cm^{-3}
n^-	Ladungsträgerdichte, Anionen	cm^{-3}
P	Leistung	W
$\overline{P}$	Mittelwert der Leistung	W
$\vec{p}$	Dipolmoment	A s m
Q, q	Ladung, Probeladung	A s
R	ohmscher Widerstand	Ω
R	**universelle Gaskonstante**	$\frac{J}{mol\,K}$
$r, \vec{r}$	Abstand	m
T	absolute Temperatur	K
T	Periodendauer	s
t	Zeit	s
U	elektrische Spannung	V
$\widehat{U}$	Amplitude bei Wechselspannung	V
$u(t)$	Momentanwert der elektrischen Spannung	V
v	Geschwindigkeit	$\frac{m}{s}$
v_D	Driftgeschwindigkeit	$\frac{m}{s}$
W	Arbeit, Energie	J, W s, N m
W_A	Austrittsarbeit	eV
$\underline{Y}$	komplexer Leitwert, Admittanz	S
$\underline{Z}$	komplexer Widerstand, Impedanz	Ω
|	Phasengrenze	-
||	Phasengrenze zwischen Flüssigkeiten	-

Tabelle A.2.: Häufig verwendete Formelzeichen – Griechische Buchstaben

Symbol	Bedeutung	Einheit
ϵ_0	**elektrische Feldkonstante**	$\frac{\text{A s}}{\text{V m}}$
ϵ_r	relative Dielektrizitätskonstante	—
λ	Wellenlänge	m
μ	Beweglichkeit	$\frac{\text{m}^2}{\text{V s}}$
μ^+	Beweglichkeit Kationen	$\frac{\text{m}^2}{\text{V s}}$
μ^-	Beweglichkeit Anionen	$\frac{\text{m}^2}{\text{V s}}$
ω	Kreisfrequenz	s^{-1}
ϕ, φ	elektrisches Potential	V
ρ	spezifischer Widerstand	$\Omega\,\text{m}$
σ	spezifische Leitfähigkeit	$\frac{1}{\Omega\,\text{m}}$
ϑ	Temperatur (Celsius-Skala)	°C
φ	Winkel, Phasenwinkel	—
τ	Zeitkonstante	s

A.2. Naturkonstanten

Physikalische Konstanten oder Naturkonstanten können nicht aus Theorien hergeleitet werden. Diese Konstanten waren zunächst experimentell ermittelte bzw. dargestellte Werte, deren exakte Bestimmung höchste Genauigkeit voraus setzte. Experimente zur Bestimmung einer Naturkonstanten sind extrem aufwendig; sie werden zumeist an nationalen meteorologischen Instituten vorbereitet und ausgeführt, in Deutschland z.B. an der **Physikalisch-Technischen Bundesanstalt** (PTB).

Tabelle A.3.: Physikalische Konstanten (Auswahl) [NIS19]

Konstante	Formelzeichen und Wert
Plancksches Wirkungsquantum	$h = 6{,}626\,070\,15 \cdot 10^{-34}\,\text{J\,s}$
Elementarladung	$e = 1{,}602\,176\,634 \cdot 10^{-19}\,\text{A\,s}$
Boltzmann-Konstante	$k = 1{,}380\,649 \cdot 10^{-23}\,\frac{\text{J}}{\text{K}}$
Avogadro-Konstante	$N_A = 6{,}022\,140\,76 \cdot 10^{23}\,\frac{1}{\text{mol}}$
universelle Gaskonstante	$R = k \cdot N_A = 8{,}314\ldots\frac{\text{J}}{\text{mol\,K}}$
Faraday-Konstante	$F = N_A \cdot e = 96\,485{,}332\,12\ldots\frac{\text{C}}{\text{mol}}$
elektrische Feldkonstante	$\epsilon_0 = 8{,}854\,187\,812\,8(13)\ldots\cdot 10^{-12}\,\frac{\text{F}}{\text{m}}$
Ruhemasse des Elektrons	$m_e = 9{,}109\,383\,701\,5(28) \cdot 10^{-31}\,\text{kg}$
Ruhemasse des Protons	$m_p = 1{,}672\,621\,923\,69(51) \cdot 10^{-27}\,\text{kg}$
Masse des Neutrons	$m_n = 1{,}674\,927\,498\,04(95) \cdot 10^{-27}\,\text{kg}$

A.3. Die elektrochemische Spannungsreihe

Das Standardpotential einer Halbzelle E^0 ist die vorzeichenbehaftete Potentialdifferenz zwischen dem Potential der Standardwasserstoffelektrode und der Halbzelle unter Standardbedingungen in Volt (in V). Die elektrochemische Spannungsreihe ist eine geordnete Liste dieser Standardpotentiale. Eine umfangreiche Zusammenstellung von Standardpotentialen enthält das „CRC Handbook of Chemistry and Physics" [Van15]; die Standardbedingungen sind

- Temperatur von T=298,15 K ($\vartheta = 25\,°C$),
- Druck von 101,325 kPa,
- Aktivität von $1,000\,\frac{mol}{L}$.

In den Tabellen A.4 und A.5 sind einige Werte aus [Van15] angegeben.

Tabelle A.4.: Positive Redoxpotentiale nach [Van15] (Auszug)

Reaktion	E^0/V
$H_2O_2 + 2\,H^+ + 2\,e^- \rightleftharpoons 2\,H_2O$	1,776
$PbO_2 + SO_4{}^{2-} + 4\,H^+ + 2\,e^- \rightleftharpoons PbSO_4 + 2\,H_2O$	1,6913
$PbO_2 + 4\,H + 2\,e^- \rightleftharpoons Pb_2{}^+ + 2\,H_2O$	1,455
$O_2 + 4\,H^+ + 4\,e^- \rightleftharpoons 2\,H_2O$	1,229
$Hg^{++} + 2\,e^- \rightleftharpoons Hg$	0,851
$Ag^+ + e^- \rightleftharpoons Ag$	0,7966
$O_2 + 2\,H^+ + 2\,e^- \rightleftharpoons H_2O_2$	0,695
$2\,AgO + H_2O + 2\,e^- \rightleftharpoons Ag_2O + 2\,OH^-$	0,607
$Cu^+ + e^- \rightleftharpoons Cu$	0,521
$Bi^+ + e^- \rightleftharpoons Bi$	0,5
$O_2 + 2\,H_2O + 4\,e^- \rightleftharpoons 4\,OH^-$	0,401
$Ag_2O + H_2O + 2\,e^- \rightleftharpoons 2\,Ag + 2\,OH^-$	0,342
$Cu^{++} + 2\,e^- \rightleftharpoons Cu$	0,3419
$PbO_2 + H_2O + 2\,e^- \rightleftharpoons PbO + 2\,OH^-$	0,247
Kalomelelektrode, KCl gesättigt	0,2412
$AgCl + e^- \rightleftharpoons Ag + Cl^-$	0,22233
$Cu^{++} + e^- \rightleftharpoons Cu^+$	0,153
$\mathbf{2\,H^+ + 2\,e^- \rightleftharpoons H_2}$	**0,00000**

Tabelle A.5.: Negative Redoxpotentiale nach [Van15] (Auszug)

Reaktion	E^0/V
$2\,\text{H}^+ + 2\,\text{e}^- \rightleftharpoons \text{H}_2$	**0,00000**
$\text{Pb}^{++} + 2\,\text{e}^- \rightleftharpoons \text{Pb}$	-0,1262
$\text{Sn}^{++} + 2\,\text{e}^- \rightleftharpoons \text{Sn}$	- 0,1375
$\text{O}_2 + 2\,\text{H}_2\text{O} + 2\,\text{e}^- \rightleftharpoons \text{H}_2\text{O}_2 + 2\,\text{OH}^-$	- 0,146
$\text{Ni}^{++} + 2\,\text{e}^- \rightleftharpoons \text{Ni}$	- 0,257
$\text{Co}^{++} + 2\,\text{e}^- \rightleftharpoons \text{Co}$	- 0,28
$\text{Ti}^- + \text{e}^- \rightleftharpoons \text{Ti}$	- 0,336
$\text{PbSO}_4 + 2\,\text{e}^- \rightleftharpoons \text{Pb} + \text{SO}_4^{--}$	- 0,3588
$\text{PbO} + \text{H}_2\text{O} + 2\,\text{e}^- \rightleftharpoons \text{Pb} + 2\,\text{OH}^-$	- 0,580
$\text{Ta}^{3+} + 3\,\text{e}^- \rightleftharpoons \text{Ta}$	- 0,6
$\text{Cr}^{3+} + 3\,\text{e}^- \rightleftharpoons \text{Cr}$	- 0,744
$\text{Zn}^{++} + 2\,\text{e}^- \rightleftharpoons \text{Zn}$	- 0,7618
$2\,\text{H}_2\text{O} + 2\,\text{e}^- \rightleftharpoons \text{H}_2 + 2\,\text{OH}^-$	- 0,8277
$\text{Cr}^{++} + 2\,\text{e}^- \rightleftharpoons \text{Cr}$	- 0,913
$\text{Ti}^{3+} + 3\,\text{e}^- \rightleftharpoons \text{Ti}$	- 1,209
$\text{Al}^{3+} + 3\,\text{e}^- \rightleftharpoons \text{Al}$	- 1,676
$\text{Mg}^{++} + 2\,\text{e}^- \rightleftharpoons \text{Mg}$	-2,372
$\text{Li}^+ + \text{e}^- \rightleftharpoons \text{Li}$	- 3,0401

A.4. Elektrochemische Messungen ohne Elektronik – ein Rückblick

Lange bevor es verstärkende elektronische Bauelemente und ein Fachgebiet Elektronik im heutigen Sinn gab, wurden grundlegende elektrochemische Erkenntnisse an Hand von Messungen mit elektrischen Mitteln gewonnen. Wie und mit was für Geräten damals gemessen wurde, skizzieren wir in den folgenden Teilen des Anhangs. Dabei greifen wir nochmals auf verschiedene historische Quellen sowie auf die Kapitel 4 und 5 zurück.

A.4.1. Messtechnische Bedingungen, Geräte und Verfahren

Die ersten elektrischen Messinstrumente waren Elektrometer und Galvanometer, die in Werkstätten von „Instrumentenmachern" entstanden, aus denen später die industrielle Fertigung hervorging. Diese Entwicklung, die im 19. Jahrhundert begann, ist in [Pic20] an Hand von historischem Bildmaterial nachgezeichnet.

Elektrometer arbeiten elektrostatisch, sie sind deshalb extrem hochohmig aber auch langsam. Galvanometer nutzen elektromagnetische Kräfte, sie sind niederohmig und reagieren schneller. Diese Geräte nutzten zur Anzeige des Messwertes einen Zeiger und verschiedene Skalen, es waren analog anzeigende Geräte. Um eine höhere Genauigkeit zu erreichen, verwendeten Spiegelgalvanometer einen Lichtzeiger.

Die frühen elektrochemischen Messverfahren waren ausschließlich auf diese Messgeräte angewiesen und es wurden zweckgerechte Methoden und Schaltungen entwickelt, mit denen es gelang, genau zu messen. Solche Messmethoden, die bis heute ihre Bedeutung behalten haben, sind

- die Ausschlagmethode,
- die Kompensationsmethode und
- die Differenzmethode.

Bei elektrochemischen Messungen müssen neben elektrischen Werten auch weitere physikalische Parameter bekannt sein bzw. mitgemessen werden. Deshalb benötigte man auch Messgeräte für folgende physikalische Größen

- die Zeit bzw. Zeitdifferenz (mechanische Uhren),
- die Länge (Maßstab),
- das Volumen (Messkolben),
- die Masse (Waagen),
- die Temperatur (Ausdehnungsthermometer)
- den Druck (Barometer, Manometer).

Für all diese Größen waren jeweils nichtelektrische Messgeräte, wie in den Klammern vermerkt, entsprechend dem Stand der Technik verfügbar.

A.4.2. Die ursprünglich elektrochemische und die aktuelle Definition des Ampere

Die historische erste Definition des Ampere erfolgte auf elektrochemische Wege unter Nutzung der Elektrolyse und der Faradayschen Gesetze. Diese Definition ist längst abgelöst, aber in unserem Zusammenhang interessant, den sie zeigt die enge Verbindungen der Fachgebiete Elektrochemie und physikalische Elektronik. Auch die elektrochemische Definition des Ampere unterlag einer Entwicklung. So galten nacheinander folgende Definitionen:

- „Es fließt dann ein Strom von 1 A, wenn sich bei konstantem Strom in einem Knallgascoulometer bei $20\,°C$ und unter Normdruck (1013 hPa) die Menge von $0{,}19\,\frac{cm^3}{s}$ Knallgas pro Zeiteinheit bildet".

- In Deutschland wurde das Ampere als gesetzliche Einheit der Stromstärke 1898 verbindlich eingeführt. Das entsprechende Gesetz mit dem Titel „Gesetz, betreffend die elektrischen Maßeinheiten" steht im Reichs-Gesetzblatt Nr.26, ausgegeben am 1. Juni 1898. Dort lautet der § 3:
  „Das Ampere ist die Einheit der elektrischen Stromstärke. Es wird dargestellt durch den unveränderlichen elektrischen Strom, welcher bei dem Durchgang durch eine wässerige Lösung von Silbernitrat in einer Sekunde $0{,}001118$ Gramm Silber niederschlägt."

Die chemische Definition des Ampere wurde Mitte des letzten Jahrhunderts durch eine rein physikalische Darstellung ersetzt.

- Ab 1948 wurde das Ampere über die magnetische Kraft definiert, die pro Meter zwischen zwei unendlich langen, stromdurchflossenen Leitern wirkt, wobei die Leiter im Vakuum parallel verlaufen und einen Abstand von 1 m haben. [PTB07].

- Seit 2019 wird das Ampere durch Rückführung auf Naturkonstanten (Elementarladung e^-, Plancksches Wirkungsquantum h) mittels makroskopischer Quanteneffekte (Quanten-Hall-Effekt[1], Josephson-Effekt[2]) bzw. sog. Einzelelektronenpumpen definiert. Die entsprechenden neuen technischen Möglichkeiten sind in [SS16] beschrieben.

A.4.3. Normalelemente

Normalelemente sind Primärelemente. Sie dienten der Bereitstellung einer genauen und konstanten Referenzspannung für die Messung anderer Spannungen mittels Kompensationsverfahren (Abb. A.2 auf Seite 202). Dazu mussten Normalelemente bestimmte Forderungen erfüllen, solche Forderungen waren [Fro78]

- Quellenspannung nahe 1 V,
- geringer Innenwiderstand,
- geringer Temperaturkoeffizient der Spannung,
- hohe Langzeitkonstanz der Spannung,

---

[1] Entdeckt von Klaus von Klitzing, deutscher Physiker, geb. 1943, Nobelpreis für Physik 1985
[2] 1963 von Brian D. Josephson vorhergesagt, er erhielt dafür 1973 den Nobelpreis für Physik.

- geringe Hysterese,
- kurze Erholungszeit.

Um das elektrochemische Gleichgewicht im Normalelement nicht zu stören, durfte einem Normalelemente praktisch kein Strom entnommen werden. Zugelassen waren nur wenige Milliampere während des Abgleichprozesses einer Messschaltung.

Die älteren Normalelemente, das Daniell-Element (eingesetzt bis 1871) und danach das Clark-Element erfüllten die genannten hohen Anforderungen nur unzureichend und wurden durch das Weston-Element abgelöst, welches ab 1911 weltweit als Spannungsnormal verwendet wurde, bevor elektronische Lösungen verfügbar waren.

Der Aufbau eines internationalen Weston-Elements ist in Abb. A.1 skizziert. Markantes Merkmal ist das H-förmige Glasgefäß, in dem sich in jedem Schenkel eine Elektrode befindet. Für den Gebrauch waren Weston-Elemente in Gehäuse eingebaut, wie in Abb. 2.10 auf Seite 14 dargestellt. Der Aufbau lässt erahnen, dass beim Transport der Referenzelemente Sorgfalt geboten war. So wird in [Bac93] angegeben, dass selbst nach vorsichtigem Transport eine Erholungszeit von 1 bis 2 Wochen erforderlich war.

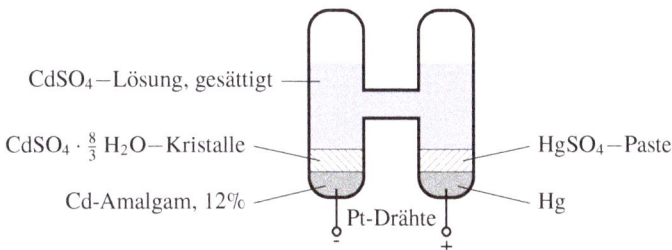

Abb. A.1.: Internationales Weston-Element nach [Fro78]

Nach Bachmair [Bac93] beträgt die Spannung des Weston-Elements $1,0186\,\text{V}$ und der Innenwiderstand liegt im Bereich $200\,\Omega$ bis $1200\,\Omega$. In Deutschland erfolgte die Fertigung der Westonelemente u.a. in der Physikalisch-Technischen Bundesanstalt in Braunschweig und wurde dort 1992 endgültig eingestellt [Bac93].

1992 wurden Westonelemente als Spannungsnormal durch Josephson-Spannungsnormale abgelöst. Letztere beruhen auf dem Josephson-Effekt, einem makroskopischen Quanteneffekt.

A.4.4. Poggendorffsche Kompensationsmethode

Bei Potentialmessungen an Elektrodensystemen, also auch bei pH-Messungen, darf das Messsystem praktisch keinen Strom aufnehmen, d.h., es muss extrem hochohmig sein. Diese Bedingung lässt sich mit einer Kompensationsmethode nach Poggendorff[1] erfüllen, die in Abb. A.2 dargestellt und als Poggendorff'sche Kompensationsschaltung bekannt ist.

---

[1] Johann Christian Poggendorff, 1796 - 1877, deutscher Physiker

Zur Erläuterung des Prinzips teilen wir die Schaltung Abb. A.2 in drei Zweige A, B und C. Die Schaltelemente und Funktionen in den Zweigen sind

- Zweig A: Stromversorgung mit Bleiakku (U_B) und einstellbarem Vorwiderstand P_1,
- Zweig B: Schleifdraht SD mit konstantem Querschnitt und linearer Skala; über den Schleifdraht kann ein Schleifer Sch zum Abgriff der Spannung verschoben werden,
- Zweig C: ein Galvanometer G, wahlweise schaltbar auf das Normalelement U_N oder die zu vermessende Zelle mit der unbekannten Spannung U_x; einen Schutzwiderstand R_V, der mit der Taste T überbrückt werden kann.

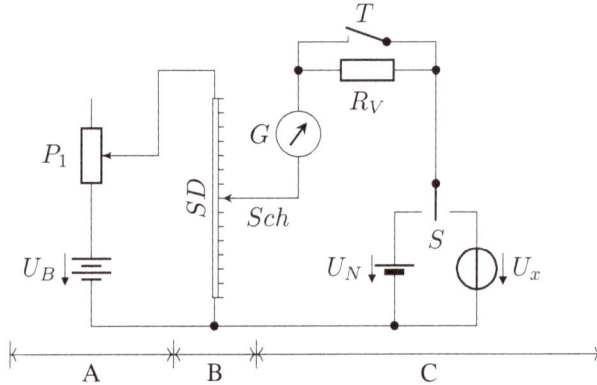

Abb. A.2.: Prinzip der Poggendorf'schen Kompensationsschaltung

Bei einer Messung wird zuerst die Skala kalibriert. Dazu wird der Schleifer Sch auf eine vorgegebene Position der Skala gestellt und die Referenzspannung U_N zugeschaltet. Der Strom durch den Schleifdraht wird mittels P_1 so eingestellt und abgeglichen, dass der Strom durch das Galvanometer G Null ist. Nahe Null wird die Taste T gedrückt, um die Empfindlichkeit zu erhöhen. Die Spannung am Ort des Schleifers ist gleich der Referenzspannung U_N, wenn das Galvanometer Null anzeigt. Damit ist nach Gleichung 3.12 die Spannung auf die lineare Skala abgebildet. In einem zweiten Schritt wird das Galvanometer auf die zu vermessende Zelle umgeschaltet und der Schleifer solange verschoben, bis das Galvanometer wieder Null anzeigt. An der kalibrierten Skala kann dann die Spannung der Zelle abgelesen werden, ohne dass die Zelle belastet wird.

Das Messen mit der Kompensationsmethode ist deutlich aufwendiger als ein direktanzeigendes Messverfahren und der Aufbau ist für höhere Spannungen nicht geeignet.

A.4.5. Leitfähigkeitsmessung mit Wechselstrom-Brückenschaltung

Für die Leitfähigkeitsmessung von Elektrolytlösungen führte Kohlrausch sowohl Wechselstrom als auch die Brückenschaltung ein.

Eine passende Messschaltung erhält man durch Modifikation der Brückenschaltung in Abb. 3.21 auf Seite 57. Wir ersetzen die Speisung der Brücke durch eine Wechselspannungsquelle und den Widerstand R_4 durch eine Leitfähigkeitsmesszelle. Nun zeigt die elektrochemischen Zelle auch ein kapazitives Verhalten welches bei Betrieb der Zelle in einem Wechselstromkreis eine Phasenverschiebung verursacht. Der Betrag der Phasenverschiebung ist von der Geometrie der Messzelle, deren Befüllung und der Messfrequenz abhängig. Um dies zu kompensieren, ist zu dem einstellbaren Widerstand R_3 eine ebenfalls einstellbare Kapazität C_{korr}, parallel geschaltet, wie in Abb. A.3 dargestellt. Damit kann auch der kapazitive Anteil kompensiert werden.

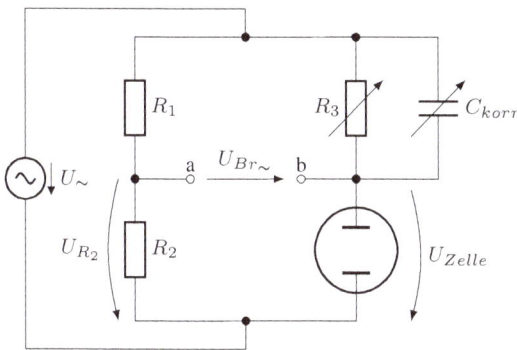

a) Wechselstrom-Brückenschaltung   b) Messzelle mit 2 Elektroden nach [Vö92]

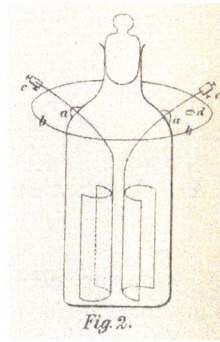

Abb. A.3.: Wechselstrom-Brückenschaltung und historische Leitfähigkeitsmesszelle

Der Nullabgleich solch einer Brücke erfolgte mittels des Potentiometers R_3 und der veränderlichen Kapazität C_{korr}. Als Nullindikator diente ein Kopfhörer, der zwischen den Punkten a und b angeschlossen wurde. Die Brücke ist abgeglichen, wenn die Lautstärke im Kopfhörer minimal ist.

Die Abb. A.3b zeigt ergänzend eine 2-Elektroden-Messzelle für die Leitfähigkeit, wie sie um 1890 verwendet wurde [Vö92].

A.4.6. Elektronik verändert die elektrochemische Messtechnik

Nach der Erfindung der Elektronenröhre dauerte es noch einige Jahre bis Röhren auch die Messtechnik veränderte. Eine der ersten Arbeiten, die sich mit Röhrenverstärkern in der elektrochemischen Messtechnik beschäftigten, erschien 1925 [Hol25]. In dieser Arbeit wird ein dreistufiger direktgekoppelter Röhrenverstärker benutzt, um unter Verwendung einer Hilfselektrode in einer elektrochemischen Zelle ein Elektrodenpotential und dessen Verhalten bei Überlagerung einer sinusförmigen Wechselspannung oszillographisch zu messen. Bemerkenswert ist die 3. Stufe des Verstärkers. Sie war mit einer 50 W-Leistungstriode bestückt, um den verwendeten Oszillografen ansteuern zu können [1].

---

[1] Wenngleich die Katodenstrahlröhre (auch Braunsche Röhre) schon erfunden war (Ferdinand Braun, 1897), arbeiteten Oszillografen zu dieser Zeit noch nach mechanisch-optischen Prinzipien, wie z.B. in [Goe22] dargestellt.

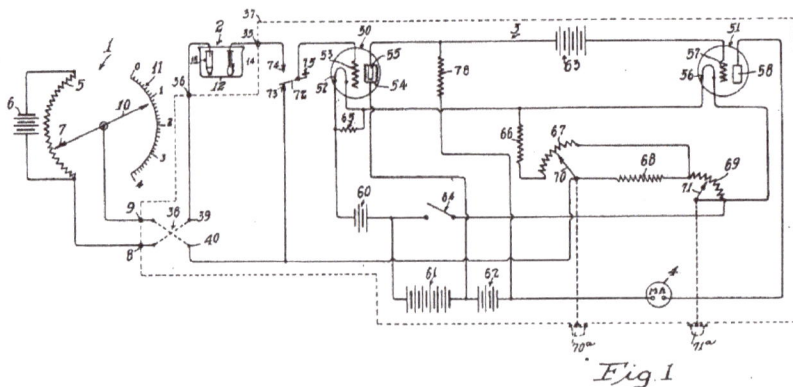

Abb. A.4.: Schaltung eines elektronischen pH-Meters aus [BF36]

Die ersten elektronischen pH-Meter Mit der Erfindung der Röhrenvoltmeter war gezeigt worden, dass mit solchen Geräten kleine Gleichspannungen sehr hochohmig gemessen und verstärkt werden können [Hip24]. So war es nur eine Frage der Zeit, bis Röhrenvoltmeter Eingang in die pH-Messtechnik fanden und die Kompensationstechnik ablösten. In einer 1934 eingereichten US-Patentschrift wird ein pH-Messgerät mit Elektronenröhren beschrieben. Die Schaltung des Gerätes ist in Abb. A.4 wiedergegeben und zeigt neben der Messzelle einen zweistufigen direktgekoppelten Röhrenverstärker [BF36].

Der erste Potentiostat Den ersten elektronischen Regler für elektrochemische Messungen, also einen Potentiostaten, hat wohl Hickling beschrieben und in [Hic42] auch die Schaltung angegeben. Nach der Schaltung arbeitete der Potentiostat mit drei Elektronenröhren (2 Leistungstrioden PX25, 1 Tetrode MS4B) und einem Thyratron (GT1C).
Der Autor nennt als Anwendungsbeispiele für den Potentiostaten

- die Stabilisierung des Stromes in einer elektrochemischen Zellen,
- die Isolierung von Elektrodenprozessen sowie
- die Aufnahme von Strom-Potential-Kurven

und teilt entsprechende Messergebnisse mit.

A.5. Zur Stromversorgung elektrochemischer Anlagen

Elektrochemische Anlagen stellen bezüglich der Stromversorgung besondere Anforderungen. Sie erfordern einen hohen Gleichstrom bei kleiner Spannung pro Zelle. Durch Reihenschaltung gleichartiger Zellen kann man die Versorgungsspannung für die gesamte Anordnung auf einen gewünschten Wert anheben (Tabelle A.6).

Tabelle A.6.: Daten für verschiedene technische Elektrolysen nach [Sch86a] (Auszug)

Elektrolyse	Betriebsspannung je Zelle/V	Stromstärke/kA	Spannung/V über Zellenstack
Wasserstoff-Elektrolyse	1,9 ... 2,6	bis 10	160
Chlor-Elektrolyse	4,0 ... 4,8	bis 570	510
Aluminium-Elektrolyse	4,6 ... 5,0	bis 145	800
Kupfer-Elektrolyse	0,2 ... 0,4	bis 30	200

Die Reihenschaltung elektrochemischer Zellen birgt das Problem, dass sich bei ungleichen Zellwiderständen die Spannung im Verhältnis der Zellwiderstände ungleich auf die einzelnen Zellen aufteilt, wie wir im Zusammenhang mit dem Laden von Akkus in Kapitel 6.4.4 diskutiert haben.

A.5.1. Stromversorgung ohne Elektronik

Anfang des 20. Jahrhunderts existierte die uns heute geläufige, allerorts verfügbare Stromversorgung über ein öffentliches Wechselstromnetz noch nicht, so dass die Versorgung elektrischer Experimente oder Anlagen auf anderen Wegen erfolgen musste. Als Stromquellen für elektrische Experimente dienten Batterien bzw. Akkumulatoren, während für stromintensive elektrochemische Anlagen, wie Galvanisieranlagen, lokal betriebene Gleichstromgeneratoren eingesetzt wurden. Solche Generatoren wurden in den Anfängen von einer Dampfmaschine oder einem Dieselmotor angetrieben. In [Vie17] wird diese Situation am Beispiel der Leipziger Langbein-Pfanhauser-Werke ausführlich dargestellt.

Nachdem ein öffentliches Wechselstrom- bzw. Drehstromnetz verfügbar war, kamen zunächst elektrisch angetriebene Generatoren (Umformer) zum Einsatz, wie in Abb. 2.11 auf Seite 15 abgebildet.

Entsprechen hohe Gleichströme ohne bewegte Teile aus dem Stromnetz bereitzustellen, wurde erst möglich, nachdem neben dem Stromnetz auch geeignete Transformatoren und Hochstromgleichrichter verfügbar waren. Die Abb. A.5 zeigt als Beispiel eine Stromversorgung mit Drehstromtransformator, drei gekoppelten Stelltransformatoren auf einer Achse und einem

Selen-Leistungsgleichrichter. Deutlich erkennbar sind die Platten des Selengleichrichters, der zur Kühlung zusammen mit den Transformatoren in einem Öltank betrieben wurde. Die Spannungseinstellung erfolgte motorisch über die Stelltransformatoren.

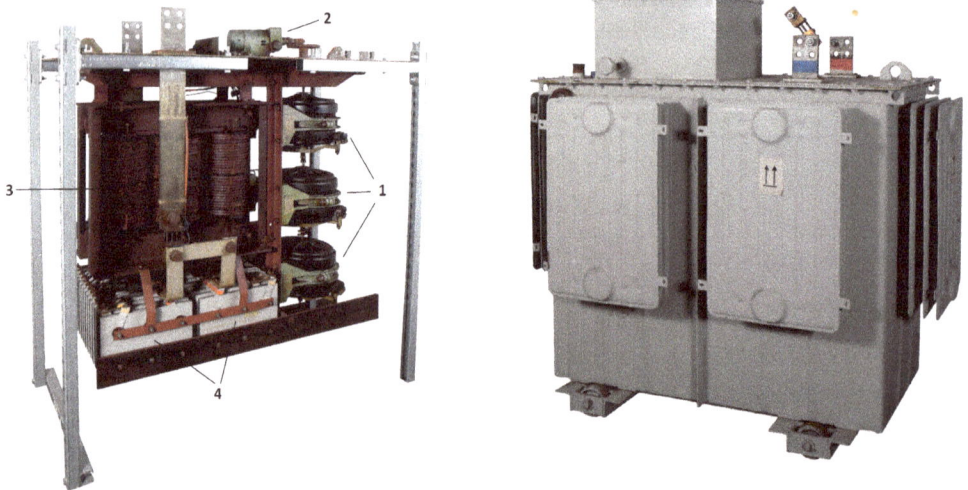

Abb. A.5.: Historische Hochstromversorgung mit Selen-Gleichrichter für eine Galvanisieranlage,
links: System außerhalb des Öltopfes (1: drei mechanisch gekoppelte Stelltransformatoren, 2: Stellmotor, 3: Drehstromtransformator, 4: Se-Gleichrichter)
rechts: Stromversorgung im zugehörigen Öltopf
(Bildquelle: Museum für Galvanotechnik, Leipzig)

In den 1960er Jahren wurden Stromversorgungen mit Selengleichrichter für Anwendungen in der Elektrochemie, speziell in der Galvanotechnik, mit einer Leistung von mehreren $100\,\text{kW}$ angeboten [sem67]. Für die Selengleichrichter sind in [sem67] folgende Daten angegeben

- Ströme bis 10^5 A,
- effektive Nennsperrspannung 25 V bzw. 36 V,
- Durchlassspannung ca. 0,5 V

Im Vergleich zu den älteren Gleichrichterarten, das waren elektrochemische Gleichrichter und Quecksilberdampf-Gleichrichter, nannte man Selengleichrichter auch Trockengleichrichter. Selengleichrichter waren wartungsfrei und hatten bezogen auf voran gegangene Gleichrichter einen guten Wirkungsgrad.

A.5.2. Gesteuerte Hochstrom-Gleichrichter und -Schaltnetzteile

Als Hochstromgleichrichter werden bevorzugt Drehstromgleichrichter in 6-Puls- und 12-Puls-Schaltung verwendet. Die 6-Puls-Schaltung ist ein Drehstrom-Zweiweggleichrichter, wie in

Abb. 3.42 auf Seite 73 angegeben. Eine 12-Puls-Schaltung verwendet einen Drehstromtransformator, der 6 Sekundärwicklungen besitzt, drei der Sekundärwicklungen bilden eine Dreieckschaltung, die anderen drei eine Sternschaltung (Dreieck-Dreieck-Stern Transformator). Die sekundäre Dreieckschaltung und die sekundäre Sternschaltung versorgen jeweils einen Drehstrom-Zweiweggleichrichter; Ausgangsspannungen der beiden Gleichrichter werden schließlich zusammengeschaltet. Aud diese Weise liegen 12 Pulse in einer Netzperiode und es ergibt sich eine geringe Restwelligkeit.

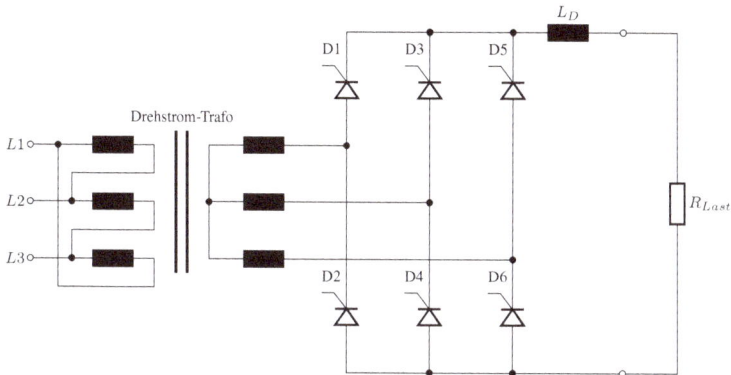

Abb. A.6.: Gesteuerter 3-Phasen-Zweiweg-Gleichrichter mit Thyristoren

Um einen Gleichrichter steuern zu können, müssen die Leistungsdioden in Abb. 3.42 durch steuerbare Bauelemente ersetzt werden. Die Abb. A.6 zeigt die Grundschaltung eines gesteuerten Gleichrichters mit Thyristoren ohne die Steuerelektronik für die Thyristoren.

Hochstrom-Schaltnetzteile Längst werden Hochstrom-Gleichrichter für Anwendungen in elektrochemischen Prozessen (Elektrolyse, Galvanisieren) in Schaltnetzteiltechnik auch für sehr hohe Ströme angeboten(10–24 kA). Vorteile dieser Technik sind

- hoher Wirkungsgrad (90 %),
- geringe Restwelligkeit (< 1 %),
- Regelung von Strom oder Spannung,
- präzises Regelverhalten (Regelabweichung < 1 %),
- kompakte Bauweise.

Literaturverzeichnis

[ana20] DEVICES, Analog (Hrsg.): *ADuCM355, Precision Analog Microcontroller with Chemical Sensor Interface, Datenblatt.* 2020

[ano98] ANONYM: *Gesetz, betreffend die elektrischen Maßeinheiten.* https://de.wikisource.org/wiki/Gesetz,_betreffend_die_elektrischen_Maßeinheiten. Version: 1898. – Pages: 905 – 907

[ano51] ANONYM: Batterien für Reiseempfänger. In: *Funktechnik* 6 (1951), Nr. 5, S. 120–121

[ano75] ANONYM: *Internationale Regeln für die chemische Nomenklatur und Terminologie (Loseblattsammlung).* 1975

[ano22] ANONYM: *Lexikon, Lithium-Batterie.* https://www.chemie.de/lexikon/Lithium-Batterie.html#:~:text=Typische%20Lastspannung%203%2C4%20Volt,Typische%20Lastspannung%202%2C9%20Volt. Version: 2022

[ano23] ANONYM: *Niob-Elektrolytkondensator.* https://de.wikipedia.org/wiki/Niob-Elektrolytkondensator. Version: 2023

[Asc95] ASCHOFF, Volker: *Nachrichtentechnische Entwicklungen in der ersten Hälfte des 19. Jahrhunderts.* 2. Aufl. Erscheinungsort nicht ermittelbar, 1995

[Ass99] ASSOCIATION, European Electronic Component M.: *Leitfaden für die Anwendung von Aluminium-Elektrolyt-Kondensatoren: deutsche Fassung des CENELEC-Berichts 040-001:1998-07 = Guide for the application of aluminium electrolytic capacitors.* 1. Aufl. Berlin Wien Zürich : Beuth, 1999 (DIN-Fachbericht 76)

[AVX22a] AVX, Kyocera: *OxiCap - Standard and Low Profile Niobium Oxide Capacitors, Datenblatt.* https://datasheets.kyocera-avx.com/NOJ.pdf. Version: 2022

[AVX22b] AVX, Kyocera: *SMD Aluminum Electrolytic Capacitors, Datenblatt.* https://datasheets.kyocera-avx.com/kyocera-avx-aek-series.pdf. Version: 2022

[AVX22c] AVX, Kyocera: *Standard and Low Profile Tantalum Capacitors - TAJ Series, Datenblatt.* https://datasheets.kyocera-avx.com/TAJ.pdf. Version: 2022

http://doi.org/10.1515/9783110767254-009

[Bac93]   BACHMAIR, Hans: 100 Jahre Normalelemente in der PTR/PTB - Ihre Bedeutung
           für die Darstellung und Bewahrung der Einheit der elektrischen Spannung. In:
           PTB Mitteilungen 103 (1993), Nr. 5, 395 – 404. https://www.ptb.de/cms/
           fileadmin/internet/publikationen/ptb_mitteilungen/mitt_pdf_
           vor_2007/1993/PTB-Mitteilungen_1993_5.pdf

[Bar23]   BARKHAUSEN, Heinrich: *Elektronen-Röhren*. Leipzig : S. Hirzel, 1923

[bat15]   BATTERIEFORUM-DEUTSCHLAND (Hrsg.):   *Studie zum Status der na-
           tionalen Forschungsaktivitäten, zu Entwicklungstrends und zum For-
           schungsbedarf im Bereich elektrochemischer Energiespeicher.*   https:
           //www.batterieforum-deutschland.de/wp-content/uploads/2016/
           07/Batterieforum-Deutschland-Studie-2015.pdf. Version: 2015

[BD90]   BRDIČKA, Rudolf ; DVOŘÁK, Jiří: *Grundlagen der physikalischen Chemie*. 15.
           bearbeitete Aufl. Berlin : Deutscher Verlag der Wissenschaften, 1990

[BF36]   BECKMANN, Arnold O. ; FRACKER, Henry E.: *APPARATUS FOR TESTING ACI-
           DITY*. Oktober 1936

[bun23]   JUSTIZ, Bundesministeriums der (Hrsg.):   *Verordnung über die Qualität
           von Wasser für den menschlichen Gebrauch (Trinkwasserverordnung - Trink-
           wV)*.   https://www.gesetze-im-internet.de/trinkwv_2023/TrinkwV.
           pdf. Version: 2023

[But13]   BUTZMANN, S.: *Verfahren zum Ladungsausgleich von Batterieelementen, Batterie-
           system und Kraftfahrzeug mit einem solchen Batteriesystem (Offenlegungsschrift)*.
           Stuttgart, 2013

[Cam92]   CAMMANN, K.: *Ionenselektive Polymermembran-Elektroden-Meßkette und deren
           Verwendung*. 1992

[CG96]   CAMMANN, K. ; GALSTER, H.: *Das Arbeiten mit ionenselektiven Elektroden: eine
           Einführung für Praktiker*. 3. Aufl. Berlin Heidelberg : Springer, 1996

[Che75]   CHEMIE, Deutscher Zentralausschuss f.: *Internationale Regeln für die chemische
           Nomenklatur und Terminologie, Bd. 2., Nomenklatur der anorganischen Chemie*.
           1975

[Cot21]   COTTIS, R.A.: Electrochemical noise for corrosion monitoring. In: YANG, L.
           (Hrsg.): *Techniques for Corrosion Monitoring*. 2. Elsevier Ltd, 2021, S. 99–122

[DDR81]   DDR, Chemische G. (Hrsg.): *International Union of Pure and Applied Chemistry:
           IUPAC-Nomenklaturregeln für die Analytik Teil: 4., Klassifizierung und Nomenkla-
           tur elektroanalytischer Methoden*. Berlin : Chemische Ges. der DDR, 1981

[Den88]   DENDA, Wolfgang: *Rauschen als Information*. Heidelberg : Hüthig, 1988

[DF07]   DE FOREST, Lee: *Device For Amplifying Feeble Electrical Currents*. 1907

[Die13]   DIECKMANN, Max: *Leitfaden der drahtlosen Telegraphie für die Luftfahrt*. München : Oldenbourg, 1913

[DIN95]   DIN-NORMEN: *DIN Taschenbuch 514: Normen über graphische Symbole für die Elektrotechnik: Schaltzeichen*. Berlin; Wien; Zürich : Beuth, 1995

[DK14]   DITTMANN, Frank ; KAHMANN, Martin: *Geschichte der elektrischen Messtechnik: Messen mit und von Elektrizität Beiträge der Veranstaltung des VDE-Ausschusses "Geschichte der Elektrotechnik" vom 02.11. bis 03.11.2009 im Technischen Museum Wien*. Berlin : VDE Verlag GmbH, 2014 (Geschichte der Elektrotechnik 25)

[DRRP01]   DÖRFEL, Ch. ; REENTS, B. ; RAHNER, D. ; PLIETH, W.: Elektrochemische Rauschanalyse (ENA) zur Charakterisierung von Keimbildungs- und Wachstumsprozessen bei der elektrolytischen Metallabscheidung. In: *Zeitschrift für physikalische Chemie* 215 (2001), Nr. 9, S. 1121 – 1136

[ech22]   ECH-ELEKTROCHEMIE, Halle (Hrsg.): *Karl Fischer Titration - Wasser-Gehalt im ppm-Bereich*. https://www.ech.de/images/stories/daten/aquamax_kf_plus_deu.pdf. Version: 2022

[Eng23]   ENGLER, B.: *Gedruckte Elektronik mit InkTech, Saralon GmbH*. https://www.saralon.com/de/. Version: 2023

[Fle05]   FLEMING, John A.: *Improvements in Instruments for Detecting and Measuring Alternating Electric Currents, Britisches Patent*. 1905

[Fou]   FOUNDATION, Nobel: *Nobelpreis für Physik 1956* http://www.nobelprize.org/nobel_prizes/physics/laureates/1956/

[Fre90]   FREITAG, Horst: *Einführung in die Zweitortheorie: mit 34 Beispielen und 12 Tafeln*. 4., durchges. Aufl. Stuttgart : Teubner, 1990 (Teubner-Studienskripten Elektrotechnik 64)

[Fro78]   FROEHLICH, Magda: *Das Normalelement*. Wiesbaden : Akademische Verlagsgesellschaft, 1978 (Technisch-physikalische Sammlung Bd. 10)

[GB52]   GÜNTHERSCHULZE, Adolf ; BETZ, Hans: *Elektrolytkondensatoren : Ihre Entwicklung, wissenschaftl. Grundlage, Herstellung, Messung u. Verwendung*. Berlin : Techn. Verl. H. Cram, 1952

[Gel15]   GELLERT, M.: *Ionenleitung an Grenzflächen von Dünnschichtkathoden und Lithiumionenleitern*. Marburg, Philipps-Universität, phd, 2015. http://archiv.ub.uni-marburg.de/diss/z2016/0044/pdf/dmg.pdf

[Ges21]   GESELLSCHAFT, OTTO VON G.: *OTTO VON GUERICKE*. http://www.ovgg.ovgu.de/Otto+von+Guericke.html. Version: 2021

[GG21]   GÜNTHERSCHULZE, Adolf ; GERMERSHAUSEN, Werner: *Übersicht über den heutigen Stand der Gleichrichter*. Leipzig : Hachmeister & Thal, 1921

[Gil22]   GILL, John: *BASIC TANTALUM CAPACITOR TECHNOLOGY.* `https://www.kyocera-avx.com/docs/techinfo/Basic_Tantalum_Capacitor_Technology.pdf`. Version: 2022

[Goe22]   GOERING, B.: Ein neuer Oszillograph für die Schwachstromtechnik / Siemens & Halske A.G. Berlin, 1922. – Forschungsbericht

[Gra13]   GRAF, C.: Kathodenmaterialien für Lithium-Ionen-Batterien. In: KORTHAUER, R. (Hrsg.): *Handbuch Lithium-Ionen-Batterien.* Berlin ; Heidelberg : Springer Vieweg, 2013

[Gri08]   GRIMM, C.: *Die Schwachstromtechnik in Einzeldarstellungen. Bd. 4: Die Chemischen Stromquellen der Elektrizität (Reprint).* München : Oldenbourg Wissenschaftsverlag, 1908

[Gri88]   GRIMSEHL, Ernst: *Lehrbuch der Physik. 2: Elektrizitätslehre.* 21., korr. Aufl. Leipzig : Teubner, 1988

[Gru12]   GRUENDLER, P.: *Chemische Sensoren: eine Einführung für Naturwissenschaftler und Ingenieure.* Berlin Heidelberg : Springer, 2012

[GRW+]   GRÜNDIG, B. ; ROST, M. ; WEISSENBORN, F. ; WEITZENBERG, J. ; WOLLERMANN, S. ; REIMER, A. ; HÄNSLER, M. ; PÖHLMANN, C.: *Sensor und Verfahren zur Bestimmung eines plasmabezogenen, interferenzkorrigierten Analytwertes in Vollblut (eingereicht 2021).* Leipzig,

[Hah73]   HAHN, G.: Ausbildung und dielektrische Eigenschaften von Aluminiumoxidschichten. In: *Grundlagen passiver elektronischer Bauelemente.* Leipzig : Deutscher Verl. für Grundstoffindustrie, 1973, S. 165 – 176

[Hah22]   HAHN, M.: *Diskrete elektrochemische Modellierung für Elektrodendesign und Laderegelung von Lithium-Ionen-Batterien.* Bayreuth, Universität Bayreuth, phd, 2022

[Hai04]   HAIDER, Christian: *Electrodes in Potentiometry.* `https://www.metrohm.com/en_in/products/8/0155/80155013.html`. Version: 2004

[Har27]   HARMS, Gustav: *Die Stromversorgung von Fernmelde-Anlagen : Ein Handbuch.* Berlin : Julius Springer, 1927

[Hei20]   HEIL, T. J.: *Ersatzschaltbild-basierte Modellierung der Diffusion und des Ladungsdurchtritts in Lithium-Ionen-Zellen.* München, Technische Universität, Diss., 2020

[Heu18]   HEUERMANN, Holger: *Hochfrequenztechnik: Komponenten für High-Speed- und Hochfrequenzschaltungen.* 3., verbesserte und erweiterte Auflage. Wiesbaden : Springer Vieweg, 2018 (Lehrbuch)

[HH91]   HONOLD, Frank ; HONOLD, Brigitte: *Ionenselektive Elektroden: Grundlagen und Anwendungen in Biologie und Medizin.* Basel : Springer Basel AG, 1991

[HH95]   HALL, E. A. H. ; HUMMEL, G.: *Biosensoren: mit 24 Tabellen*. Berlin [u.a.] : Springer, 1995

[HHV07]   HAMANN, Carl H. ; HAMNETT, Andrew ; VIELSTICH, Wolf: *Electrochemistry*. 2., completely rev. and updated edition. Weinheim : Wiley-VCH, 2007

[Hic42]   HICKLING, A.: Studies in electrode polarisation. Part IV.-The automatic control of the potential of a working electrode. In: *Transactions of the Faraday Society* 38 (1942), S. 27 – 33

[Hip24]   HIPPEL, Arthur R.: *Die Elektronen-Röhre in der Messtechnik*. Leipzig : Hachmeister & Thal, 1924

[HK65]   HEYROWSKY, J. ; KUTA, J. ; SCHWABE, K. (Hrsg.): *Grundlagen der Polarographie*. Berlin : Akademie-Verl., 1965

[Hol25]   HOLLER, H.D.: *Scientific Papers of the Bureau of Standards, No. 504*. Bd. Vol. 20: *A Method of Studying Electrode Potentials and Polarization*. Washington : Bureau of Standards, 1925

[Hol90]   HOLLE, W.: Vergleichende Beurteilung des Blutglucosemeßsystems ExacTech auf der Basis von Präzisionsprofilen. In: *Laboratoriumsmedizin* 14 (1990), S. 336 – 341

[Hon14]   HONOLD, Frank ; TRÄNKLER, Hans-Rolf (Hrsg.) ; REINDL, Leonhard M. (Hrsg.): *Konzentrationsmessungen in Flüssigkeiten, in: Sensortechnik - Handbuch für Praxis und Wissenschaft*. 2. New York : Springer, 2014

[Hop84]   HOPPE, Edmund: *Geschichte der Elektrizität (Neudruck 1969)*. Leipzig : J. A. Barth, 1884

[HS13]   HARTNIG, C. ; SCHMIDT, M.: Elektrolyte und Leitsalze. In: KORTHAUER, R. (Hrsg.): *Handbuch Lithium-Ionen-Batterien*. Berlin ; Heidelberg : Springer Vieweg, 2013

[icc12]   CONTROLS, IC (Hrsg.): *CONDUCTIVITY MEASUREMENT IN HIGH PURITY WATER SAMPLES below 10 μSIEMENS/cm, IC Controls application Notes Issue 4.2*. `https://iccontrols.com/wp-content/uploads/art-4-2_conductivity_measurement_in_high_purity_water.pdf`. Version: 2012

[iee07]   IEEE (Hrsg.): *IEEE Standard for a Smart Transducer Interface for Sensors and Actuators - Common Functions, Communication Protocols, and Transducer Electronic Data Sheet (TEDS) Formats*. `https://ieeexplore.ieee.org/document/4338161?denied=`. Version: 2007

[Jan13]   JANOCHA, Hartmut: *Unkonventionelle aktoren: eine Einführung*. 2. ergänzte und aktualisierte Auflage. München : Oldenbourg Verlag, 2013

[JE94]   JÄGER, Kurt (Hrsg.) ; ELEKTROTECHNIK.", VDE-Ausschuss ". (Hrsg.): *Gespeicherte Energie: Geschichte der elektrochemischen Energiespeicher*. Berlin : VDE-Verlag, 1994 (Geschichte der Elektrotechnik 13)

[Joh86]   JOHANNSEN, H. R.: *Eine Chronologie der Entdeckungen und Erfindungen vom Bernstein zum Mikroprozessor*. Berlin : VDE-Verlag, 1986 (Geschichte der Elektrotechnik 3)

[Jus26]   JUST, Josef: *Sammlung Göschen. Bd. 945: Gleichrichter*. Berlin : W. de Gruyter, 1926

[JW19]   JOSSEN, Andreas ; WEYDANZ, Wolfgang: *Moderne Akkumulatoren richtig einsetzen*. 2. überarbeitete Auflage. Göttingen : Cuvillier Verlag, 2019

[Kan22]   KANG, Heebum et. a.: Ion-Driven Electrochemical Random-Access Memory-Based Synaptic Devices for Neuromorphic Computing Systems: A Mini-Review. In: *Micromachines* 13 (2022), Nr. 3. https://www.ncbi.nlm.nih.gov/pmc/articles/PMC8950570/

[KB05]   KASSING, Rainer (Hrsg.) ; BLÜGEL, Stefan (Hrsg.): *Festkörper*. 2., überarb. Aufl. Erscheinungsort nicht ermittelbar, 2005

[KD18]   KURZWEIL, Peter ; DIETLMEIER, Otto: *Elektrochemische Speicher: Superkondensatoren, Batterien, Elektrolyse-Wasserstoff, rechtliche Rahmenbedingungen*. 2., aktualisierte und erweiterte Auflage. Wiesbaden [Heidelberg] : Springer Vieweg, 2018 (Lehrbuch). http://dx.doi.org/10.1007/978-3-658-21829-4. http://dx.doi.org/10.1007/978-3-658-21829-4

[Kem92]   KEMPE, W.: *Elektrochemischer Aktor*. Stuttgart, 1992

[Kli20]   KLINK, M. ; MESSTECHNIK, Norddeutsche Analytik u. (Hrsg.): *TEA 4000 Methodenhandbuch*. 2020

[Kor34]   KORDATZKI, Willi: *Taschenbuch der praktischen pH-Messung für wissenschaftl. Laboratorien und technische Betriebe*. München : Müller & Steinicke, 1934

[Kor13]   KORTHAUER, R. (Hrsg.): *Handbuch Lithium-Ionen-Batterien*. New York, NY : Springer Berlin Heidelberg, 2013

[Kor17]   KORTHAUER, R. (Hrsg.): *Lithium-ion batteries: basics and applications*. 1.ed.2017 edition. New York, NY : Springer Berlin Heidelberg, 2017

[KP21]   KALBITZ, R. ; PUHANE, F.: *Immer im Gleichgewicht – Balancing von Superkondensatoren, Application Note ANP090*. https://www.we-online.com/katalog/media/o671683v410%20ANP090a_DE.pdf. Version: 2021

[Kru30]   KRUKOWSKI, Waldemar: *Grundzüge der Zählertechnik : Ein Lehr- u. Nachschlageb.* Berlin : Julius Springer, 1930

[Kur90]   KURZWEIL, P.: *Computergestützte Impedanzspektroskopie als Routinemessverfahren für Elektrodenvorgänge und technische Elektrodenmaterialien*. München, Technische Universität, phd, 1990

[Kur16]   KURZWEIL, Peter: *Brennstoffzellentechnik: Grundlagen, Materialien, Anwendungen, Gaserzeugung*. 3., überarbeitete und aktualisierte Auflage. Wiesbaden : Springer Vieweg, 2016. http://dx.doi.org/10.1007/978-3-658-14935-2. http://dx.doi.org/10.1007/978-3-658-14935-2

[kyo20a]   AVX, Kyocera (Hrsg.): *High Capacitance Cylindrical SuperCapacitors - 3.0V SCC Series, Datenblatt*. https://datasheets.kyocera-avx.com/AVX-SCC-3.0V.pdf. Version: 2020

[kyo20b]   AVX, Kyocera (Hrsg.): *High Capacitance Cylindrical SuperCapacitors - SCC Series, Datenblatt*. https://datasheets.kyocera-avx.com/AVX-SCC.pdf. Version: 2020

[kyo20c]   AVX, Kyocera (Hrsg.): *Low ESR Cylindrical SuperCapacitors - SCC LE Series, Datenblatt*. https://datasheets.kyocera-avx.com/AVX-SCC-LE.pdf. Version: 2020

[Lan82]   LANGER, Hans-Dieter: *Festkörperelektrolytkondensatoren*. Berlin : Akademie-Verlag, 1982

[Lie01]   LIEBEN, Robert v.: Einige Beobachtungen am elektrochemischen Phonographen. In: *Zeitschrift f. Elektrochemie* 7 (1901), Nr. 1900/1901, S. 534 – 538

[Loh04]   LOHRENGEL, Manuel M.: *Untersuchungen der elektrochemischen Deckschichtkinetik mit Transientenmethoden*. Aachen : Shaker, 2004 (Berichte aus der Chemie)

[Mat09]   MATTHESS, Georg: *Die Beschaffenheit des Grundwassers*. 3., überarb. Aufl. Berlin : Borntraeger, 2009 (Lehrbuch der Hydrogeologie / hrsg. von Georg Matthess Bd. 2)

[MGL92]   MEINKE, Hans H. ; GUNDLACH, Friedrich-Wilhelm ; LANGE, Klaus: *Taschenbuch der Hochfrequenztechnik: Grundlagen, Komponenten, Systeme*. Berlin ; Heidekberg; New York u.a. : Springer, 1992

[Mie72]   MIERDEL, Georg: *Elektrophysik: Hochschullehrbuch für Elektrotechniker*. 2., bearb. Aufl. Heidelberg : Hüthig, 1972

[Mil80]   MILAZZO, G.: *Elektrochemie Bd. 1*. 2. Basel, Boston, Stuttgart : Birkhäuser, 1980

[MM95]   MÜLLER, Rudolf ; MÜLLER, Rudolf: *Grundlagen der Halbleiter-Elektronik*. 7., durchges. Aufl. Berlin Heidelberg : Springer, 1995 (Halbleiter-Elektronik 1)

[MMHKJ22] MARTENS-MENZEL, Ralf (Hrsg.) ; HARWARDT, Lena (Hrsg.) ; KRAUSS, Hanns-Jürgen (Hrsg.) ; JANDER, Gerhart (Hrsg.): *Massanalyse: titrationen mit chemischen und physikalischen indikationen*. 20. Boston : De Gruyter, 2022 (De gruyter studium)

[Mot10]   MOTKO, Boris: *Studium des Informationsgehaltes elektrochemischer Rauschsignale für die Sensorik von Korrosionsvorgängen*. Aachen, Techn. Hochschule, phd, 2010

[Naq19]   NAQASH, Sahir: *Sodium conducting ceramics for sodium ion batteries*. Aachen, RWTH Aachen, phd, 2019

[Ner20]   NERRETER, Wolfgang: *Grundlagen der Elektrotechnik: mit Micro-Cap und MAT-LAB*. 3., vollständig überarbeitete Auflage. München : Hanser, 2020

[Nil17]   NILSSON, Gustaf A.: *Der Wehneltunterbrecher als Schwingungserzeuger : Eine experimentelle Untersuchung*. Lund : Gleeruupska Univ.-Bokhandeln, 1917

[NIS19]   NIST: *Fundamental Physical Constants*. https://www.nist.gov/pml/fundamental-physical-constants. Version: 2019

[NL01]   NERNST, Walter ; LIEBEN, Robert v.: Über ein neues phonographisches Prinzip. In: *Zeitschrift f. Elektrochemie* 7 (1901), Nr. 1900/1901, S. 533–534

[Nor09]   NORMUNG, Deutsches Institut f. (Hrsg.): *Formelzeichen, Formelsatz, mathematische Zeichen und Begriffe: Normen*. 3. Aufl., Stand der abgedr. Normen: Januar 2009. Berlin : Beuth, 2009 (DIN-Taschenbuch Normung, Konstruktion, Messwesen 202)

[Oeh61]   OEHME, Friedrich: *Angewandte Konduktometrie*. Heidelberg : Hüthig, 1961

[Ost10]   OSTWALD, Wilhelm: *Die Entwicklung der Elektrochemie in gemeinverständlicher Darstellung (Reprint 1980)*. Leipzig : Barth, 1910

[pal20]   PALMSENS (Hrsg.): *EmStat pico, ELECTROCHEMICAL INTERFACE MODULE, Rev.10-2020-016*. https://cdn.palmsens.com/wp-content/uploads/2021/08/PSDESC-ESP-EmStat-Pico-Description.pdf. Version: 2020

[pal21]   DEVICES, PalmSens & A. (Hrsg.): *EmStat-pico Datenblatt, Rev.10-2021-007*. https://cdn.palmsens.com/wp-content/uploads/2021/04/PSDAT-ESP-EmStat-Pico-Datasheet.pdf. Version: 2021

[Pic20]   PICHLER, Franz: *Historische elektrische Messgeräte: Anwendung in Telegraphie, Telephonie und Elektrotechnik im 19ten Jahrhundert*. Linz, Österreich : Universitätsverlag Rudolf Trauner, 2020 (Schriftenreihe Geschichte der Naturwissenschaften und der Technik Band 37)

[PTB07]   PTB: *Das internationale Einheitensystem (PTB-Mitteilungen 2, 2007)*. 2007 http://:www.ptb.de/cms/fileadmin/internet/publikationen/mitteilungen/2007/PTB-Mitteilungen_2007_Heft_2.pdf

[PTB22]   PTB: *Elektrolytische Leitfähigkeit von Referenzlösungen*. 2022. – Type: https://www.ptb.de/cms/ptb/fachabteilungen/abt3/fb-31/ag-313/elektrolytische-leitfaehigkeit-von-referenzloesungen.html

[Rai03]   RAITH, Wilhelm: *Lehrbuch der Experimentalphysik 4, 4. Aufl.* Berlin : de Gruyter, 2003

[Rai06]   RAITH, Wilhelm: *Elektromagnetismus.* 9., überarbeitete Auflage, [Ausg. in 8 Bänden]. Berlin : de Gruyter, 2006 (Lehrbuch der Experimentalphysik / Bergmann; Schaefer 2)

[RG08]   ROST, M. ; GRÜNDIG, B.: *Schaltungsanordnung und Verfahren für die voltammetrische Signalverarbeitung von Biosensoren.* Januar 2008

[RK51]   ROTHE, H. ; KLEEN, W.: *Grundlagen und Kennlinien der Elektronenröhren.* 3. Leipzig : Geest & Portig, 1951 (Bücherei der Hochfrequenztechnik 2)

[Rol14]   ROLOFF, Max: *Der elektrische Akkumulator.* Berlin : Hausdruckerei d. Accumulatoren-Fabrik A.-G., 1914

[Ros19]   ROST, M.: *Vakuumelektronik: Zwischen Elektronenröhre und Ionentriebwerk.* 1. Auflage. Berlin : De Gruyter Oldenbourg, 2019

[RR09]   RABE, J. ; ROST, M.: A Sensor Interface for Mobile Phones. In: *Proceedings, Vol. II.* Nürnberg, 2009, 421 – 425

[RSW05]   ROST, M. ; STOLINSKI, J. ; WEITZENBERG, J.: *Verfahren, Anordnung und Computerprogrammprodukt zur automatischen Identifizierung von auswechselbaren Systemkomponenten an Messsystemen.* Halle, Juli 2005

[Rub30]   RUBEN, S.: *ELECTRIC CONDENSER.* New York, 1930

[Rue07]   RUEFF, Andreas K.: *Herstellung und Ansteuerung elektrochromer Anzeigeelemente.* Saarbrücken, Universität des Saarlandes, phd, 2007

[RW21]   REIN, Hans ; WIRTZ, Karl: *Radiotelegraphisches Praktikum.* 3. Berlin : Julius Springer, 1921

[RW21]   ROST, M. ; WEFEL, S.: *Elektronik für informatiker: von den grundlagen bis zur mikrocontroller-applikation.* 1. Boston : De Gruyter Oldenbourg, 2021

[SB10]   SCHOLZ, F. (Hrsg.) ; BOND, A. M. (Hrsg.): *Electroanalytical methods: guide to experiments and applications.* 2nd, rev. and extended ed. Heidelberg ; New York : Springer, 2010

[Sch43]   SCHINTLMEISTER, Josef: *Die Elektronenröhre als physikalisches Meßgerät : Röhrenvoltmeter, Röhrengalvanometer, Röhrenelektrometer.* Wien : Springer, 1943

[Sch74a]   SCHULZE, Gustav E. R.: *Metallphysik: ein Lehrbuch.* 2., bearb. Aufl. Wien : Springer, 1974

[Sch74b]   SCHULZE, Gustav E. R.: *Metallphysik: ein Lehrbuch.* 2., bearb. Aufl. Wien : Springer, 1974

[Sch76]   SCHWABE, Kurt: *pH-Messtechnik.* 4. Aufl. Dresden : Steinkopff, 1976

[Sch80]   SCHUPPAN, Joachim: *Wissenschaftliche Taschenbücher ; Reihe Chemie.* Bd. 246: *Theorie und Messmethoden der Konduktometrie.* Berlin : Akademie-Verlag, 1980

[Sch84]   SCHMIDBERGER, Toni: *1890 Bad Reichenhall - das erste Wechselstrom-Kraftwerk in Deutschland; Beitrag zur Geschichte der Stadtwerke*. Bad Reichenhall : T. Schmidberger, 1984

[Sch86a]   SCHUMANN, Heinz: Gleichrichteranlagen für Elektrolysen.   In: LAPPE, Rudolf (Hrsg.): *VEM-Handbuch Leistungselektronik*. 4. Berlin : VEB Verlag Technik, 1986, S. 399 – 406

[Sch86b]   SCHWABE, Kurt: *Physikalische Chemie. 2: Elektrochemie*. 3., bearb. u. erw. Aufl. Berlin : Akad.-Verl, 1986

[Sch96]   SCHMICKLER, Wolfgang: *Grundlagen der Elektrochemie*. Braunschweig Wiesbaden : Vieweg, 1996 (Vieweg-Lehrbuch physikalische Chemie)

[sem67]   SEMIKRON (Hrsg.): *Selen-Gleichrichter-Sätze (Firmenschrift)*. 1967

[SHBC21]   STRATMANN, Lutz ; HEERY, Brendan ; BRIAN COFFEY, Brian: *EmStat Pico: Embedded Electrochemistry with a Miniaturized, Software-Enabled, Potentiostat System on Module*. 2021

[SHCS13]   SKOOG, Douglas A. ; HOLLER, F. J. ; CROUCH, Stanley R. ; SKOOG, Douglas A. ; NIESSNER, Reinhard (Hrsg.): *Instrumentelle Analytik: Grundlagen - Geräte - Anwendungen*. 6., vollst. überarb. erw. Aufl. Berlin Heidelberg : Springer Spektrum, 2013 (Lehrbuch). http://dx.doi.org/10.1007/978-3-642-39726-4. http://dx.doi.org/10.1007/978-3-642-39726-4

[Sie16]   SIEBER, Maximilian: *Elektrochemisches Modell zur Beschreibung der Konversion von Aluminium durch anodische Oxidation*. Chemnitz, Technischen Universität, phd, 2016

[Soe09]   SOEMMERRING, Samuel Thomas v.:   Über einen elektrischen Telegraphen.   In: *Denkschriften der Königlichen Akademie der Wissenschaften* Classe der Mathematik und Physik (1809), Nr. In: Deutsches Textarchiv, 401–414. https://www.deutschestextarchiv.de/soemmerring_telegraphen_1811/13

[Spr24]   SPREEN, Wilhelm: *Stromquellen für den Röhrenempfang, Batterien und Akkumulatoren*. Berlin : Springer-Verlag, 1924

[SS16]   SCHERER, Hansjörg ; SIEGNER, Uwe: Elektronen zählen, um Strom zu messen. In: *Experimente für das neue Internationale Einheitensystem (SI)*. Braunschweig : Physikalisch-Technische Bundesanstalt, 2016 (PTB Mitteilungen 2/2016)

[Sto33]   STOCK, Alfred: *Der internationale Chemiker-Kongress, Karlsruhe 3.-5. September 1860 vor und hinter den Kulissen : Zur Hauptversammlg d. Dt. Bundes-Ges. in Karlsruhe, 25.-28. Mai 1933*. Berlin : Verl. Chemie, 1933

[SZ18] SIEGL, Johann ; ZOCHER, Edgar: *Schaltungstechnik: analog und gemischt analog/digital: mit Download Möglichkeit von über 250 PSpice- und VHDL-AMS-Beispielen.* 6., neu bearbeitete und erweiterte Auflage. Berlin Heidelberg : Springer Vieweg, 2018 (Lehrbuch). http://dx.doi.org/10.1007/978-3-662-5268-4. http://dx.doi.org/10.1007/978-3-662-5268-4

[Tan18] TANG, Jianshi e.: ECRAM as Scalable Synaptic Cell for High-Speed, Low-Power Neuromorphic Computing, 2018

[Tei74] TEICHMANN, Jürgen: *Zur Entwicklung von Grundbegriffen der Elektrizitätslehre, insbesondere des elektrischen Stromes bis 1820.* Hildesheim : Gerstenberg, 1974 (Arbor scientiarum Reihe A, Abhandlungen 4)

[tex06] INSTRUMENTS, Texas (Hrsg.): *MSP430FG461x, MSP430CG461x Mixed-Signal Microcontrollers, Datenblatt, 2006, Revision 2020.* 2006

[tex13] INSTRUMENTS, Texas (Hrsg.): *Datenblatt LMC6482QML CMOS Dual Rail-To-Rail Input and Output Operational Amplifier.* 2013

[tex14] INSTRUMENTS, Texas (Hrsg.): *TPS6122x Low Input Voltage, 0.7V Boost Converter With 5.5µA Quiescent Current (Datenblatt).* https://www.ti.com/lit/ds/symlink/tps61220.pdf. Version: 2014

[tex15] INSTRUMENTS, Texas (Hrsg.): *LMP91002 Sensor AFE System: Configurable AFE Potentiostat for Low-Power Chemical Sensing Applications (Datenblatt).* 2015

[tex16a] INSTRUMENTS, Texas (Hrsg.): *LMP90100 and LMP9009x Sensor AFE System: Multichannel, Low-Power, 24-Bit Sensor AFE With True Continuous Background Calibration (Datenblatt).* 2016

[tex16b] INSTRUMENTS, Texas (Hrsg.): *LMP91200 Configurable AFE for Low-Power Chemical-Sensing Applications (Datenblatt).* 2016

[tex23] INSTRUMENTS, Texas (Hrsg.): *Analog-to-digital converter (ADC) input driver design tool supporting multiple input types.* https://www.ti.com/tool/ADC-INPUT-CALC. Version: 2023

[TLW17] TÖPLER, Johannes (Hrsg.) ; LEHMANN, Jochen (Hrsg.) ; WEIZSÄCKER, Ernst Ulrich v. (Hrsg.): *Wasserstoff und Brennstoffzelle: Technologien und Marktperspektiven.* 2., aktualisierte und erweiterte Auflage. Berlin [Heidelberg] : Springer Vieweg, 2017. http://dx.doi.org/10.1007/978-3-662-53360-4. http://dx.doi.org/10.1007/978-3-662-53360-4

[TR98] TRUEB, Lucien F. ; RÜETSCHI, Paul: *Batterien und Akkumulatoren: mobile Energiequellen für heute und morgen.* Berlin Heidelberg : Springer, 1998

[TSG19] TIETZE, Ulrich ; SCHENK, Christoph ; GAMM, Eberhard: *Halbleiter-Schaltungstechnik.* 16., erweiterte und aktualisierte Auflage. Berlin [Heidelberg] : Springer Vieweg, 2019

[Ulm10]   ULMANN, Bernd: *Analogrechner: Wunderwerke der Technik ; Grundlagen, Geschichte und Anwendung.* München : Oldenbourg, 2010

[Unr13]   UNRUH, Jürgen N. M.: *Lehrbuch der Elektrochemie: 86 Tabellen.* 1. Aufl. Bad Saulgau : Leuze, 2013 (Lehrbuchreihe Galvanotechnik)

[VAGD16]   VONAU, W. ; AHLBORN, K. ; GERLACH, F. ; DECKER, M.: *Indikatorelektrode und Verfahren zu deren Herstellung.* Meinsberg, 2016

[Van15]   VANÝSEK, P.: Electrochemical Series. Version: 95, 2015. https://edisciplinas.usp.br/pluginfile.php/4557662/mod_resource/content/1/CRC%20Handbook%20of%20Chemistry%20and%20Physics%2095th%20Edition.pdf. In: HAYNES, W.M. (Hrsg.): *CRC Handbook of Chemistry and Physics.* 95. Boca Raton, London, New York, : CRC Press, 2015

[vde16]   VDE (Hrsg.): *Chronik der Elektrotechnik.* https://www2.vde.com/wiki/chronik_2016/Wiki-Seiten/GesamtChronik.aspx. Version: 2016

[vde19]   VDE (Hrsg.): *DIN-Norm: Blei-Akkumulatoren-Starterbatterien. Teil 1, Allgemeine Anforderung und Prüfungen, DIN EN 50342-1 (VDE 0510-101).* 2019

[Vet61]   VETTER, Klaus J.: *Elektrochemische Kinetik.* Springer Berlin Göttingen Heidelberg, 1961

[VGE⁺08]   VONAU, W. ; GERLACH, F. ; ENSELEIT, U. ; SPINDLER, J. ; BACHMANN, T.: *Chemische Indikatorelektrode und Verfahren zu deren Herstellung.* Meinsberg, 2008

[Vie17]   VIEWEGER, U.: *Langbein-Pfanhauser-Werke AG (LPW) Leipzig, 1907-1948.* Leipzig : U. Vieweger, 2017

[VKD⁺00]   VONAU, W. ; KADEN, H. ; DECKER, M. ; STRIENITZ, T. ; GLÄSER, M.: Elektrochemische Dickschichtsensoren für Umweltmessungen - ein Testergebnis unter Praxisbedingungen. In: *GIT Labor-Fachzeitschrift* (2000), Nr. 2, S. 127 – 131

[Vol00]   VOLTA, Alessandro ; OETTINGEN, A. J. v. (Hrsg.): *Untersuchungen über den Galvanismus 1796 bis 1800.* Leipzig : Engelmann, 1900 (Ostwald's Klassiker der exakten Wissenschaften 118)

[Vö92]   VÖLLMER, Bernhard: *Die molekulare elektrische Leitfähigkeit von einigen alkoholischen Lösungen.* Halle-Wittenberg, Vereinigte Friedrichs-Universität, Diss., 1892

[We13]   WURM, C. ; ET.AL., O.: Anodenmaterialien für Lithium-Ionen-Batterien. In: KORTHAUER, R. (Hrsg.): *Handbuch Lithium-Ionen-Batterien.* Berlin ; Heidelberg : Springer Vieweg, 2013

[WEA54]   WICKE, E. ; EIGEN, M. ; ACKERMANN, Th.: Über den Zustand des Protons (Hydroniumions) in wäßriger Lösung. In: *Zeitschrift Fur Physikalische Chemie-international Journal of Research in Physical Chemistry & Chemical Physics* 1 (1954), S. 343 – 364

[Wei09]   WEISSENBORN, F.: *Entwicklung und Validierng eines medizinischen Messadapters (Diplomarbeit, MLU Halle).* 2009

[Wey18]   WEYER, Jost: *Geschichte der Chemie.* Berlin : Springer Spektrum, 2018 (Springer Spektrum)

[WGS81]   WIESENER, Klaus ; GARCHE, Jürgen ; SCHNEIDER, Wolfgang: *Elektrochemische Stromquellen.* Berlin : Akademie-Verl., 1981

[wik21]   WIKIPEDIA (Hrsg.): *William Cruickshank.* https://en.wikipedia.org/wiki/William_Cruickshank_(chemist). Version: 2021

[Wil90]   WILLIAMS, Jim ; TECHNOLOGY, Linear (Hrsg.): *Bridge Circuits, Application Note 43.* 1990

[Win87]   WINSEL, A.: *Galvanische Zelle zur Entwicklung von Wasserstoff bzw. Sauerstoff.* 1987

[WPB+01] WEITZENBERG, J. ; POSCH, S. ; BAUER, Ch. ; ROST, M. ; GRÜNDIG, B.: Analysis of Amperometric Biosensor Data Using Fuzzy Logic and Discrete Hidden-Markov-Models. In: *Proceedings, Vol. II.* Nürnberg, 2001

[WR13]   WEBER, C.J. ; ROTH, M.: Separatoren. In: KORTHAUER, R. (Hrsg.): *Handbuch Lithium-Ionen-Batterien.* Berlin ; Heidelberg : Springer Vieweg, 2013

[Xe20]   XIA, Da-Hai ; ET.AL.: Electrochemical Noise Applied in Corrosion Science: Theoretical and Mathematical Models towards Quantitative Analysis. In: *J. Electrochem. Sci.* 167 (2020), Nr. 08, 1507. https://iopscience.iop.org/article/10.1149/1945-7111/ab8de3/pdf

[ZBP+22] ZEDNÍČEK, T. ; BÁRTA, M. ; PETRŽÍLEK, J. ; UHER, M. ; HORÁČEK, I. ; TOMÁŠKO, J. ; DJEBARA, L.: *Next Generation of High Voltage, Low ESR SMD Tantalum Conductive Polymer Capacitors Exceeds 100V Milestone.* https://www.kyocera-avx.com/docs/techinfo/Tantalum-NiobiumCapacitors/nextgenhv.pdf. Version: 2022

[ZH08]   ZACHARIAS, Johannes ; HEINICKE, Hermann: *Praktisches Handbuch der drahtlosen Telegraphie und Telephonie.* Wien, Leipzig : Hartleben's Verlag, 1908

Stichwortverzeichnis

http://doi.org/10.1515/9783110767254-010

www.ingramcontent.com/pod-product-compliance
Lightning Source LLC
Chambersburg PA
CBHW061410210326
41598CB00035B/6159